国家出版基金资助项目

Projects Supported by the National Publishing Fund

国家出版基金项目
NATIONAL PUBLICATION FOUNDATION

钢铁工业协同创新关键共性技术丛书

主编 王国栋

双辊薄带连铸高性能电工钢组织性能调控机理

Regulation Mechanism of Microstructure and Properties of High Performance Electrical Steel Produced by Twin-roll Strip Casting

张元祥 王 洋 方 烽 袁 国 著

U0319098

北 方

冶 金 工 业 出 版 社

2021

内 容 提 要

本书主要介绍短流程薄带连铸工艺与硅钢制备流程结合的最新研究成果。主要内容分为 5 章，分别介绍薄带连铸工艺的发展历史与现状、硅钢产品性能要求与工艺发展、薄带连铸流程下无取向硅钢与取向硅钢组织-织构-磁性能的对应关系和演化特点、亚快速凝固条件下硅钢晶粒异常长大等特殊现象。

本书可供金属材料领域科研人员及工程技术人员阅读，也可供大中院校师生参考。

图书在版编目（CIP）数据

双辊薄带连铸高性能电工钢组织性能调控机理/张元祥等著．
—北京：冶金工业出版社，2021.4
（钢铁工业协同创新关键共性技术丛书）
ISBN 978-7-5024-8749-2

Ⅰ.①双… Ⅱ.①张… Ⅲ.①电工钢—双辊连铸—薄带坯连铸 Ⅳ.①TF777.7

中国版本图书馆 CIP 数据核字（2021）第 129627 号

出 版 人 苏长永
地 址 北京市东城区嵩祝院北巷 39 号 邮编 100009 电话 （010）64027926
网 址 www.cnmip.com.cn 电子信箱 yjcbs@cnmip.com.cn
责任编辑 卢 敏 美术编辑 彭子赫 版式设计 孙跃红
责任校对 郑 娟 责任印制 李玉山
ISBN 978-7-5024-8749-2
冶金工业出版社出版发行；各地新华书店经销；北京捷迅佳彩印刷有限公司印刷
2021 年 4 月第 1 版，2021 年 4 月第 1 次印刷
710mm×1000mm 1/16；19.5 印张；461 千字；295 页
98.00 元
冶金工业出版社 投稿电话 （010）64027932 投稿信箱 tougao@cnmip.com.cn
冶金工业出版社营销中心 电话 （010）64044283 传真 （010）64027893
冶金工业出版社天猫旗舰店 yjgycbs.tmall.com
（本书如有印装质量问题，本社营销中心负责退换）

《钢铁工业协同创新关键共性技术丛书》
总　序

　　钢铁工业作为重要的原材料工业，担任着"供给侧"的重要任务。钢铁工业努力以最低的资源、能源消耗，以最低的环境、生态负荷，以最高的效率和劳动生产率向社会提供足够数量且质量优良的高性能钢铁产品，满足社会发展、国家安全、人民生活的需求。

　　改革开放初期，我国钢铁工业处于跟跑阶段，主要依赖于从国外引进产线和技术。经过 40 多年的改革、创新与发展，我国已经具有 10 多亿吨的产钢能力，产量超过世界钢产量的一半，钢铁工业发展迅速。我国钢铁工业技术水平不断提高，在激烈的国际竞争中，目前处于"跟跑、并跑、领跑"三跑并行的局面。但是，我国钢铁工业技术发展当前仍然面临以下四大问题。一是钢铁生产资源、能源消耗巨大，污染物排放严重，环境不堪重负，迫切需要实现工艺绿色化。二是生产装备的稳定性、均匀性、一致性差，生产效率低。实现装备智能化，达到信息深度感知、协调精准控制、智能优化决策、自主学习提升，是钢铁行业迫在眉睫的任务。三是产品质量不够高，产品结构失衡，高性能产品、自主创新产品供给能力不足，产品优质化需求强烈。四是我国钢铁行业供给侧发展质量不够高，服务不到位。必须以提高发展质量和效益为中心，以支撑供给侧结构性改革为主线，把提高供给体系质量作为主攻方向，建设服务型钢铁行业，实现供给服务化。

　　我国钢铁工业在经历了快速发展后，近年来，进入了调整结构、转型发展的阶段。钢铁企业必须转变发展方式、优化经济结构、转换增长动力，坚持质量第一、效益优先，以供给侧结构性改革为主线，推动经济发展质量变革、效率变革、动力变革，提高全要素生产率，使中国钢铁工业成为"工艺绿色化、装备智能化、产品高质化、供给服务化"的全球领跑者，将中国钢铁建设成世界领先的钢铁工业集群。

2014年10月，以东北大学和北京科技大学两所冶金特色高校为核心，联合企业、研究院所、其他高等院校共同组建的钢铁共性技术协同创新中心通过教育部、财政部认定，正式开始运行。

自2014年10月通过国家认定至2018年年底，钢铁共性技术协同创新中心运行4年。工艺与装备研发平台围绕钢铁行业关键共性工艺与装备技术，根据平台顶层设计总体发展思路，以及各研究方向拟定的任务和指标，通过产学研深度融合和协同创新，在采矿与选矿、冶炼、热轧、短流程、冷轧、信息化智能化等六个研究方向上，开发出了新一代钢包底喷粉精炼工艺与装备技术、高品质连铸坯生产工艺与装备技术、炼铸轧一体化组织性能控制、极限规格热轧板带钢产品热处理工艺与装备、薄板坯无头/半无头轧制＋无酸洗涂镀工艺技术、薄带连铸制备高性能硅钢的成套工艺技术与装备、高精度板形平直度与边部减薄控制技术与装备、先进退火和涂镀技术与装备、复杂难选铁矿预富集-悬浮焙烧-磁选（PSRM）新技术、超级铁精矿与洁净钢基料短流程绿色制备、长型材智能制造、扁平材智能制造等钢铁行业急需的关键共性技术。这些关键共性技术中的绝大部分属于我国科技工作者的原创技术，有落实的企业和产线，并已经在我国的钢铁企业得到了成功的推广和应用，促进了我国钢铁行业的绿色转型发展，多数技术整体达到了国际领先水平，为我国钢铁行业从"跟跑"到"领跑"的角色转换，实现"工艺绿色化、装备智能化、产品高质化、供给服务化"的奋斗目标，做出了重要贡献。

习近平总书记在2014年两院院士大会上的讲话中指出，"要加强统筹协调，大力开展协同创新，集中力量办大事，形成推进自主创新的强大合力"。回顾2年多的凝炼、申报和4年多艰苦奋战的研究、开发历程，我们正是在这一思想的指导下开展的工作。钢铁企业领导、工人对我国原创技术的期盼，冲击着我们的心灵，激励我们把协同创新的成果整理出来，推广出去，让它们成为广大钢铁企业技术人员手中攻坚克难、夺取新胜利的锐利武器。于是，我们萌生了撰写一部系列丛书的愿望。这套系列丛书将基于钢铁共性技术协同创新中心系列创新成果，以全流程、绿色化工艺、装备与工程化、产业化为主线，结合钢铁工业生产线上实际运行的工程项目和生产的优质钢材实例，系统汇集产学研协同创新基础与应用基础研究进展和关键共性技术、前沿引领技术、现代工程技术创新，为企业技术改造、转型升级、高质量发展、规划未来发展蓝图提供参考。这一想法得到了企业广大同仁的积极响应，全力支持及密切配合。冶金工业出版社的领导和编辑同志特地来到学校，热心指导，提出建议，商量出版等具体事宜。

国家的需求和钢铁工业的期望牵动我们的心，鼓舞我们努力前行；行业同仁、出版社领导和编辑的支持与指导给了我们强大的信心。协同创新中心的各位首席和学术骨干及我们在企业和科研单位里的亲密战友立即行动起来，挥毫泼墨，大展宏图。我们相信，通过产学研各方和出版社同志的共同努力，我们会向钢铁界的同仁们、正在成长的学生们奉献出一套有表、有里、有分量、有影响的系列丛书，作为我们向广大企业同仁鼎力支持的回报。同时，在新中国成立 70 周年之际，向我们伟大祖国 70 岁生日献上用辛勤、汗水、创新、赤子之心铸就的一份礼物。

中国工程院院士

2019 年 7 月

前　言

　　电工钢主要指碳含量很低，而硅含量为 0.5%~6.5% 的铁硅软磁合金，也称为硅钢，是钢铁生产中技术极为复杂、生产难度巨大且装备条件及管理要求极高的钢材品种。电工钢生产技术是衡量一个国家特殊钢发展水平的重要标志之一。电工钢使用范围覆盖电力、机械、航空等重要领域，与提高能源利用效率、节能降耗、二氧化碳减排等紧密关联。2018 年我国电工钢产量达到 1016.1 万吨，产能利用率 82%，产量为世界总量的 60% 以上。然而，我国电工钢产能从 2012 年至今一直存在严重的结构型过剩，中低端产品间的同质化恶性竞争、高端产品稳定性较差的问题。这就要求我国电工钢企业强化研发能力，掌握核心竞争力。同时，变频高效电机装备、新能源汽车、无人机等新兴市场的快速发展，进一步推动了电工钢领域新产品和新技术的持续创新，这也是国际节能降耗、绿色发展大环境的必然趋势。

　　薄带连铸独有的亚快速凝固和近终成形的特点在高性能电工钢制备方面具有独特优势，极有可能为新一代高性能硅钢产品需求提供解决方案，有望成为电工钢制备技术瓶颈的突破口。目前国外针对薄带连铸电工钢技术的相关研究还不深入，这为我国电工钢行业跨越式发展带来了新的历史机遇。国内薄带连铸电工钢研究主要集中在常规产品技术开发，部分院所和高校在实验室进行了电工钢组织、织构和抑制剂控制方面的研究，而针对薄带连铸硅钢的工艺稳定性、磁性能提升及特殊用途电工钢制备的技术开发将成为未来研究热点。在钢铁共性技术协同创新中心的组织下，作者总结和整理了近年内薄带连铸工艺的发展、工艺机理研究及该流程条件下硅钢组织和磁性能演化规律方面的主要研究成果，以便给电工钢等软磁合金的短流程工艺研究提供一定借鉴。

　　本书共分为5章，其中第1章、第2章简要介绍了电工钢和薄带连铸技术，第3章、第4章分别整理总结了薄带连铸无取向电工钢和取向电工钢的组织、织构与析出物控制的基本物理冶金规律，第5章重点介绍了基于铸轧工艺的强｛100｝织构无取向硅钢、薄规格硅钢以及取向高硅钢等特殊用途电工钢的组织、织构及磁性能。

　　由于作者水平有限，书中不妥或谬误之处，恳请读者批评指正。

作　者

2020 年 7 月

目　　录

1 电工钢概述

电工钢主要指碳含量很低而硅含量为0.5%~6.5%的铁硅软磁合金，也称为硅钢，是钢铁生产中技术复杂、生产难度大且装备条件及管理要求较高的产品，被称为"钢铁产品中的工艺品"。电工钢生产技术是衡量一个国家特殊钢发展水平重要标志之一[1,2]。电工钢作为国民经济建设中应用最为广泛的金属功能性材料，使用范围覆盖电力、机械、航空等重要领域，与提高能源利用效率、节能降耗、二氧化碳减排等紧密关联，是电力、电子装备升级换代的关键材料[3,4]。

自20世纪50年代开始，我国电工钢行业经历了试制研究、引进消化、改造扩建、掌握技术到自主研发的发展途径。目前，我国电工钢生产技术已经基本能够满足国民经济建设的需求，产品的综合技术接近世界同行先进水平。我国已成为全球电工钢生产和消费发展最快的国家，产量超过世界总量60%[5,6]。然而，我国电工钢产能在2012年就开始出现严重结构型过剩，主要体现在中低端产品间的同质化恶性竞争，同时高端产品稳定性较差；而且国外先进电工钢生产企业对我国中高端产品出口加以限制，这就要求我国电工钢企业强化自主研发能力，掌握高品质电工钢核心技术。同时，变频高效电机装备、新能源汽车、无人机等新兴市场的快速发展推动电工钢领域新产品和新技术的持续创新，这也是国际节能降耗、绿色发展大环境的必然趋势[7~11]。

1.1 电工钢分类、应用与发展历史

1.1.1 电工钢分类和应用

铁磁性或反磁性材料一般都呈现出磁各向异性，原子的磁矩直接或间接地与晶格相耦合就会引起磁各向异性。图1-1示出了铁单晶三个晶向的磁化曲线，<100>方向最容易达到饱和磁感应强度，即为易磁化方向。<111>方向则为最难磁化方向，<110>方向介于两者之间[12]。

电工钢的磁各向异性是其组织和织构控制的出发点，并决定了在特定方向的磁性能。按照成品晶粒的取向分布，电工钢可分为无取向硅钢和取向硅钢。其中无取向硅钢要求在板面各个方向上具有均匀的磁性特征，晶粒取向较为漫散，如图1-2（a）所示，因此一般用作要求各向同性的旋转铁芯，例如大、中型电机和发电机的铁芯。当晶体 {100} 面平行于板面时，每个晶粒在板面内都存在两个

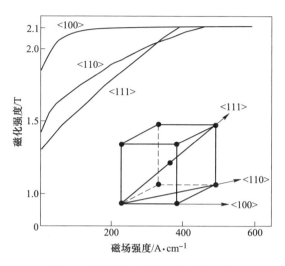

图 1-1　铁单晶三个晶向的磁化曲线

易磁化方向，宏观表现为在板面任意方向均具有一定量的易磁化方向，而不存在难磁化方向，如图 1-2（b）所示。这种晶体分布为最理想的无取向织构分布，可在旋转磁场条件下将电工钢的软磁性能发挥到极致。{100} 织构无取向硅钢适合用于制造高效率、低能耗电机铁芯[13]。

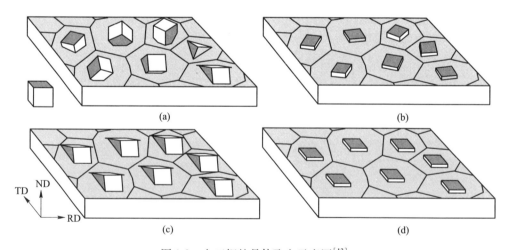

图 1-2　电工钢的晶体取向示意图[13]

（a）传统无取向硅钢；（b）强 {100} 织构无取向硅钢；（c）取向硅钢；（d）双取向硅钢

取向硅钢分为单取向硅钢和双取向硅钢，单取向硅钢具有单一的 {110}

<001>（Goss）取向，如图 1-2（c）所示。双取向硅钢特指立方（{100}<001>，Cube）取向硅钢，目前制备技术不成熟而没有在工业化中应用。本节所述取向硅钢指的是单取向硅钢。取向硅钢在轧向具有高磁导率和低损耗的特性，可用于制造变压器等静态电子设备铁芯。取向硅钢根据性能可分为普通取向硅钢（conventional grain-oriented silicon steel，CGO）和高磁感取向硅钢（high permeability grain-oriented silicon steel，Hi-B）。其中，CGO 钢晶体取向与准确 Goss 取向的平均偏差角约为 7°，二次晶粒尺寸为 3~5mm，磁感值 B_8 大于 1.82T。Hi-B 钢平均偏差角约为 3°，二次晶粒尺寸为 10~20mm，磁感值 B_8 大于 1.92T。CGO 钢主要用于中小型变压器的制造，Hi-B 钢主要用于各种大型变压器、扼流线圈等高端电磁元件[1]。

1.1.2 电工钢发展概况

电工钢在 100 多年的发展历史中，始终伴随着工艺理论和装备的创新应用。1882 年英国的 R. A. Hadfield 开始研究硅钢[1]，此后热轧电工钢开始逐步生产和应用。20 世纪 30 年代冷轧电工钢逐渐发展，由热轧硅钢发展到冷轧硅钢是一次工艺大变革[10]，之后冷轧电工钢进入快速发展期。冷轧电工钢发展主要分为下述几个阶段：

（1）冷轧电工钢初级发展阶段（1930~1967 年）。1933 年，美国工程师 Goss 采用两次冷轧和中间退火工艺制成沿轧向磁性较高的硅钢，并于 1934 年申请专利[14]。1935 年美国阿姆科钢铁公司（现 AK 钢铁公司）与西屋电气公司（westing house）合作，以 Goss 的专利为基础，建成了取向硅钢生产线。20 世纪 50 年代中期，该公司在掌握 MnS 抑制剂和板坯高温加热工艺后，二次冷轧法制备取向硅钢技术基本完善[1]。1958 年阿姆科钢铁公司向日本八幡公司（现新日铁）输出两次冷轧法制备取向硅钢技术。

（2）冷轧电工钢高级发展阶段（1964 年至今）。1964 年，八幡公司开发了以 MnS 和 AlN 为抑制剂，单阶段冷轧制备高磁感取向硅钢工艺。该钢种被命名为 Hi-B 钢，并于 1968 年正式生产。Hi-B 钢技术的发明在取向电工钢发展历史中具有划时代意义，此后 Hi-B 钢制备技术快速推广。自此，日本冷轧电工钢的产品质量、制备技术和设备等方面在世界上处于绝对领先水平。在此期间，低温路线制备取向硅钢技术也在不断发展，20 世纪 80 年代初苏联和捷克开发出以 Cu_2S 和 AlN 为抑制剂的低温路线取向硅钢。此后日本、德国和韩国先后开发出低温路线取向硅钢制备工艺[15]。

20 世纪 40 年代初美国阿姆科钢铁公司开始生产冷轧无取向硅钢。1978 年之前为第一代标准牌号产品，钢水纯净化技术的进步促进了第二代高磁感无取向硅钢的发展，满足了高效电机的要求。1996 年后正在开发和陆续生产第三代产品，包括薄板坯连铸连轧高牌号无取向硅钢、汽车驱动电机用无取向硅钢、薄规格高频用无取向硅钢等。目前无取向硅钢国际市场仍由日本和美国主导[1]。纵观电工钢发展历程，一条主线为降低铁损和提高磁感值的产品质量提升，另一条主线是工艺简化和降低成本的工艺流程发展。

　　我国电工钢发展先后经历过试制研究、引进消化、改造扩建、掌握技术和自主研发等阶段：（1）1952 年，太原钢铁厂首先试制热轧低硅钢板，1954 年正式投产，此后热轧硅钢在中国发展和应用超过 50 多年。（2）1974 年武钢（现宝武钢铁）第一次从日本新日铁（现新日铁住金）成套引进冷轧硅钢生产工艺与装备，并于 1978 年生产出第一卷冷轧电工钢，从此开创了我国生产冷轧硅钢先河。1996 年武钢进行第二次技术引进。（3）在引进技术基础上，通过不断攻关，完成了电工钢高磁感低铁损化产品技术改造。20 世纪 90 年代以后，太钢、宝钢（现宝武钢铁）、鞍钢和马钢等钢铁企业电工钢项目相继投产，我国电工钢生产技术进入快速发展期。2005 年开始，宝钢、武钢和首钢分别批量生产高磁感取向电工钢，至此国内已掌握高端取向和无取向电工钢生产技术，且具备顶级牌号电工钢试生产能力[16]。近年来，我国在低温高磁感取向硅钢工艺研究，薄板坯连铸连轧工艺制备高磁感取向硅钢技术开发及其工业试生产等方面均取得重要进展。

　　在家电行业迅速发展、国家配电网建设、大型火力和水利工程实施等需求牵引下，我国电工钢行业取得了长足进步，产品的综合技术已达到世界同行先进水平，已基本具备为国家现代化建设服务的能力[5]。图 1-3 示出了我国 2000 年以来电工钢产量及进出口量情况。2017 年我国电工钢产量达到 1009.9 万吨（其中取向硅钢 110.46 万吨，无取向硅钢 899.44 万吨），产量是 2000 年的 20.7 倍。取向硅钢生产企业达到 18 家，无取向硅钢生产企业达到 22 家，这些均说明我国电工钢技术从无到有、从小到大、从弱到强的突破。我国于 1993 年开始出口无取向硅钢，2001 年开始出口取向硅钢。2017 年我国进口电工钢 42.9 万吨（取向硅钢 1.53 万吨，无取向硅钢 41.36 万吨），出口电工钢 45.7 万吨（其中取向硅钢 15.7 万吨，无取向硅钢 30 万吨）[6]，首次实现出口量超过进口量。目前，我国已经成为电工钢生产和消费发展最快的国家，发展速度明显高于发达工业国家。然而，我国电工钢行业仍面临着严重结构型产能过剩问题，主要体现在中低端产品间的同质化恶性竞争，中高端产品质量稳定性较差且进口受制于人。这就要求我国电工钢企业强化研发能力，掌握高端电工钢核心技术。新时代的中国电工钢行业需面向世界，未来发展从国外引进技术已不现实，只能走自主创新、可持续发展的道路[6-8]。低铁损、高磁感是电工钢生产技术发展的大势所趋，同时在保证高性能的基础上进一步节能减排和降低成本，这就要求必须推动电工钢生产流程彻底革新。

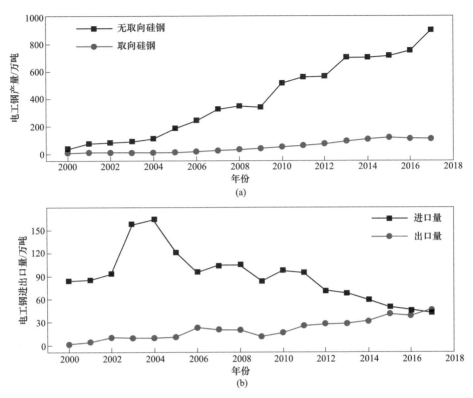

图 1-3 2000~2017 年我国电工钢产量及进出口量统计

(a) 电工钢产量变化；(b) 电工钢进出口量变化

1.2 电工钢的织构与性能要求

1.2.1 电工钢的性能指标

电工钢叠片铁芯与铜线通过电磁感应进行能量转换，铁芯通过形成交变磁场发挥作用。铁芯运行过程中自身耗能和铁芯磁化能力决定电器设备核心性能，如功率、体积、效率、质量以及综合运行成本。硅钢片的磁性能直接影响到电机或其他电气部件的电磁转换效率、耗电量和体积质量等，随着电机等电气化设备的高速化和小型化发展，对电工钢的性能也提出了更高的要求[17]：

（1）铁芯损耗（P_T）低。铁芯损耗是指铁芯在交变磁场下磁化时所消耗的无效电能，通过铁芯发热而损失掉电量，同时还会引起电机升温。无取向硅钢的铁损（P_T）包括磁滞损耗（P_h）、涡流损耗（P_e）和反常损耗（P_a）三部分。中高牌号无取向硅钢中磁滞损耗占铁损的 60% 左右，反常损耗只占 10%~13%。铁损作为考核无取向硅钢磁性能的重要指标，也是划分产品牌号的主要依据，降低铁损对于提高无取向硅钢磁性能意义重大。降低铁损的工艺途径主要包括改善晶粒取向度，提高钢水纯净度来降低磁滞损耗；减薄硅钢厚度，提高硅含量，粗化晶体尺寸来降低涡流损耗；附加钢板表面张力，用物理法细化磁畴来降低反常损耗。

（2）磁感应强度（B）高。磁感应强度是指铁芯单位截面面积上通过的磁力线数，代表材料的磁化能力。电工钢板的磁感应强度高，铁芯的激磁电流降低，铁损和铜损都会下降。采用磁感应强度高的无取向硅钢，可以有效减少铁芯体积和质量，节省电工钢板、绝缘材料和导线，降低电机的总损耗和制造成本。不同电工钢采用的磁感应强度标准不同，通常无取向硅钢的磁感应强度保证值为 B_{50}，即在 5000A/m 磁场下的磁感应值。改善无取向硅钢的磁感应强度主要通过控制第二相粒子析出、优化晶体尺寸和织构组分等方式。

（3）磁各向异性小。电机在运转状态时，铁芯由圆形无取向硅钢经冲裁叠片制成的定子和转子组成，因此需要硅钢满足磁各向异性要求。通常无取向硅钢要求纵横向铁损差值和磁感应强度差值分别小于 8% 和 10%。由于磁晶各向异性，铁单晶体在 <001>、<011> 和 <111> 三个主要晶体学方向上的磁化能力有很大差异。{100} 面有两个 <001> 易磁化方向，因此应形成尽可能多的 {100}<0vw> 面织构，从而提高磁感应强度，减小磁各向异性。

（4）磁时效现象小。铁磁材料的磁性随着使用时间而逐渐恶化的现象称为磁时效。无取向硅钢的磁时效通常是由材料中的碳和氮杂质元素引起的。铁芯在长期运转过程中逐渐升温，固溶在基体中的碳和氮原子析出形成细小弥散的析出物，从而使矫顽力和铁损增高。硅有排斥碳原子促进退火时脱碳的作用，同时硅和铝降低碳和氮的扩散速度，并与碳化合形成 Si_3N_4 和 AlN 可以有效减轻磁时效现象。

此外，无取向硅钢产品还有良好的冲片性，钢板表面光滑、平整和厚度均匀，绝缘膜性能好等要求[1]。

1.2.2 电工钢织构及其分析方法

在多晶材料中，晶粒取向集中分布在某一或某些取向位置附近时称为择优取向，具有择优取向的多晶体结构称为织构[18]。电工钢的织构分布状态直接影响其磁性能，因此织构控制是电工钢研究的重要内容。对无取向硅钢而言，主要是提高板面内 <100> 方向晶粒比例，而且尽量降低 <111> 方向晶粒比例。对取向硅钢而言，需要获得完全单一的 Goss 织构，并提高 Goss 织构的取向度。

织构分析主要从宏观和微观两个角度进行，其中宏观织构主要通过 X 射线衍射技术（X-Ray diffraction，XRD）测量，微观织构主要通过电子背散射衍射技术（electron back scattered diffraction，EBSD）测量。前者测量区域大，具有宏观统计规律，但不能与材料的微观组织形貌相对应。后者测量区域小，可获得组织、织构、晶界等更加丰富的信息[19]。在立方晶体样品坐标系中，某一晶粒 {hkl} <uvw>织构常用于表示该晶粒的 {hkl} 晶面平行于板面，<uvw>晶向平行于轧向。该晶体学指数法描述织构简单明了，但无法显示织构的强弱和漫散程度。常见织构表示方法包括极图法（Pole figure）和晶体三维空间取向分布函数法（orientation distribution function，ODF）等。晶体在三维空间中取向分布的三维极射赤道平面投影，称为极图。直接极图法是将被测材料某一选定晶面 {hkl} 法线相对于宏观坐标系的空间取向分布，进行极射赤道投影来表示材料全部晶粒的空间位向。极图法反映了特征晶向在三维极射赤道平面投影图。采用极图法分析织构的优势在于能够单独分析某些特定织构的分布特征，且可得到各织构之间的取向关系（旋转轴和转动角度）。但是部分相近织构在极图中位置重叠，织构分析存在不确定性，容易引起误判。而 ODF 法克服了极图法的缺点，可直观地把晶体取向与试样外观坐标的关系在欧拉三维空间（euler space）中表达出来，因而得到较为广泛的应用[18,19]。在邦厄（bunge）系统中，体心立方（body-centered cubic，bcc）金属的主要织构在 ODF 恒 $\varphi_2 = 45°$ 和 $\varphi_2 = 0°$ 截面图上的分布如图 1-4 所示。

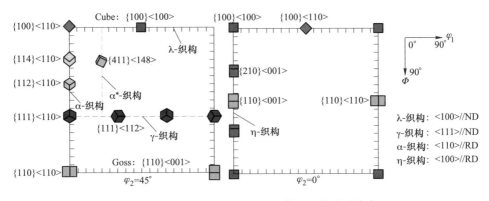

图 1-4　ODF 恒 $\varphi_2 = 45°$ 和 $\varphi_2 = 0°$ 截面上的重要取向

1.3　电工钢加工过程中的组织与织构演变原理

1.3.1　无取向硅钢制备工艺及组织性能控制

图 1-5 示出了高牌号无取向硅钢生产的基本流程，主要包括冶炼、连铸、板坯加热、热连轧、常化酸洗、冷轧、成品退火和涂层等工序。低牌号和中高牌号无取向硅钢一般以 470 牌号为分界线，低牌号无取向硅钢一般采用不常化的一次冷连轧法，高牌号的则采用常化和单机架冷轧法。两阶段冷轧制备的无取向硅钢磁性能优于一次冷轧法，由于工艺繁琐且成本高而很少被采用。

成分、晶粒尺寸和织构是决定无取向硅钢磁性能的三个主要因素。无取向硅

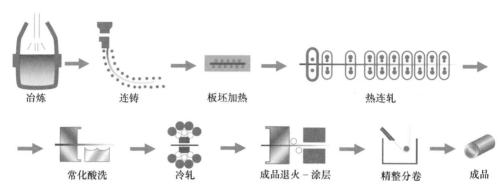

图 1-5　高牌号无取向硅钢生产基本流程示意图

钢成分中 Si、Al、Mn 为功能性元素，C、S、N、O 为有害元素。Si 和 Al 总含量增加，电阻率提高而铁损值降低，该总含量决定了无取向硅钢牌号。在冶炼过程中需严格控制钢水纯净度，防止形成 MnS、AlN 或氧化物，避免其阻碍晶粒长大，并减轻 C 和 N 元素导致的磁时效。目前，可控 C、S、N、O 元素总含量低于 $60×10^{-6}$，已达到很高的水平[20]。

　　晶粒尺寸和织构主要通过热轧、常化、轧制和退火等加工工艺调整。高温终轧可使热轧板晶粒粗化且降低 γ 织构强度，改善磁感值。常化处理可以促进热轧板发生再结晶，提高 Goss 和 Cube 织构。过高温度热轧和常化会使得粗大析出物回溶而在随后冷却过程中弥散析出，导致铁损升高[21]。热轧、常化和中间退火工艺是调控组织和织构的有效手段，但与此同时会增加生产成本，并降低效率。目前形成的成熟控制思路为钢质的纯净化、热轧加热低温化、高温卷取、中温常化和成品高温退火。

　　随着冷轧电工钢的逐步推广，热轧电工钢逐渐退出市场，在整个冷轧电工钢产业中，无取向硅钢的用量超过 70%。冷轧技术的成熟和普及以及大型电气化设备的升级优化，各大电工钢企业纷纷将注意力转移到高磁感、低铁损的高效电机用冷轧无取向硅钢上来[22,23]。国内电工钢产品中，中低牌号的产能过剩，而高牌号冷轧无取向硅钢工艺相对复杂，产品成材率低，生产技术长期被少数大型企业所垄断。而下游产业的需求不断扩大又会反向促进上游生产企业的技术和装备的更新升级。高磁感、低铁损、高强度、薄规格、短流程、低成本将会成为冷轧无取向硅钢未来发展的重要方向。

　　（1）高磁感和低铁损。提高硅钢的磁感应强度有利于减少电机铁芯的硅钢用量，提高电磁转换效率，有利于电机的小型化、高效化和轻质化。降低铁损能够有效减少电机发热，节约能源。随着电力电气行业的迅速发展，大中型高效电机、电动汽车以及家用电器对于高牌号无取向硅钢的需求急剧增加，开发新一代高磁感和低铁损的冷轧无取向硅钢必然成为各大生产企业和相关科研人员的主攻方向。

提高无取向硅钢的磁感应强度主要通过改善化学成分和优化晶体织构。硅、铝或锰含量提高，磁感相应降低。理想的晶体织构为 {100}<0vw> 面织构，因为它能保证各向同性而且难磁化方向<111>不在轧面上。通过添加微量的晶界偏析和表面偏聚元素，抑制难磁化的 γ 织构（<111>//ND），增强易磁化的 λ 织构（<100>//ND）和 η 织构（<110>//RD）。消除大压缩比的热轧过程或降低冷轧压下量也有利于弱化 γ 织构。降低铁损主要通过提高钢质纯净度，采用热轧板常化技术，弱化第二相粒子或析出物对于再结晶晶粒长大和畴壁移动的钉扎作用。

（2）高强度和薄规格。高速电机在航空航天、加工机床和离心压缩机中的应用也越来越广泛，常规无取向硅钢难以承受电机高速旋转带来的离心力，因此高速电机铁芯需要采用高强度无取向硅钢以防止转子铁芯的变形和疲劳断裂。电机的高效化和小型化催生了中高频电机的产生，随着工作频率的提高，硅钢铁损急剧恶化。厚度为 0.15mm 和 0.20mm 的高频低铁损冷轧无取向硅钢薄带大量应用于中高频微电机、微型发电机和电动汽车驱动电机。

材料的力学性能与软磁性能一般是相互矛盾的，在合金成分上，P 和 Mn 通过固溶强化能够提供强度和硬度，同时提高电阻率降低铁损。Ni 能有效改善韧性和强度并对磁性无害。添加 Nb 形成 Nb(C，N) 进行析出强化和细晶强化可使屈服强度进一步提高。在工艺上，通过低温短时间退火保留回复的变形组织，提高位错密度，控制再结晶分数和晶体尺寸可有效提高抗拉强度和屈服强度。随着成品厚度的减小，高频铁损减低，磁感恶化，通常采用热轧带常化后一次冷轧或二次中等压下率冷轧法。中间退火时进行脱碳，成品采用高温短时间退火。优化钢质纯净度有利于提高再结晶晶粒尺寸。

（3）短流程和低成本。当前，无取向硅钢产业已经逐渐步入微利时代，面对传统硅钢生产工艺复杂、产线冗长、产品成材率低等问题，伴随能源成本和环境成本的急剧增加，只有发展颠覆性的硅钢生产制备技术，进一步简化生产工艺，降低生产成本，优化产品质量才能使生产企业在激烈的市场环境中占得先机，提高竞争力。同时，面对常规热轧流程大压缩比热轧带来组织和织构恶化的困境，薄板坯连铸和薄带连铸技术逐渐成为近年来研究的热点，并且极有可能成为新一代高性能无取向硅钢的生产提供解决方案。

薄板坯连铸是近年来开发并得到大量应用的薄带材生产新技术，其中最为典型的工艺是薄板坯连铸连轧技术（CSP）和带钢无头轧制技术（ESP）。相较于传统的连铸坯热轧，薄板坯连铸的板坯厚度大幅降低，省掉初轧工序的同时热轧压下量减小，初始的 {100} 织构能够部分保留，有利于提高磁性减小磁各向异性。而带钢无头轧制技术能实现全无头轧制，生产节奏更快，产线大幅缩短，成本进一步降低。薄带连铸技术完全消除连铸和热轧过程，是一种极具潜力的短流程、近终成型硅钢制备工艺。

1.3.2 取向硅钢制备工艺及组织性能控制

目前取向硅钢制备工艺分为一次冷轧法和两次冷轧法，其中一次冷轧法用于制备以 MnS 和 AlN 为主要抑制剂的 Hi-B 钢，两次冷轧法用于制备以 MnS 为主要抑制剂的 CGO 钢。Hi-B 钢磁性能更好，但控制难度更高。图 1-6 示出了常规生产 Hi-B 钢的基本流程，主要包括冶炼、连铸、板坯加热、热连轧、常化酸洗、冷轧、脱碳退火、高温退火和涂层等工序。为降低 Hi-B 钢生产难度并提高成材率，逐渐发展形成了低温路线 Hi-B 钢制备工艺，一种为添加固溶温度更低的单质元素作为辅助抑制剂的"固有抑制剂"方法，另一种为在脱碳退火后通过渗氮处理提高抑制剂强度，即"获得抑制剂"方法[15]。各方法均需通过复杂的工艺实现全流程组织、织构和抑制剂演变行为控制，以获得 Goss 晶粒异常长大的成品板。

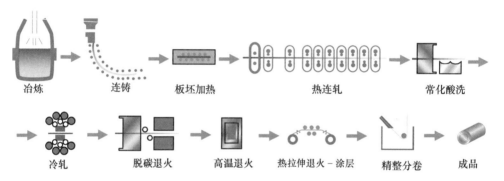

图 1-6 Hi-B 取向硅钢生产基本流程示意图

自从发现 Goss 能够异常长大并获得良好磁性能以来，关于取向硅钢的研究就是围绕抑制剂选择、组织与织构演变、二次再结晶行为等方面展开。目前工业上比较成熟的取向硅钢制备技术主要是通过复杂繁琐的工序调控全流程组织、织构演变、抑制剂固溶和析出行为，以实现 Goss 晶粒异常长大，进而获得良好的磁性能。Goss 晶粒二次再结晶需要两个条件[1]：一是在高温退火时要提供适宜的环境（包括抑制剂分布、升温速度、退火气氛等），使 Goss 晶粒选择性长大；二是要求初次再结晶组织细小均匀，且能够提供取向精准、数量较多的 Goss 晶核。

可见，初次再结晶的优劣直接决定了 Goss 晶粒能否发展完善的二次再结晶，而初次再结晶的组织织构又受到热轧组织织构、冷轧工艺（一阶段冷轧、两阶段冷轧+中间退火）、初次再结晶退火工艺（退火温度、退火时间、升温速度）等因素的综合影响。取向硅钢各工序对组织、织构和抑制剂要求如图 1-7 所示。此外，取向硅钢组织、织构和抑制剂三者之间也需合理协调。一般而言，当抑制剂阻碍晶粒长大能力较弱时，对初次再结晶组织和织构的要求会苛刻一些。此时最好选择两阶段冷轧工艺以保证初次再结晶晶粒尺寸更加均匀,且 Goss 织构的体积分数更高,有利于增强高温退火过程中 Goss 晶粒异常长大的竞争力。二次再结晶晶粒相对较小,为 3~5mm,二次晶粒偏离准确 Goss 织构较大,多用来制备普通取向硅钢(CGO)。当抑制剂抑制能力较强时,此时多选用一阶段冷轧工艺。较大的冷轧压下量虽然导致二次 Goss 晶核数量减少,但是其位向更加准确,且初次再结晶板中 γ 织构更锋锐。高温退火时,Goss 织构会在相对较高的温度发生二次再结晶。二次晶粒尺寸大,为 10~30mm,Goss 取向度高,多用来制备高磁感取向硅钢(Hi-B)。可见,取向硅钢生产流程各工序之间衔接紧密,且每一个工序均对组织、织构和抑制剂分布有严格的要求。

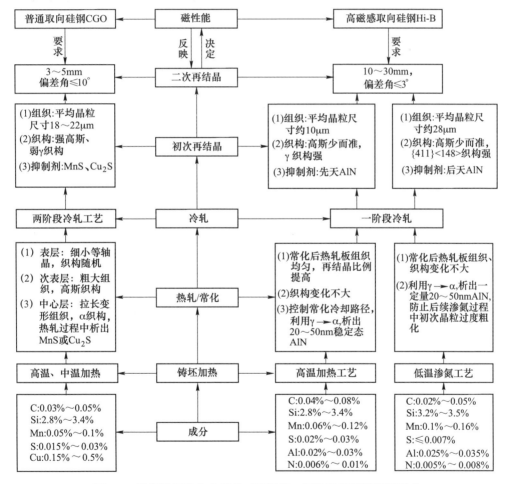

图 1-7 常规流程取向硅钢各工序组织、织构及抑制剂调控要求

抑制剂调控是取向硅钢制备工艺的关键。细小弥散的第二相粒子在高温退火前期抑制初次再结晶晶粒长大,随着退火温度的升高,抑制剂不断粗化,抑制能

力逐渐下降。Goss 晶粒由于其周围晶界的特殊性可优先长大，逐步吞并周围仍被抑制的初次再结晶的小晶粒，进而形成单一织构的二次再结晶组织。工业上根据获得抑制剂方式的不同可分为以下三种工艺[2,15,24,25]：高温铸坯加热工艺、中温铸坯加热工艺以及后续渗氮工艺。其中高温铸坯加热工艺的抑制剂主要为 MnS 与 AlN，中温加热工艺的抑制剂主要为 Cu_2S，低温加热工艺的抑制剂主要为在后续渗氮过程中形成的 AlN。与 MnS 和 Cu_2S 相比，AlN 高温稳定性较好，抑制晶粒长大能力强，多用于一阶段冷轧制备高磁感取向硅钢的工艺。

常规取向硅钢抑制剂演变行为包括粗大析出、回溶、弥散析出和粗化失效等复杂阶段，控制难度大。常规板坯连铸过程中由于凝固速率较慢，抑制剂元素会以粗大粒子形式析出，在铸坯缓慢冷却过程中析出物进一步粗化，最终能够达到微米级别[26]。为了获得大量细小弥散的抑制剂，取向硅钢铸坯需要在高温或中温条件下加热，以保证连铸过程中形成的粗大析出物充分回溶。在热轧精轧阶段利用形变诱导 MnS 细小析出，在常化过程利用相变诱导 AlN 细小弥散析出。铸坯加热、热轧、卷取、常化和中间退火等工序的工艺设定基本都是围绕抑制剂回溶-析出展开的。因此，常规流程在抑制剂控制方面存在局限性：（1）铸坯中高温加热工序存在能耗高、成材率低、生产效率低和产品表面缺陷多等弊端，同时铸坯加热温度主要取决于抑制剂种类及其添加量，因而抑制剂选取范围和有效抑制剂强度均受到明显限制。目前不断优化的低温制备工艺路线在一定程度上缓解了该困境，但无法彻底摆脱流程限制，而且对冷轧带钢表面质量和渗氮工艺控制精度要求严格。（2）热轧过程中轧件表面和中心层变形差异会引起析出和组织分布不均匀，同时冗长的热轧和加热工艺会使得溶质元素在晶界偏聚，引起晶界脆性，这会限制部分晶界偏聚元素的使用并降低成材率。（3）热轧和常化过程析出的抑制剂会在后续热处理阶段发生一定程度的粗化，这会直接影响二次再结晶的完善程度。避免抑制剂过早失效也是常规流程抑制剂调控需要考虑的问题，这些问题导致取向硅钢制备工艺复杂且成本高。

围绕提高性能和降低成本的要求，取向硅钢生产技术的发展趋势主要有四个方面：

（1）提高 Goss 晶粒取向度。取向硅钢的磁感应强度与 Goss 晶粒取向度有直接关系，为提高取向硅钢的 Goss 取向度，一方面需要研究 Goss 织构的起源问题及其遗传作用，另一方面选用更强抑制能力的抑制剂。日本新日铁公布的专利中提出基于"固有抑制剂"工艺，添加 B、Bi、Nb 或 Sn 等晶界偏聚元素可以提高 Goss 准确度，制备超高磁感取向硅钢[27,28]。

（2）降低取向硅钢铁损。主要措施有细化磁畴、提高硅含量、减薄钢板厚度以及减小二次再结晶晶粒尺寸等。减薄厚度可大幅度降低涡流损耗，是降低铁损最有效的方式。取向硅钢减薄厚度的前提条件是保证二次再结晶发展的稳定性，并且不增加额外生产成本，而这恰恰是限制常规流程生产极薄取向硅钢的技术瓶颈。

（3）低温铸坯加热工艺。采用低温铸坯加热技术制备高磁感取向硅钢目前已成为世界各大取向硅钢生产企业关注的热点技术。其中一种为通过抑制剂设计降低全固溶温度实现"固有抑制剂法"低温板坯加热技术，日本新日铁、德国蒂森（Thyssen）和中国宝武的相关技术较为成熟，铸坯加热温度降低至 1150~1250℃[29]；另一种是基于渗氮工艺的"获得抑制剂"低温板坯加热技术，目前仅有日本新日铁、韩国浦项（POSCO）和中国宝武等企业采用该工艺进行 Hi-B钢的工业化生产，板坯加热温度为 1050~1250℃，该技术研究的重点是抑制剂设计和渗氮工艺的稳定性。

（4）短流程生产取向硅钢。采用薄板坯连铸连轧和薄带连铸等短流程工艺生产取向硅钢在简化工艺、降低能耗和成本等方面具有明显优势。薄板坯连铸连轧工艺相比于传统厚板坯连铸工艺，在细化铸态组织、减轻偏析程度和降低铸坯加热温度等方面有一定技术优势。意大利 AST 公司于 2002 年在薄板坯连铸连轧生产线上试制高磁感取向硅钢，该工艺以"固有抑制剂"和"获得抑制剂"结合的抑制剂设计思路[30]。德国蒂森公司和钢研总院、武钢等单位也在该方面进行了大量研究。利用薄板坯连铸连轧技术制备取向硅钢正处于发展阶段，与常规厚板坯连铸技术相比具有一定的技术潜力。然而，薄板坯连铸连轧工艺中凝固-冷却阶段不能完全抑制析出物的粗化，并没有彻底解决铸坯中高温加热的问题，而且由于抑制剂强度不够需采用后续渗氮工艺。同时，该流程先天性的表面质量问题也限制了该技术的发展[31]。而薄带连铸工艺是比薄板坯连铸更为高效的板带材生产新工艺，电工钢被认为是薄带连铸工艺中最具有发展前途的钢种之一，20 世纪 80 年代日本、意大利、美国和中国等国家开始开展相关探索性研究[32]。

1.4 特殊用途电工钢生产技术研究现状

1.4.1 强 {100} 织构无取向硅钢制备技术与研究现状

体心立方金属具有磁各向异性，{100}<0vw>是无取向硅钢的理想织构，然而常规工艺中大压缩比变形容易造成 {111} 织构累积，不利于形成 {100} 织构。目前，无取向硅钢产品中有利 {100} 织构体积分数一般不超过 20%[33]，远没有达到理想织构状态。突破传统工艺的限制，开发强 {100} 织构无取向硅钢制备工艺一直是电工钢研究工作者着力解决的问题。目前主要形成以下五种制备方法：

（1）表面能法。该方法通过相变（γ→α）或者表面反应，先在钢板表面形成 {100} 晶核，再向钢板内部扩展，具体方法包括脱碳脱锰法、高温退火法和化学反应诱导法等。Kovac 等人[34,35]提出利用脱碳脱锰工艺在钢板表层形成 {100} 晶粒，再利用湿氢气氛脱碳促进相变，最终形成发达 {100} 柱状晶。

Tomida 等人[36]提出通过隔离层中 SiO_2 与基体中 C 元素反应，造成脱碳并诱导相变，从而在表面形成 {100} 晶粒。Aspden 等人[37~39]提出 P、S 等元素在金属表面富集，使 {100} 表面能最低而优先在表面形成 {100} 晶核，随后 {100} 晶粒逐渐吞并其他取向晶粒而发生异常长大。表面能法为 {100} 织构无取向硅钢的制备提供了可行的解决方案，并已建立表面能作用下 {100} 晶粒形核-长大模型。

（2）应变能法。弹性模量各向异性是应变能机制作用的基础，该方法认为体心立方晶体中<100>晶向具有最大的相变应变，在 $\gamma \rightarrow \alpha$ 相变过程中优先形成 <100>平行于法向的晶粒，使相变应变能得到最大的释放。因此，可通过缓慢加热和冷却工艺在金属表面形成了 {100} 织构，最终产品晶粒尺寸大于板厚，磁性能优异[40,41]。该方法在纯铁和 Fe-Si 合金中均得到验证，但是对带钢表面光洁度和冷却速率要求极高。

（3）临界压下法。该方法主要利用不同取向晶粒在变形和再结晶阶段的储能差异，采用第一阶段大压下轧制和不完全再结晶退火，形成了较强的 γ 再结晶织构和 α 变形织构。再经临界变形和完全再结晶退火，在 α 变形基体内形成 {100}<210>晶核，并通过应变诱导晶界迁移（strain-induced grain boundary migration, SIBM）向 γ 取向基体扩展，最终形成较强的 {100}<210>织构，磁感值 B_{50} 为 1.74T[42]。该方法需要两阶段冷轧和两次退火处理，且产品组织均匀性较差，磁性能没有展现优势。

（4）交叉轧制法。该方法利用交叉轧制为 Cube 晶粒形核提供条件，同时借助 AlN 析出物的抑制作用，实现 {100} 取向晶粒的异常长大。Mekhiche 等人[43]认为 AlN 的抑制作用是 Cube 晶粒发生异常长大的关键，产品最优磁性能 B_{50} 达到 1.9T 以上。Harase 等人[44]研究表明，Cube 晶粒异常长大主要是由于 Cube 晶粒周围存在比例较高的 $\Sigma7$ 晶界。由于该方法需要经过转换轧制方向且高温退火时间长，生产成本高；而且，Goss 和 {100}<110>晶粒也会发生异常长大，织构控制难度大。

（5）柱状晶遗传法。该方法主要利用凝固 {100} 柱状晶的遗传作用。Cheng 等人[45]以 30mm 厚的 {100} 柱状晶板坯为原料，经过热轧、冷轧和退火处理，最终退火板中形成了较为发达的 Cube 织构，磁感 B_{50} 达到 1.76T；并认为 {100} 取向晶粒尺寸较大且不容易发生晶粒破碎，导致其遗传作用较强。张宁等人[46]通过对柱状晶连铸坯切片，沿不同方向冷轧，发现当 {100} 柱状晶长轴平行于轧件法向和横向时，{100} 织构得到最大程度的保留，并且这种遗传行为与周围难变形组织的阻碍作用有关。该方法证明了 {100} 织构的遗传作用，工艺简单且受成分影响小。但是，常规流程中铸坯需经过大压缩比热轧变形过程，很难保证 {100} 织构的遗传。

上述制备技术原理分为表面能效应、应变能效应和织构遗传三种。表面能效应和应变能效应的共同点是利用相变或表面能诱导形成 {100} 取向晶核，需要较为严格地控制温度和退火气氛。临界压下、交叉轧制和柱状晶切片等工艺主要利用 {100} 织构的遗传作用，对轧制–退火工艺要求严格。由于成形过程较为复杂且影响因素较多，以上工艺方法目前均没有实现工业化应用[47~49]。

薄带连铸流程可直接生产 1~5mm 厚铸带并且初始组织和织构可控，这为强 {100} 织构无取向硅钢的制备提供了新的技术思路。Sha 等人[50~52]研究了薄带连铸无取向硅钢中 Cube 织构演变行为，发现该流程条件下 {100} 织构存在较强的遗传性。Landgraf 等人[53]认识到直接凝固得到 {100} 柱状晶组织的铸带具有较好的磁性能，但没有制备无取向硅钢成品。然而，现有薄带连铸制备无取向硅钢工艺方法仍沿用常规流程中轧制–退火工艺，虽然薄带连铸无取向硅钢磁感值较常规流程有较大幅度提高，但织构分布与理想的 {100} 织构仍有较大差距。这是由于在铸带直接冷轧过程中，晶界的协调变形作用会弱化 {100} 织构的遗传作用，不可避免地形成 γ 等有害织构，这是制约薄带连铸无取向硅钢进一步提高 {100} 织构比例的主要技术瓶颈。这说明薄带连铸流程近终成形特点及其织构调控的优势在制备强 {100} 织构无取向硅钢方面仍存在巨大的技术潜力。提高初始晶粒尺寸和 {100} 织构强度并充分利用其遗传性是开发该技术的关键，也是强 {100} 织构无取向硅钢亟待研究的新领域。

1.4.2　薄规格硅钢制备技术研究现状

减薄产品厚度是降低硅钢铁损最为有效的方法之一，在能源危机以及环境保护的压力下，开发薄规格低铁损、高磁感硅钢显得尤为重要。对于薄规格无取向硅钢的制备，除了板形控制外，组织和织构的优化也是其核心难点[54]。随着厚度的减薄和冷轧压下率的增大，对磁性能不利的 {111} 再结晶织构会显著增强，这将明显恶化薄规格硅钢磁性能。因此，有效地改善再结晶织构对于解决薄规格无取向硅钢高磁感与低铁损的兼容性具有重要意义。

作为一种特殊功能性软磁材料，薄规格无取向电工钢被广泛用于中高频电机的铁芯材料，以其超低的高频铁损、高磁导率等优良特性而被广泛关注[55]。随着新能源电动汽车和小型无人机的快速发展，对于高频电机用无取向硅钢的性能也提出了更高的要求：一方面，随着电机工作频率的提高（≥400Hz 或者 ≥1000Hz），降低高频铁损可以有效减少电能损耗和电机发热；另一方面，高磁感的无取向硅钢可以提高电机效率，减少硅钢用量，促进电机小型化[56~58]。因此亟待开发新一代高性能薄规格冷轧无取向硅钢制备理论与技术，优化成品组织、织构和磁性能。

无取向硅钢铁损中占比最大的涡流损耗值与工作频率、成品厚度的平方成正比，减薄硅钢成品厚度是降低其高频铁损的重要手段。随着成品厚度的减薄，大压下量的冷轧变形导致成品晶粒尺寸减小、退火织构恶化和磁感应强度降低等问题。因此改善薄规格成品组织和织构，解决大压缩比条件下高频铁损和磁感应强度之间的天然矛盾是重要的研究方向。当前冷轧薄规格无取向硅钢的制备方法主要有两种[59~61]：一种是利用0.5mm和0.35mm的无取向硅钢成品作为原始材料经过一次冷轧和高温退火制备；另一种是以超纯净Fe-Si合金钢进行两阶段轧制或临界压下制备，利用应变诱导晶粒粗化降低铁损。两种方式都存在着明显的工艺弊端和技术缺陷，产品的制备成本提高，工艺复杂性和控制难度升高，磁感应强度未得到有效改善。

薄规格化是取向硅钢降低铁损值的重要发展方向，极薄取向硅钢一般指厚度不超过0.15mm的取向硅钢。与常规厚度取向硅钢相比，极薄取向硅钢铁损值大幅度降低，经过细化磁畴后，甚至可以与铁基非晶材料相媲美。同时极薄取向硅钢饱和磁感值远高于非晶材料，在中高频工况下展现出优异的综合磁性能，因此被称为"硅钢中的精品"[62]。极薄取向硅钢是军工和电子工业领域中重要软磁材料，主要用于高频变压器、雷达脉冲变压器和大功率磁放大器、电感、扼流线圈等关键电器元件[1]。

目前，极薄取向硅钢主要有两种制备工艺：一种是以0.23~0.3mm的取向硅钢成品为原料，酸洗去除绝缘层和玻璃膜后经过一次冷轧和退火，利用织构遗传获得发达Goss织构的方法[63~67]；另一种是采用纯净Fe-3%Si热轧板进行两次或者三次冷轧，随后进行高温退火，以表面能为驱动力发展二次再结晶或者三次再结晶的方法[68,69]。以常规厚度取向硅钢产品为原料生产极薄取向硅钢，成本较高，且成材率较低。利用常规热轧板生产极薄取向硅钢工艺，一方面需要多次冷轧和中间退火；另一方面对高温退火气氛以及钢板纯净度要求严格，工艺条件苛刻、复杂，极大限制了极薄取向硅钢的大规模生产和应用。

高温退火过程中织构或表面能诱发的晶粒异常长大速率明显慢于抑制剂诱发的晶粒长大速率，而且其织构锋锐程度和磁性能也低于抑制剂诱发二次再结晶方法。一般认为，采用抑制剂诱发Goss晶粒异常长大生产取向硅钢薄带技术的成品极限厚度为0.18mm[66]。当厚度低于0.15mm时，极薄取向硅钢很难形成完善二次再结晶，主要原因在于：一方面，钢板越薄比表面积越大，高温退火升温过程中极薄取向硅钢表面效应明显，导致元素扩散加剧，析出物易粗化，抑制剂过早失效会使得基体晶粒发生正常长大，这将严重阻碍Goss晶粒的发展；另一方面，随着成品厚度的减薄，单位面积内包含的Goss晶核数目急剧减少，影响后续二次再结晶正常进行[64~66]。

与织构遗传法和表面能法相比，采用抑制剂诱发二次再结晶法制备极薄取向硅钢方案，在简化工艺和提高产品性能方面优势突出，具有广阔的发展前景。如何增强抑制力、保证Goss织构强度和取向度，是该工艺亟需突破的技术难题。

薄带连铸工艺为极薄取向硅钢的制备提供了新的解决途径：一方面其较强的固溶能力可以突破常规流程抑制剂设计的局限性，保证较强的抑制力；另一方面，近终成形的特点可有效减小冷轧压下量，提高成材率，而且可通过轧制-热处理工艺调控 Goss "种子" 数量和取向度。中国的东北大学利用薄带连铸工艺制备极薄取向硅钢，以 MnS 和 AlN 为抑制剂，采用热轧、常化和三阶段冷轧工艺（或两阶段）制备了 0.05 ~ 0.15mm 厚度取向硅钢，最优磁感值 B_8 可达到 1.84T[70,71]。该结果进一步说明了利用薄带连铸工艺制备极薄取向硅钢方法的可行性，由于影响因素较多且工艺环节要求苛刻，该技术尚处于初级探索阶段，目前得到的实验结果中没有展现出明显的磁性能优势。基于此，可考虑充分利用薄带连铸工艺在取向硅钢抑制剂调控方面的优势，采用抑制剂诱发二次再结晶制备高性能极薄取向硅钢。同时，开展极薄取向硅钢抑制剂设计和二次再结晶行为等研究，这对于极薄取向硅钢的高效连续制备尤为重要。

1.4.3 取向高硅钢的特点及制备技术

1.4.3.1 取向高硅钢的特点

取向高硅钢中的 Si 含量为 4.5%~6.5%，常见成分为 Fe-4.5%Si 和 Fe-6.5%Si。与传统取向硅钢相比，较高的 Si 含量赋予取向高硅钢优异的磁性能，主要体现在：

（1）高电阻率和低铁损。Si 元素是提高钢电阻率的最有效元素[72~74]。如图 1-8 所示，3.0%Si 钢的电阻率约为 $45\mu\Omega \cdot m$。当 Si 含量增至 4.5%时，电阻率提高为约 $62\mu\Omega \cdot m$，继续增加至 6.5%时，电阻率增至约 $82\mu\Omega \cdot m$，比 3.0%Si 钢高出近一倍。由于硅钢的电阻率与铁损中的涡流损耗成反比[75]，因此增加 Si 含量会显著降低涡流损耗。相关实验结果表明[76]，涡流损耗在中高频条件下占据铁损中的主导地位，所以较高的 Si 含量能够保证取向高硅钢在中高频条件下具有极低的铁损。

（2）沿<001>方向的磁致伸缩低。磁致伸缩指的是硅钢在磁化过程中的长度变化效应。当磁化强度达到饱和时，磁致伸缩也达到最大值，称为饱和磁致伸缩。随着 Si 含量的增加，硅钢沿<001>方向的磁致伸缩不断减小，在 6.5%Si 时接近于零（见图 1-8）。磁致伸缩是造成变压器噪声的主要原因，因此以取向高硅钢作为铁芯材料的变压器，其噪声会显著低于其他变压器。

（3）磁晶各向异性低。磁晶各向异性是指磁化过程中磁矩沿一定晶轴择优排列的现象[78]。对于铁基合金而言，<001>为最易磁化方向，<111>方向为最难磁化方向，这种现象通常采用磁晶各向异性常数来衡量。如图 1-8 所示，Si 含量的增加会显著降低硅钢的磁晶各向异性常数。当成品织构一致时，取向高硅钢较低的磁晶各项异性弱化了偏转 Goss 晶粒带来的负面作用，有利于提升成品的磁性能。

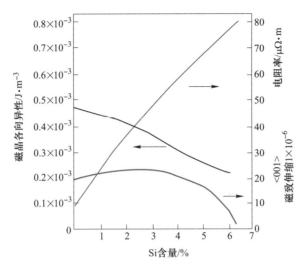

图 1-8　硅钢磁性能参数随 Si 含量的变化[77]

综上可见，较高的 Si 含量显著优化了取向高硅钢的磁性能。采用这种材料制造铁芯可以提高变压器、电抗器和磁屏蔽器等设备的工作效率，并且减小体积和噪声，符合电器设备节能化、高效化和环保化的长期发展目标。较高的 Si 含量虽然优化了取向高硅钢的磁性能，却无法采用现有取向硅钢的制备工艺生产，主要的难点是：

（1）较高的 Si 含量恶化了铸坯的高温加工性能。增加 Si 含量会显著降低取向硅钢的热传导系数[79]，造成铸坯晶粒粗大，热轧过程中容易产生内裂纹。此外，较高的 Si 含量会促进再加热过程中铸坯表面的 SiO_2 和 FeO 发生化学反应，形成低熔点硅酸盐，破坏铸坯表面质量，导致热轧板缺陷增多。

（2）传统工艺无法满足取向高硅钢的抑制力控制要求。增加取向硅钢中的 Si 含量会延缓或者抑制二次再结晶的出现[80,81]，因此需要更多的抑制剂元素增强抑制力，同时对抑制剂粒子的尺寸和分布提出更为苛刻的要求。在传统取向硅钢的生产工艺中，抑制剂控制策略是先通过高温加热将抑制剂元素固溶在铸坯中，随后借助热轧和常化过程中的奥氏体/铁素体相变调控析出。对于取向高硅钢而言，较高的 Si 含量限制了铸坯加热温度，进而限制了抑制剂元素的添加上限。虽然可以通过后续渗氮工艺追加抑制剂，但该方法复杂且控制难度较大。此外，较高的 Si 含量使取向高硅钢成为单相铁素体，无法通过相变调控抑制剂。

（3）较高的 Si 含量导致基体中出现 Fe—Si 脆性有序相，降低了取向高硅钢的室温塑性。当钢中的 Si 含量为 4.5%～6.5%时，Si 原子之间形成 Si—Si 共价键的概率显著增加。由于 Si—Si 键能与 Fe—Fe 键能之和大于 Fe—Si 键能的 2 倍[82,83]，因此为保证系统能量最低，体系中尽量避免形成 Si—Si 共价键。此时，

Si 原子会按照一定规律置换 Fe 原子，形成 B2 和 DO_3 有序相[82~85]。图 1-9 所示为 B2 和 DO_3 相的单胞示意图。B2 相空间群为 $Pm3m$，一个单胞中包含 1 个 Fe 原子和 1 个 Si 原子，化学式为 FeSi，如图 1-9 （a） 所示。DO_3 相空间群为 $Fm3m$，其点阵常数为 B2 相的 2 倍，单个晶胞中包含 12 个 Fe 原子和 4 个 Si 原子，化学式为 Fe_3Si，如图 1-9 （b） 所示。

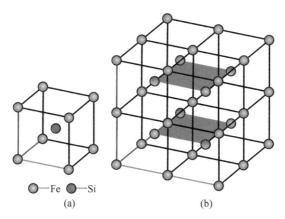

● —Fe ● —Si
(a)　　　　(b)

图 1-9　高硅钢中 B2 和 DO_3 有序相的晶体结构

（a）B2 有序相；（b）DO_3 有序相

图 1-10 所示为取向高硅钢中各相 {110} 滑移面的示意图。对于无序相而言，塑性变形过程中，位错在 {110} 最密排面上沿着 <111> 最密排方向滑移，如图 1-10 （a） 所示。由于每个点阵位置处 Fe 原子和 Si 原子出现的概率相同，因此全位错的 Burgers 矢量 **b** 为 $a/2<111>$，其中矢量 **a** 的长度为点阵常数。对于 B2 相而言，由于 Si 原子有序排列，全位错的 Burgers 矢量 **b** 增加为能量较大的 **a** <111>，如图 1-10 （b） 所示。为了降低体系能量，B2 相中的全位错会分解为两个能量较低的半位错。由于半位错移动性差，无法通过攀移和交滑移实现协调变形，因此 B2 相室温塑性较差。DO_3 相与 B2 相类似，全位错的 Burgers 矢量 **b** 为 **a**

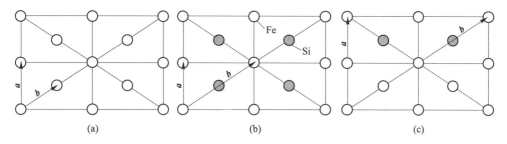

(a)　　　　　　(b)　　　　　　(c)

图 1-10　取向高硅钢中各相的 {110} 滑移面和滑移方向[86]

（a）无序相；（b）B2 有序相；（c）DO_3 有序相

<111>，如图 1-10（c）所示。但是，此处 *a* 的长度为 B2 相点阵常数的 2 倍，因此全位错会分解为四个不全位错，进一步降低了协调变形能力。

（4）较高的 Si 含量增强了固溶强化效应，提高了取向高硅钢的加工难度。硅钢中的 Si 原子会置换晶胞中的 Fe 原子。由于二者原子半径不同，因此晶格会发生畸变，造成固溶强化，进而增加基体硬度。图 1-11 所示为 Si 含量与硅钢硬度的关系。由图 1-11 可见，当 Si 含量为 4.5% 时，硅钢的硬度约为 237HB；继续增加 Si 含量至 6.4%，硅钢的硬度增加至约 328HB，几乎是纯铁硬度（约 84HB）的 4 倍。值得一提的是，为实现二次再结晶，取向高硅钢中需要大量弥散分布的抑制剂粒子，这会进一步增加基体的硬度。

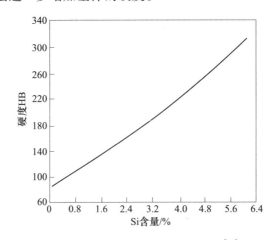

图 1-11   硅钢硬度随 Si 含量的变化[77]

（5）脱碳退火过程中钢板表面容易形成 SiO_2，阻碍脱碳反应，进而恶化成品磁性能。取向硅钢脱碳退火通常采用 H_2、N_2 和水蒸气气氛，其中水蒸气会和钢板表面的 Si 元素发生氧化反应形成 SiO_2 膜。对于取向高硅钢而言，较高的 Si 含量导致退火板表面出现大量氧化膜，阻碍脱碳反应。这些残留的碳元素虽然不会发生相变阻碍晶粒异常长大，但会形成碳化物恶化成品磁性能。

1.4.3.2 取向高硅钢

Si 含量的增加使得高硅钢既硬又脆，因此无法采用传统方法加工成形。为此，研究者们提出了诸多特殊制备方法，但制备过程中均无法准确控制晶粒取向，最终得到的为无取向高硅钢。这些方法有：快速凝固法[87,88]、薄带铸轧法[89,90]、化学沉积法[91,92]、等离子气相沉积法[93]、熔盐电化学沉积法[94,95]、电子束物理气相沉积法[96]、热浸法[73,97]、喷射成形法[98]、粉末轧制法[99]、选择性激光熔化法[100,101] 和特殊轧制法[82] 等。上述方法按照制备过程可以分为两类：一类是省略塑性变形的沉积法，直接向低硅钢中渗入硅元素得到高硅钢；另一类是优化的塑性变形方法，先采用特殊方法改善高硅钢塑性，随后采用常规变形方法制备高硅钢。

相比于无取向高硅钢，取向高硅钢的制备过程需要同时考虑塑性变形和组织织构调控，因此工艺相对复杂。截至目前为止，仅有极少数的专利和文献报道了取向高硅钢的制备方法，可分为以下几种。

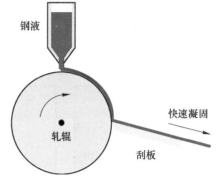

（1）快淬法。快淬法是在保护气氛中将金属熔化并喷射到冷却辊表面，随着冷却辊的旋转钢液不断凝固成为薄带，如图1-12所示。这种方法避开了取向高硅钢的有序相区，有利于改善室温塑性。通过调

图1-12　薄带快淬制备带材示意图

整钢液喷射压力、铸辊转速、铸辊材料、浇铸温度等参数可以控制带材的宽度和厚度。

1988年，日本东北大学 Arai 等人[102]采用快淬法制备了厚度为 $280\mu m$ 的取向 4.5%Si 钢薄带。随后经 3~8 道次冷轧至 $60\mu m$，并在真空环境下退火 1h 得到 {110}<001>取向高硅钢。成品磁感 B_8 为 1.86T、铁损 $P_{12.5/50}$ 为 0.22W/kg、$P_{17/50}$ 为 0.51W/kg，性能优于同等条件下的取向 3.0%Si 钢。

随后，日本住友金属公司 Tomita 等人[103]在冶炼过程中添加了抑制剂元素 Mn 和 S，快淬后得到 0.75~3.0mm 高硅钢铸带。随后，铸带经过多阶段轧制和 600~1300℃高温退火，通过二次再结晶得到了锋锐的 {110}<001>织构。

（2）轧制法。20 世纪 80 年代，日本住友金属公司 Hinotani 等人[104]提出采用优化后的常规轧制法制备取向 4.6%Si 钢。以 MnS 作为抑制剂，采用常规连铸和热轧得到约 5mm 厚热轧板。将热轧板加热至 1200~1300℃实现 MnS 部分固溶，并采用快速冷却抑制 MnS 析出，随后在 550~650℃条件下进行温轧变形。之后多次重复 1200~1300℃热处理和 550~650℃温轧变形。待温轧板厚度和组织达到要求后再经过两次冷轧、初次再结晶退火和二次再结晶退火得到取向高硅钢成品，磁感 B_{10} 为 1.80T。

20 世纪 90 年代，日本新日铁公司[105]以渗氮法制备普通取向硅钢为技术原型，提出以 AlN 作抑制剂，通过铸坯低温加热和渗氮处理制备取向高硅钢的方法。连铸坯经过再加热、热轧、常化、温轧、脱碳退火、渗氮退火及二次再结晶退火，最终得到取向高硅钢成品。连铸坯加热温度（T）和时间（t）之间需满足关系：$T \leqslant 1300-10t$。最终 0.20mm 取向 6.5%Si 钢 B_8 为 1.62~1.67T。

近年来，北京科技大学杨平课题组[106,107]采用轧制变形和后续渗氮的方法成功制备了取向 6.5%Si 钢，并研究了不同渗氮时间对最终磁性能的影响。0.23mm

成品的磁感 B_8 为 1.57T，400~20000Hz 条件下铁损比同等厚度取向 3.0%Si 钢低 16.6%~35.8%。相关实验结果表明，当渗氮温度为 750℃，渗氮时间由 30s 增加至 90s 时，二次再结晶逐渐完善，如图 1-13 所示。当渗氮时间较短（30s），钢中抑制力不足，{110}<116>晶粒和 Goss 晶粒（{110}<001>）相互竞争发生异常长大，恶化了成品的磁性能。

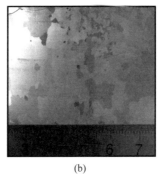

(a)　　　　　　　　　(b)　　　　　　　　　(c)

图 1-13　取向高硅钢不同渗氮时间的宏观组织[106]

(a) 30s；(b) 60s；(c) 90s

（3）化学沉积法（CVD 法）。CVD 法是通过高温热处理向低硅钢中渗入硅元素制备高硅钢的方法。1993 年，日本钢管公司[91,92]建成了全世界唯一一条基于 CVD 法制备高硅钢的生产线，产品厚度为 0.1~0.3mm，宽度为 600mm，月产 100t。然而，CVD 法制备的高硅钢取向杂乱，磁感值较低，性能仍有进一步提升的空间。

2011~2014 年，韩国现代钢铁厂 Jung 和汉阳大学 Kim 等人[108~111]将 0.15mm 厚取向 3.0%Si 钢置于 SiO_2 中，随后在 1200℃长时间保温成功制备了取向高硅钢，保护气氛为 100%高纯氢。通过控制保温时间，可以得到不同 Si 含量的取向高硅钢成品，其中取向 6.5%Si 钢的铁损 $P_{10/60}$ 为 0.45W/kg。

如上所述，快淬法虽然巧妙地避开了高硅钢的脆性变形区，一定程度上解决了取向高硅钢塑性差的问题，但最终产品厚度和宽度受限，无法实现大规模生产。传统轧制法无法同时满足塑性变形、抑制剂调控和织构调控的要求，因此需要额外的热处理或渗氮处理，流程冗长且最终产品性能仍有进一步优化空间。CVD 法省略了取向高硅钢塑性变形过程，但需要长时间的扩散热处理，所需设备及控制参数复杂。因此，开发一种适合大规模生产取向高硅钢的制备技术迫在眉睫。

综上所述，电工钢以其独特的电磁转换的材料特性，已经成为当今用量最大的金属功能材料，不仅应用于家用电器行业，还支撑着电力电子能源行业和国防工业建设，在国民经济和社会发展中起到不可替代的关键作用。我国电工钢产业历经引进、消化、融合和自主创新等发展阶段，目前产品的综合技术已达到世界同行先进水平，具备为国家现代化建设服务的能力[5]。但是"中国制造2025"等国家重大战略规划对高端电工钢产品提出了更高的要求，随着特高压、新能源汽车充电桩、城际高速铁路和城际轨道交通等"新基建"全面建设也给电工钢行业的发展带来了新的挑战和动力。目前，电工钢传统生产流程仍存在工序复杂、成材率低、能耗大等固有问题，很难满足电工钢行业绿色可持续发展的迫切要求。新一代短流程、低成本、低能耗的薄带连铸工艺具有亚快速凝固和近终成型过程特点，其在电工钢组织和织构调控方面具有显著优势，该技术有望成为高品质电工钢制备技术的突破口。薄带连铸流程下电工钢的组织和织构演变行为明显区别于传统生产流程，充分发挥薄带连铸流程特色和优势，开发适合薄带连铸流程且传统流程无法生产或生产难度大的电工钢制备技术，是薄带连铸制备电工钢技术创新发展的关键，也是该研究面临的重要挑战。国外针对该技术的相关研究还不深入，这为我国电工钢行业跨越式发展带来了历史新机遇。因此，有必要进一步挖掘薄带连铸亚快速凝固和近终成型的技术优势，系统开展基于薄带连铸制备电工钢的工艺和基础理论研究，开发高效率、低成本、低消耗的绿色化短流程生产技术。该研究有望推动我国电工钢产业跨越式发展，对于满足国家重大工程及关键装备对高性能、绿色化的电工钢产品的迫切需求具有重要的理论指导意义和实际应用价值。

参 考 文 献

[1] 何忠治，赵宇，罗海文. 电工钢 [M]. 北京：冶金工业出版社，2012：3~52.

[2] Zhao S X, Yong K, Quan W. Developments in the production of grain-oriented electrical steel [J]. Journal of Magnetism and Magnetic Materials, 2008, 32 (4)：3229~3233.

[3] 方泽民. 中国电工钢发展六十年 [C]//中国金属学会电工钢分会. 高性能电工钢推广应用交流会暨中国金属学会电工钢分会第五次全委工作，2013：2~20.

[4] 夏彬，韩松，张楠，等. 硅钢的研究现状及发展趋势 [J]. 中国冶金，2018，28 (6)：9~12.

[5] 陈卓. 我国冷轧电工钢引进生产技术回顾及思考 [C]//中国金属学会电工钢分会. 第十四届中国电工钢专业学术年会. 北京：冶金工业出版社，2017：269~275.

[6] 陈卓. 新时代我国电工钢发展带来无限市场机遇 [C]//中国金属学会电工钢分会. 国内电工钢绝缘涂层技术论坛暨电工钢绝缘涂层国家标准启动会. 太原，2018：9~30.

[7] 王国栋. 近年我国轧制技术的发展、现状和前景 [J]. 轧钢，2017，34 (1)：1~8.

[8] 任秀平. 电工钢生产技术研发进展及未来发展趋势 [N]. 世界金属导报，2016-7-15 [B04].

[9] Günther K, Abbruzzese G, Fortunati S, et al. Recent technology development in the production of

grain oriented electrical steel [J]. Steel Research International, 2005, 76 (6): 413~421.

[10] 方泽民, 汪汝武, 孙竹. 世界电工钢工艺流程的革新 [N]. 世界金属导报, 2018-01-16 [B08].

[11] 孙竹. 我国电工钢产业在"十二五"期间的发展及未来预测 [C] //中国金属学会电工钢分会. 国产高性能电工钢生产技术与应用研讨会论文集. 大连, 2018: 9~30.

[12] Soinski M, Moses A J. Handbook of magnetic materials [M]. North-Holand Elsevier, 1995: 325~414.

[13] 毛卫民, 杨平. 电工钢的材料学原理 [M]. 北京: 高等教育出版社, 2013: 121-122.

[14] Goss N P. Electrical sheet and method and apparatus for its manufacture and test: US Patent, 1965559 [P]: 1934.

[15] 李军, 孙颖, 赵宇, 等. 取向硅钢低温铸坯加热的研究进展 [J]. 钢铁, 2007, 42 (10): 72~75.

[16] 方泽民. 中国电工钢五十八年的发展与展望 [C]. 中国电工钢专业学术年会, 2010.

[17] Ushigami Y, Mizokami M, Fujikura M, et al. Recent development of low-loss grain-oriented silicon steel [J]. Journal of Magnetism and Magnetic Materials, 2003, 254: 307~314.

[18] 毛卫民, 张新明. 晶粒材料织构定量分析 [M]. 北京: 冶金工业出版社, 1993: 3~4.

[19] 毛卫民. 金属材料的晶体学织构与各向异性 [M]. 北京: 科学出版社, 2002.

[20] 方泽民, 汪汝武, 孙竹. 世界电工钢生产技术的发展趋势 [N]. 世界金属导报, 2017-11-28 [B08].

[21] Fischer O, Schneider J. Influence of deformation process on the improvement of non-oriented electrical steel [J]. Journal of Magnetism and Magnetic Materials, 2003, 254: 302~306.

[22] Kubota T, Miyoshi K. Magnetic properties of high-efficiency core materials NC-M1 and NC-B1 [J]. Journal of Applied Physics, 1987, 61 (8): 3856~3858.

[23] 张新仁, 谢晓心. 高效率电机与高磁感无取向电工钢 [J]. 武钢技术, 2000, 38 (5): 6~10.

[24] 朱文英. 板坯低温加热工艺生产取向硅钢片 [J]. 上海金属, 2001, 23 (4): 33~37.

[25] 温亚成. 降低铸坯加热温度及其节能效果分析 [J]. 节能技术, 2000, 18 (6): 26~28.

[26] 董爱锋, 张文康. 取向硅钢生产工艺技术分析和发展趋势 [J]. 特殊钢, 2013, 34 (5): 20~24.

[27] 峠哲雄, 村木峰男, 高島稔, 等. 一方向性けい素鋼板の製造方法: 日本, 平 10-30124 [P]. 1998-02-03.

[28] 本田厚人, 峠哲雄, 定広健一, 等. 高磁場特性に比較して低磁場特性に優れた方向性電磁鋼板の製造方法: 日本, 平 10-130728 [P]. 1998-05-19.

[29] 仇圣桃, 付兵, 项利, 等. 高磁感取向硅钢生产技术与工艺的研发进展及趋势 [J]. 钢铁, 2013, 48 (3): 1~8.

[30] 弗图纳提, 希卡里, 阿布路采斯. 用薄板坯生产具有高的磁性能的晶粒取向电工钢带的工艺: 中国专利, 97197500.0 [P]. 2001-10-17.

[31] 夏强强, 李莉娟, 刘立华, 等. 取向硅钢生产工艺研究进展 [J]. 材料导报, 2010, 24 (3): 85~88.

[32] 肖丽俊，岳尔斌，仇圣桃，等．双辊薄带连铸生产取向硅钢的技术分析［J］．钢铁研究学报，2009，21（8）：1~5.

[33] 杨平，顾晨，王金华，等．低牌号无取向钢柱状晶连铸坯相变法处理后的组织与织构［C］//中国金属学会电工钢分会．第十四届中国电工钢专业学术年会．北京：冶金工业出版社，2017：65~71.

[34] Tomida T, Tanak T. Development of (100) texture in silicon steel sheets by removal of manganese and decarburization [J]. ISIJ International, 1995, 35 (5)：548~556.

[35] Kovac F, Dzubinsky M, Sidor Y. Columnar grain growth in non-oriented electrical steels [J]. Journal of Magnetism and Magnetic Materials, 2004, 269：333~340.

[36] Tomida T, Sano N, Ueda K, et al. Cube-textured Si-steel sheets by oxide-separator-induced decarburization and growth mechanism of cube grains [J]. Journal of Magnetism and Magnetic Materials, 2003, 254-255：315~317.

[37] Aspden R G, Berger J A, Trout H E. Anisotropic and heterogeneous nucleation during the gamma to alpha transformation in iron [J]. Acta Metallurgica, 1968, 16 (8)：1027~1035.

[38] Ko W S, Park J Y, Byun J Y, et al. Manipulation of surface energy anisotropy in iron using surface segregation of phosphorus: An atomistic simulation [J]. Scripta Materialia, 2013, 68：329~332.

[39] Kim K M, Kim H K, Park J Y, et al. {100} texture evolution in bcc Fe sheets-Computational design and experiments [J]. Acta Materialia, 2016, 106：106~116.

[40] Hashimoto O, Satoh S, Tanaka T. Formation of $\alpha \rightarrow \gamma \rightarrow \alpha$ transformation texturein sheet steel [J]. Transactions of the ISIJ, 1983, 23：1028~1037.

[41] Sung J K, Lee D N, Wang D H. Efficient generation of cube-on-face crystallographic texture in iron and its alloys [J]. ISIJ International, 2011, 51 (2)：284~290.

[42] Takashima M, Komatsubara M, Morito N. {001}<210> texture developmentby two-stage cold rolling method in non-oriented electrical steel [J]. ISIJ International, 1997, 37 (12)：1263~1286.

[43] Mekhiche M, Waeckerlé T, Cornut B. A metallurgical and magnetic study of {100} textured soft magnetic sheets [J]. Journal of Magnetism and Magnetic Materials, 1996, 160：125~126.

[44] Harase J, Shimizu R, Takahashi N. Coincidence grain boundary and (100)[001] secondary recrystallization in Fe-3%Si [J]. Acta Metallurgica et Materialia, 1990, 38 (10)：1849~1856.

[45] Cheng L, Zhang N, Yang P, et al. Retaining {100} texture from initial columnar grains in electrical steels [J]. Scripta Materialia, 2012, 67：899~902.

[46] 张宁，杨平，毛卫民．柱状晶对 Fe-3%Si 电工钢再结晶织构演变规律的影响［J］．金属学报，2012，48（3）：307~314.

[47] Skriver H L, Rosengaard N M. Surface energy and work function of elemen metals [J]. Physical Review B, 1992, 46 (11)：7157~7168.

[48] Blonski P, Kiejna A. Calculation of surface properties of bcc iron [J]. Vacuum, 2004, 74 (2)：179~183.

［49］谢利，杨平. 制备 ｛100｝ 织构无取向电工钢方法综述［J］. 材料热处理学报，2013，34（12）：9~17.

［50］Liu H T, Schneider J, Li H L, et al. Fabrication of high permeability non-oriented electrical steels by increasing <001> recrystallization texture using compacted strip casting processes［J］. Journal of Materials Science & Technology, 2015, 374：577~586.

［51］Sha Y H, Sun C, Zhang F, et al. Strong cube recrystallization texture in silicon steel by twin-roll casting process［J］. Acta Materialia, 2014, 76：106~117.

［52］Xu Y B, Zhang Y X, Wang Y, et al. Evolution of cube texture in strip-cast non-oriented silicon steels［J］. Scripta Materialia, 2014, 87：17~20.

［53］Landgraf F J G, Yonamine T, Takanohashi R, et al. magnetic properties of silicon steel with as-cast columnar structure［J］. Journal of Magnetism and Magnetic Materials, 2003, 254-255：364~366.

［54］焦海涛. 薄带连铸无取向硅钢形变及热处理过程组织性能调控机［D］. 沈阳：东北大学，2019.

［55］Arai K I, Ishiyama K. Recent development of new soft magnetic materials［J］. Journal of Magnetism & Magnetic Materials, 1994, 133（1）：233~237.

［56］Paolinelli S C, M. A. D. Cunha, Development of a new generation of high permeability non-oriented silicon steels［J］. Journal of Magnetism & Magnetic Materials, 2006, 304（2）：e596~e598.

［57］Stoyka V, Kováč F, Stupakov O, et al. Texture evolution in Fe-3% Si steel treated under unconventional annealing conditions［J］. Materials Characterization, 2010, 61（11）：1066~1073.

［58］Salinas-Beltrán J, Salinas-Rodríguez A, Gutiérrez-Castañeda E, et al. Effects of processing conditions on the final microstructure and magnetic properties in non-oriented electrical steels［J］. Journal of Magnetism & Magnetic Materials, 2016, 406：159~165.

［59］Dorner D, Zaefferer S, Raabe D. Retention of the Goss orientation between microbands during cold rolling of an Fe 3% Si single crystal［J］. Acta Materialia, 2007, 55（7）：2519~2530.

［60］Oda Y, Kohno M, Honda A. Recent development of non-oriented electrical steel sheet for automobile electrical devices［J］. Journal of Magnetism & Magnetic Materials, 2008, 320：2430~2435.

［61］Huneus H, Günther K, Kochmann T, et al. Nonoriented magnetic steel with improved texture and permeability［J］. Journal of Materials Engineering & Performance, 1993, 2（2）：199~203.

［62］柳方秀. 国产极薄取向硅钢技术有新进展［N］. 中国冶金报，2014-9-11［005］.

［63］曾春，张新仁，李长一，等. 极薄取向硅钢试制工艺分析［J］. 钢铁研究，2015，43（4）：28~32.

［64］梁瑞洋. 中高频用电工钢织构优化原理及工艺探索［D］. 北京：北京科技大学，2017.

［65］Nakano M, Ishiyama K, Arai K I, et al. New production method of 100-μm-thick grain-oriented 3% silicon steel sheets［J］. Journal of Applied Physics, 1997, 81（8）：4098~4100.

［66］ Gao X, Qi K, Qiu C, Magnetic properties of grain oriented ultra-thin silicon steel sheets processed by conventional rolling and cross shear rolling ［J］. Materials Science & Engineering A, 2006, 430 （1）: 138~141.

［67］ Lobanov M L, Rusakov G M, Redikul'tsev A A. Effect of copper content, initial structure, and scheme of treatment on magnetic properties of ultra-thin grain oriented electrical steel ［J］. The Physics of Metals and Metallography, 2013, 114 （7）: 559~565.

［68］ Arai K I, Ishiyama K. Factors affecting grain growth of very thin silicon steels ［J］. Materials Science Forum, 1996, 204-206: 133~142.

［69］ Cho S S, Kim S B, Choi Y S, et al. Effect of sulfur-segregated sulfur on primary texture and surface-energy-induced selective grain growth in ultra-thin 3% silicon-iron alloy ［J］. Materials Science Forum, 2002, 408-412: 1299~1304.

［70］ Song H Y, Liu H T, Wang Y P, et al. Microstructure and texture evolution of ultra-thin grain-oriented silicon steel sheet fabricated using strip casting and three-stage cold rolling method ［J］. Journal of Magnetism and Magnetic Materials. 2017, 426: 32~39.

［71］ Wang Y P, Liu H T, Song H Y, et al. Ultra-thin grain-oriented silicon steel sheet fabricated by a novel way: Twin-roll strip casting and two-stage cold rolling ［J］. Journal of Magnetism and Magnetic Materials, 2018, 452: 288~296.

［72］ Ros-Yañez T, Houbaert Y, Fischer O, et al. Production of high silicon steel for electrical applications by thermomechanical processing ［J］. Journal of Materials Processing Technology, 2003, 143, 144: 916~921.

［73］ Ros-Yanez T, Houbaert Y, Rodriguez V G. High-silicon steel produced by hot dipping and diffusion annealing ［J］. Journal of Applied Physics, 2002, 91 （10）: 7857~7859.

［74］ 毛卫民, 杨平. 电工钢的材料学原理 ［M］. 北京: 高等教育出版社, 2013: 331~531.

［75］ Takashima M, Morito N, Honda A, et al. Nonoriented electrical steel sheet with low iron loss for high-efficiency motor cores ［J］. IEEE Transactions on Magnetics, 1999, 35 （1）: 557~561.

［76］ 秦镜. 轧制法制备低铁损高磁感高硅钢及其涂层研究 ［D］. 北京: 北京科技大学, 2015.

［77］ 何忠治, 赵宇, 罗海文. 电工钢 ［M］. 北京: 冶金工业出版社, 2012: 1~74.

［78］ 严密, 彭晓领. 磁学基础与磁性材料 ［M］. 浙江: 浙江大学出版社, 2006: 56.

［79］ Zhang Y X, Xu Y B, Liu H T, et al. Microstructure, texture and magnetic properties of strip-cast 1.3% Si non-oriented electrical steels ［J］. Journal of Magnetism and Magnetic Materials, 2012, 324 （20）: 3328~3333.

［80］ Nakashima S, Takashima K, Harase J. Effect of silicon content and carbon addition on primary recrystallization of Fe-3 Pct Si ［J］. Metallurgical and Materials Transactions A, 1997, 28 （3）: 681~687.

［81］ Nakashima S, Takashima K, Harase J. Effect of silicon content on secondary recrystallization in grain-oriented electrical steel produced by single-stage cold rolling process ［J］. ISIJ International, 1991, 31 （9）: 1007~1012.

［82］ 林均品, 叶丰, 陈国良, 等. 6.5wt%Si 高硅钢冷轧薄板制备工艺、结构和性能 ［J］. 前沿科学, 2007, 2: 13~26.

[83] Wittig J, Frommeyer G. Deformation and fracture behavior of rapidly solidified and annealed iron-silicon alloys [J]. Metallurgical and Materials Transactions A, 2008, 39 (2): 252~265.

[84] Roy R K, Panda A K, Ghosh M, et al. Effect of annealing treatment on soft magnetic properties of Fe-6. 5wt%Si wide ribbons [J]. Journal of Magnetism and Magnetic Materials, 2009, 321 (18): 2865~2870.

[85] Shin J S, Bae J S, Kim H J, et al. Ordering-disordering phenomena and micro-hardness characteristics of B2 phase in Fe-(5%~6. 5%) Si alloys [J]. Materials Science and Engineering A, 2005, 407 (1-2): 282~290.

[86] 毛卫民, 杨平. 铁基有序合金的结构转变对塑性行为的影响 [J]. 中国科学: 技术科学, 2012, 42 (10): 1222~1227.

[87] Tsuya N, Arai K. Magnetostriction of ribbon-form amorphous and crystalline ferromagnetic alloys [J]. Journal of Applied Physics, 1979, 50 (B3): 1658~1663.

[88] Liang Y, Wang S, Qi J, et al. Microstructure and properties of cost-effective Fe-6. 5wt%Si ribbons fabricated by melt-spinning [J]. Scripta Materialia, 2019, 163: 107~110.

[89] Liu H T, Li H Z, Li H L, et al. Effects of rolling temperature on microstructure, texture, formability and magnetic properties in strip casting Fe-6. 5wt%Si non-oriented electrical steel [J]. Journal of Magnetism and Magnetic Materials, 2015, 391: 65~74.

[90] Liu H T, Liu Z Y, Qiu Y Q, et al. Microstructure, texture and magnetic properties of strip casting Fe-6. 2 wt% Si steel sheet [J]. Journal of Materials Processing Technology, 2012, 212 (9): 1941~1945.

[91] Haiji H, Okada K, Hiratani T, et al. Magnetic properties and workability of 6. 5% Si steel sheet [J]. Journal of Magnetism and Magnetic Materials, 1996, 160: 109~114.

[92] Yamaji T, Abe M, Takada Y, et al. Magnetic properties and workability of 6. 5% silicon steel sheet manufactured in continuous CVD siliconizing line [J]. Journal of Magnetism and Magnetic Materials, 1994, 133 (1-3): 187~189.

[93] 夏先平, 吴润, 陈大凯, 等. PCVD 法制取高硅钢的研究 [J]. 武汉科技大学学报: 自然科学版, 1996 (4): 429~431.

[94] 李运刚, 蔡宗英, 唐国章, 等. 熔盐电沉积硅的基础研究 [J]. 有色金属 (冶炼部分), 2004 (3): 23~26.

[95] 李运刚, 梁精龙, 唐国章, 等. Fe-6. 5wt%Si 薄带的制备技术与发展 [J]. 中国稀土学报, 2004, 22 (s1): 401~404.

[96] He X D, Li X, Sun Y. Microstructure and magnetic properties of high silicon electrical steel produced by electron beam physical vapor deposition [J]. Journal of Magnetism and Magnetic Materials, 2008, 320 (3): 217~221.

[97] Ros-Yanez T, De Wulf M, Houbaert Y. Influence of the Si and Al gradient on the magnetic properties of high-Si electrical steel produced by hot dipping and diffusion annealing [J]. Journal of Magnetism and Magnetic Materials, 2004, 272: E521~522.

[98] Cava R D, Botta W J, Kiminami C S, et al. Ordered phases and texture in spray-formed Fe-5wt%Si [J]. Journal of Alloys and Compounds, 2011, 509 (0): S260~264.

［99］ Li R, Shen Q, Zhang L, et al. Magnetic properties of high silicon iron sheet fabricated by direct powder rolling ［J］. Journal of Magnetism and Magnetic Materials, 2004, 281 （2-3）: 135~139.

［100］ Garibaldi M, Ashcroft I, Simonelli M, et al. Metallurgy of high-silicon steel parts produced using selective laser melting ［J］. Acta Materialia, 2016, 110: 207~216.

［101］ Garibaldi M, Ashcroft I, Lemke J N, et al. Effect of annealing on the microstructure and magnetic properties of soft magnetic Fe-Si produced via laser additive manufacturing ［J］. Scripta Materialia, 2018, 142: 121~125.

［102］ Arai K I, Yamashiro Y. Annealing effect on grain texture of cold-rolled 4. 5% Si-Fe ribbons prepared by a rapid quenching method ［J］. Journal of Applied Physics, 1988, 64 （10）: 5373~5375.

［103］ Tomita T. Manufacture of grain oriented high-silicon steel sheet: JP Patent, 63176427 ［P］. 1987.

［104］ Chihiro H, Shigeharu H. Production of grain oriented electrical steel sheet: JP Patent, 63069917 ［P］. 1986.

［105］ Hodaka H, Shuji K, Yozo S, et al. Manufacture of grain-oriented high silicon steel sheet: JP Patent, 04224625 ［P］. 1990.

［106］ Qin J, Yang P, Mao W M, et al. Secondary recrystallization behaviors of grain-oriented 6. 5wt% silicon steel sheets produced by rolling and nitriding processes ［J］. Acta Metallurgica Sinica （English Letters）, 2016, 29 （4）: 344~352.

［107］ 秦镜, 杨平, 毛卫民. 一种利用轧制制备取向高硅钢薄板的方法: 中国, CN104911322A ［P］. 2015-09-16.

［108］ Jung H, Kim J. Influence of cooling rate on iron loss behavior in 6. 5wt% grain-oriented silicon steel ［J］. Journal of Magnetism and Magnetic Materials, 2014, 353: 76~81.

［109］ Jung H, Kim S B, Kim J, et al. Effects of anti-phase boundary on the iron loss of grain oriented silicon steel ［J］. ISIJ International, 2011, 51 （6）: 987~990.

［110］ Jung H, Na M, Kim S B, et al. Effect of D0 （3） ordered phase on total loss of 6. 5wt% grain-oriented silicon steel ［J］. IEEE Transactions on Magnetics, 2012, 48 （11）: 2921~2924.

［111］ Jung H, Na M, Soh J Y, et al. Influence of low temperature heat treatment on iron loss behaviors of 6. 5wt% grain-oriented silicon steels ［J］. ISIJ International, 2012, 52 （3）: 530~534.

2 薄带连铸技术简介

薄带连铸可不经过多道次热轧而直接生产出与传统热轧产品厚度相近的,甚至超薄的热带,它是一项节能减排、低成本、高效能、绿色化的短流程生产技术。其工作原理如下:钢液浇铸到由两个相反方向旋转的铸辊和侧封板组成的熔池内,快速在铸辊表面形成凝固坯壳,并随着铸辊转动,凝固坯壳迅速生长合拢完成凝固。在临近铸辊出口之上的某个位置,两铸辊表面的结晶坯壳层相遇,相遇点称为咬合点(Kiss点)。在咬合点与铸辊出口之间,高温薄带经历一个极短暂的固相轧制过程。该技术将快速凝固与轧制变形融为一体,可由液态金属直接获得 1~5mm 厚的薄铸带。与常规热轧薄带钢生产工艺相比,薄带连铸取消了连铸、粗轧、热连轧和相关加热等重要工序,被认为是钢铁连铸领域最具潜力的近终成型短流程技术。

2.1 薄带连铸技术特点、发展历史与研究现状

2.1.1 薄带连铸的技术特点

图 2-1 示出了薄带连铸工艺与常规板坯连铸、薄板坯连铸连轧工艺对比。薄带连铸工艺具有以下显著特点[1~4]:

(1) 短流程和近终成型优势。薄带连铸可由液态金属直接获得 1~5mm 厚薄带,成形过程较常规流程有较大幅度简化且产线布置更加紧凑。据统计,与厚板坯连铸技术相比,薄带连铸流程的投资、生产成本和能源消耗分别可以降低 80%、35% 和 86.7%,CO_2、NO_x 和 SO_2 排放分别降低约 86%、93% 和 70%。同时近终成型的特点为薄规格、难变形产品的制备提供了新的技术途径。因此,薄带连铸工艺适用于制备小批量、高附加值或常规流程难以生产的个性化、特色化的产品。

(2) 亚快速凝固技术特点。薄带连铸过程中钢液凝固速率高达 $10^2 \sim 10^4 \, ℃/s$,钢液在 1s 之内即可完成凝固,同时薄带在凝固末端承受轻微高温塑性变形,且在随后的二次冷却段可以柔性化控制冷速。与常规工艺相比,薄带连铸工艺可明显细化凝固组织、减小成分偏析并提高合金元素的固溶度。这些组织特征表明,薄带连铸工艺在金属材料成分设计、组织优化和性能提升方面具有巨大的潜力,而且薄带连铸工艺可拓宽物理冶金过程中相变、织构演化和第二相粒子析

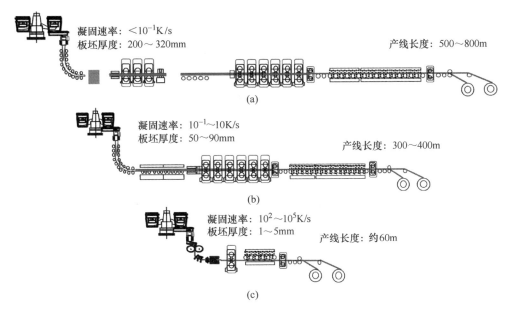

凝固速率：$<10^{-1}$K/s
板坯厚度：$200\sim320$mm
产线长度：$500\sim800$m
(a)

凝固速率：$10^{-1}\sim10$K/s
板坯厚度：$50\sim90$mm
产线长度：$300\sim400$m
(b)

凝固速率：$10^2\sim10^5$K/s
板坯厚度：$1\sim5$mm
产线长度：约60m
(c)

图 2-1　传统板坯连铸、薄板坯连铸连轧和薄带连铸工艺流程对比
（a）板坯连铸工艺流程；（b）薄板坯连铸连轧工艺流程；（c）薄带连铸工艺流程

出等行为的调控空间，降低材料的制备难度。

　　基于以上技术特点，薄带连铸工艺成为应对高合金材料加工中最棘手的塑性、偏析、夹杂、均匀性、能耗等问题的重要解决方法。目前研究结果表明，采用薄带连铸生产电工钢这种高投入、高技术、高难度和高成本的"钢铁艺术品"具有无可比拟的优势。

2.1.2　薄带连铸的发展历史及研究现状

　　双辊薄带连铸技术不仅具有流程短、投资省、成本低和绿色环保的工艺优势，而且由于其特殊的亚快速凝固及高温塑性变形特征可以用于生产常规轧制工艺无法生产或生产有困难的产品。但是，从薄带连铸的发展历程来看，其工业化进程崎岖不平。虽然早在 1846 年就已提出双辊薄带连铸的设想，由于受到技术和工艺条件的限制而发展十分缓慢。直到 20 世纪 70 年代全球能源危机的爆发以及各国政府的大力支持才迫使世界各大钢铁集团重新聚焦于这种绿色、环保、节能的短流程新技术[5]。薄带连铸技术的发展可以分为 4 个阶段：

　　（1）薄带连铸技术萌芽和探索阶段（1940 年之前）。薄带连铸制备箔材和铅板的想法最早出现在 1846 年，这引起了英国冶金学家 Henry Bessemer 的注意。Bessemer 将该想法引入到钢带制备中并提出了双辊薄带连铸机（twin roll casting，TRC）的雏形，于 1857 年和 1865 年申请了两项薄带连铸生产钢带专利[6]。1890

年美国学者 Edwin Norton 在实验铸机上铸出了 3~5mm 厚的钢板。20 世纪初期，美国工程师 Hazelett 按照 Bessemer 的思想，开发了双辊连铸机并开展铅、铝和黄铜带材制备实验。1940 年 Hazelett 放弃了辊式连铸想法，开始设计水平单带式连铸机（horizontal single belt casting, HSBC）[7]。1934~1950 年期间 USSR 公司利用薄带连铸小规模生产屋顶用钢[8]。之后，由于无法解决铸辊损耗严重、钢带质量较差和生产效率低等技术难题，该公司停止了技术探索活动，薄带连铸工艺制备钢带技术进入沉寂期。

（2）薄带连铸技术的沉寂期（1940~1975 年）。在此期间常规连铸技术得到快速发展，20 世纪 40 年代，德国 Junghans 和美国 Rossi 在连续铸钢方面取得工业规模的成功，连铸工艺在电炉钢厂内实现工业应用。1952 年，英国巴罗钢厂使用德国曼内斯曼提供的直形结晶器立式连铸机，开启了工业化连续铸钢的序幕[9]。20 世纪 70 年代厚板坯连铸技术得到广泛应用，在此期间关于薄带连铸技术研究较少。1950~1961 年期间，中国的东北工学院（现东北大学）王廷溥教授与长春光机所张作梅教授合作建立双辊异径薄带连铸实验线[10]，我国开始对这一技术进行研究。

（3）薄带连铸技术快速发展期（1975~2006 年）。在传统连铸技术成功应用后，钢铁的研究开发工作集中在近终形液态钢水连铸过程。1989 年美国 Mini-mill 工厂纽柯（Nucor）安装第一套薄板坯连铸机并成功投入商业运行。在薄板坯连铸和薄带连铸的竞争中，虽然前者占得了发展的先机，但是 20 世纪 70 年代全球能源危机的爆发，使得世界各大钢铁企业重新聚焦薄带连铸这种绿色、环保、节能的短流程新技术。世界上先后有 13 个由钢铁集团与机械设备企业结成的合作团队，在薄带连铸工艺上开展了大量的工作，试图实现薄带连铸的工业化生产。其中 4 个团队（Armco、Krupp/Nippon、Bessemer C/IMI 和 Allegheny/Voest）由于企业政策以及产品质量问题放弃了该项研究工作，2 个团队（Usinor/Thyssen、CSM/AST）合并重新组建了 Eurostrip 公司，5 个团队进行了工业化尝试，分别为欧洲的 Eurostrip、美国的 Castrip、日本的 Hikari、韩国的 Postrip 以及中国的 Baostrip，其具体工艺参数与产品见表 2-1。

表 2-1　薄带连铸研究现状

团队	企业	年代	主要设备工艺参数	产品
DSC	新日铁、三菱重工	1996	钢包容量 60t，铸辊直径 1200mm，带钢最大宽度 1330mm，带钢厚度 1.6~5mm，全长 68.9m	奥氏体不锈钢
Eurostrip	德国 Krefeld	1999	钢包容量 60t，中间包 15t，铸辊直径 1500mm，带钢最大宽度 1350mm，厚度 2~3mm	奥氏体不锈钢
	意大利 Terni	1995	钢包容量 90t，中间包 18t，铸辊直径 1500mm，带钢最大宽度 1130mm，厚度 2.0~3.5mm	碳钢和硅钢

续表 2-1

团队	企业	年代	主要设备工艺参数	产品
Castrip	澳大利亚肯布拉钢厂	1995	钢包容量 60t，铸辊直径 500mm，最大卷重 25t，带钢厚度 1~2.4mm	硅镇静低碳钢
	Indiana Crawfordsville	2002	钢包容量 110t，中间包 18t，辊径 500mm，辊面宽度 1350mm，带钢厚度 0.9~1.4mm，全长 58.68m	商用碳素结构钢、HSLA 结构钢
	Arkansas Blytheville	2009	钢包容量 110t，中间包 18t，辊径 500mm，辊面宽度 1680mm，带钢厚度 0.9~1.4mm，全长 49m	—
Postrip	浦项韩国工业大学、戴维公司	2006	钢包容量 100t，辊面宽度 1350mm，辊径 1250mm，带钢厚度 2~4mm，最大卷重 28t，全长 70m	奥氏体不锈钢、部分碳钢和硅钢
Baostrip	宝钢、三菱重工	2013	钢包容量 180t，辊面宽度 1350mm，辊径 800mm，带钢厚度 1~6mm，最大卷重 25t	低碳钢热轧卷

1986 年新日铁和三菱重工合作在 Hikari 建立了带钢连铸中试工厂，于 1993 年正式运行，主要生产不锈钢，2003 年该项目停止。1999 年，德国的蒂森克虏伯（TKS）、法国的于齐诺尔（USINOR）以及奥钢联（VAI）共同组建薄带连铸公司 Eurostrip，该项目第一条生产线在德国克莱菲尔德厂（Krefeld），主要生产奥氏体不锈钢。第二条生产线在意大利特尔尼厂（Terni），主要生产碳钢和硅钢。1989 年浦项与韩国工业技术研究院、英国戴维麦基公司（Davy Mc Kee）共同开发双辊薄带铸轧机，并于 2006 年建成年产 60 万吨的 postrip 薄带连铸生产线，2007 年开始半工业化试制不锈钢、碳钢和硅钢。1995 年澳大利亚博思格公司（BHP）和石川岛播磨重工业公司（IHI）合作，在澳大利亚肯布拉钢厂（Kembla）建成薄带连铸生产线，用于生产硅镇静低碳钢。2000 年，美国纽柯和澳大利亚博思格、日本石川岛播磨重工业公司合作开发 Castrip 薄带连铸工艺，目前的主要产品为建筑和制造业用低碳钢。此后于 2002 年在印第安纳州的克劳福兹维尔厂（Crawfordsville）建成碳钢生产线[11]。

（4）薄带连铸技术的创新发展期（2008 年至今）。在经历了近 30 年的热潮后，薄带连铸产线建设和发展开始减缓。2009 年美国纽柯在阿肯色州的布莱斯维尔厂（Blytheville）建设了 CAstrip 生产线，2013 年授权墨西哥钢铁企业 Tyasa 在位于韦拉克鲁斯（Veracruz）中部建设年产能 50 万吨 CAstrip 生产线。中国宝钢与三菱重工合作，2003 年在上海钢研所建成薄带连铸中试线，2013 年在宁波建成薄带连铸工业化生产线 Baostrip[12]，主要生产低碳钢热轧卷，由于设备产权变更、生产成本高和产品定位等问题，目前处于半停产状态。除美国纽柯继续生产普碳钢、韩国浦项在双相不锈钢领域取得突破外，其余企业先后宣布终止薄带连铸项目。2016年中国沙钢成套引进美国纽柯薄带连铸技术与装备，以生产普碳钢为主，于2018年1月热试车成功。2016年5月，东北大学与河北敬业集团签订了薄带连铸技术产业化应用技术协议，开始建设我国具有完全自主知识产权的短流程薄带连铸产线。此外，2014年美国Nanosteel公司报道了利用薄带连铸技术开发出强度为1200MPa，延伸率为50%的第三代汽车用纳米晶钢，实现强度和塑性的良好匹配[13]。同年年底美国铝业公司（Alcoa）推出了汽车面板用铝合金薄带连铸生产新方法（Micromill），该技术可以提供性能优异的冷轧汽车铝合金面板[14]。目前，受到生产消耗件和周转件使用寿命低、产品可浇铸性和浇铸稳定性不足、产品定位、前后工序衔接和配套等问题的限制，各大钢厂并没有盲目投产建设薄带连铸产线，而是更关注薄带连铸技术的产品定位以及生产稳定性等方面，薄带连铸技术进入内涵式发展阶段。

薄带连铸技术发展经过高潮和低谷，至今仍未完全取得商业意义上的成功，激烈的竞争和严峻的现实要求人们重新定位薄带连铸技术。如何充分挖掘和发挥薄带连铸技术优势，与常规流程、薄板坯连铸连轧工艺流程形成互补关系，成为薄带技术创新和内涵式发展的关键。未来的发展一方面需要着力提高工艺与装备的稳定性，降低生产成本；另一方面需要充分挖掘薄带连铸的技术潜力，开发契合该流程特征和优势的特殊钢制备工艺，即明确薄带连铸流程的产品定位。

2.2　薄带连轧制备电工钢的技术优势与研究现状

2.2.1　薄带连铸制备电工钢的技术优势

薄带连铸亚快速凝固和近终成型的工艺特点在电工钢组织、织构和抑制剂控制上具有独特优势[15~18]：

（1）薄带连铸电工钢凝固组织和织构的可控性。通过控制薄带连铸的工艺条件可以获得不同的凝固组织，例如实现等轴晶和柱状晶比例柔性控制，提高初始｛100｝织构比例等。利用这一特点，可以根据无取向和取向硅钢的织构要求控制浇铸工艺，从而获得有利的初始组织和织构。

（2）薄带连铸亚快速凝固和铸后冷速可控的特点在取向硅钢析出物调控方面有明显优势。亚快速凝固的特点是可抑制凝固过程中第二相的粗化行为，同时调整铸后冷速，使得抑制剂元素处于过饱和固溶或细小析出状态：一方面为拓宽取向硅钢成分体系提供了工艺条件；另一方面，可从根本上解决取向硅钢铸坯高温加热的弊端，而且通过后续的热处理和轧制工艺匹配可实现抑制剂数量、大小及分布状态的精确调控，降低取向硅钢抑制剂调控难度并提高调控精度。

（3）近终成型特点为薄规格、难变形电工钢制备提供途径。其主要内容：一方面可取消传统流程大压缩比的热轧工序，并且降低冷轧压下率，提高成材率，这对制备极薄电工钢和高硅钢等特殊用途电工钢具有重要意义；另一方面，薄带连铸工艺可避免极薄无取向硅钢形成有害夹杂物和不利织构，对极薄取向硅钢而言可避免取向硅钢中析出物过早粗化。

2.2.2　薄带连铸制备电工钢的研究现状

薄带连铸工艺在电工钢制备方面的优势逐渐被认可，关于薄带连铸制备电工钢的研究基本围绕以上优势开展。从 20 世纪 80 年代开始，日本新日铁、川崎、三菱重工，德国蒂森，美国 AK 钢铁，意大利特尔尼，韩国浦项和中国宝钢等钢铁企业开展了薄带连铸制备电工钢的工艺研究。德国马克斯-普朗克钢铁研究所，澳大利亚伍伦贡大学，韩国首尔大学，巴西技术研究所，瑞士联邦理工学院，中国的东北大学、重庆大学等研究单位，针对薄带连铸电工钢组织-织构-磁性能演变规律做了大量研究。主要研究内容如下：

（1）在薄带连铸无取向硅钢方面，认识到通过改变薄带连铸工艺参数控制凝固组织和织构的可行性和重要性。重点研究了初始组织、热轧工艺和常化工艺等因素对无取向硅钢组织、织构和磁性能的影响规律，基本明确了无取向硅钢再结晶组织和织构的控制策略。

Büchner 等人[19~23]研究了铸带组织与连铸工艺的关系，并发现通过浇铸过热度可有效控制硅钢凝固组织和织构。杨春楣等人[24~26]采用薄带连铸法制备了无取向硅钢薄带，并对无取向硅钢组织和磁性能进行了初步研究，结果表明，采用薄带连铸制备无取向硅钢是可行的。Liu 等人[27~30]综合对比了常规流程和薄带连铸流程中无取向硅钢组织和织构演变规律，说明了薄带连铸流程在织构控制方面的优势。Zhang 等人[31~33]通过热轧和常化工艺优化提高了薄带连铸无取向硅钢有利织构比例，降低了磁各向异性并提高了磁性能。Mou 等人[34, 35]研究了无取向硅钢再结晶和析出物演变行为，并利用高温常化处理促进析出物粗化，从而降低了无取向硅钢铁损值。

此外，关于薄带连铸无取向硅钢特殊织构演变行为方面的研究也逐步深入。Liu 等人[36, 37]分析了薄带连铸 Fe-3.2%Si 无取向硅钢的织构演变行为，发现初始较强的 λ 织构在冷轧过程中容易形成 {001}<110>~{115}<110>织构，再结晶退火后形成了较强的 λ 织构和 η 织构，同时弱化了不利的 γ 织构。Sha 等人[38]系统分析了薄带连铸无取向硅钢中 Cube 织构的起源，并认为初始凝固织构对 Cube 的形核有显著影响。Cube 取向再结晶晶粒主要有两种形核位置：一种是{111}<110>、{111}<112>变形晶粒内部剪切带，另一种是 λ 变形晶粒内部或晶界附近的 Cube 取向变形带。Xu 等人[39]研究发现薄带连铸亚快速凝固和高温塑性变形条件下，铸带中形成了较强的 {110} 织构。其中，{110}<110>取向晶粒在冷轧过程形成的 Cube 取向剪切带，有利于形成较强的 Cube 再结晶织构。

（2）在薄带连铸取向硅钢研究方面，明确了薄带连铸亚快速凝固和二次冷却在取向硅钢抑制剂控制方面的优势，分析了热轧、常化和两阶段冷轧工艺对织构和抑制剂演变的影响规律，并在实验室条件下完成了薄带连铸制备 0.23 ~ 0.30mm 普通取向硅钢和高磁感取向硅钢工艺路线开发。

　　早期关于薄带连铸取向硅钢的研究报道较少，主要为钢铁企业公布的专利。1991 年，日本新日铁公司以 AlN 和 MnS 为抑制剂，通过提高铸轧力并控制铸带出辊后在 1300 ~ 900℃ 区间的冷却速率，获得了磁感 B_{10} 达到 1.94T 的取向硅钢[40, 41]。2004 年美国 AK 钢铁公司研究了铸带中析出物粗化和铸带裂纹问题，通过控制二次冷却段冷却方式使得第二相粒子细小均匀析出且减少裂纹形成；并以 MnS 和 Cu 为抑制剂，省去热轧工序，采用两阶段冷轧工艺制备出 0.27mm 取向硅钢，磁感 B_8 达到 1.87T[42]。2005 年，意大利特尔尼公司发现铸带在两相区热轧可细化组织，并通过添加 Cr、Mo、Sn 和 Nb 等元素或采用后续渗氮工序提高抑制力，最优磁感值 B_8 达到 1.95T[43]。

　　上海钢研所在 20 世纪 80 年代末开展薄带连铸取向硅钢研究，初步研究了铸轧、冷却和热处理工艺[44]，之后国内相关研究基本处于停滞状态。东北大学自 2008 年以来针对薄带连铸取向硅钢持续进行了大量基础研究。Liu 等人[45~47]以 MnS 为抑制剂，采用热轧、常化和两阶段冷轧工艺制备了普通取向硅钢，以 MnS 和 AlN 为抑制剂，采用热轧、常化和单阶段冷轧工艺制备了高磁感取向硅钢；系统研究了凝固组织、热轧压下率和热轧方式对取向硅钢组织和织构的影响规律，并分析了初次再结晶与二次再结晶之间的关系。Wang 等人[48~51]提出取向硅钢超低碳成分设计，以 MnS 和 AlN 为抑制剂，系统研究了单道次热轧、一阶段冷轧和两阶段冷轧工艺下取向硅钢组织、织构和抑制剂的演变规律及控制方法，并在实验室条件下制备了高磁感取向硅钢原型钢，磁感值 B_8 达到 1.94T。

　　（3）在薄带连铸特殊用途硅钢研究方面，开发了高硅钢、薄规格硅钢和高强度无取向硅钢等特殊钢种制备工艺，充分体现了薄带连铸工艺在薄规格、难变形硅钢制备方面的优势和潜力。

　　在高硅钢方面，张元祥等人[52~54]通过抑制剂设计和轧制工艺优化，制备了高磁感取向高硅钢。Li 等人[55~58]针对高硅钢室温脆性难题，提出薄带连铸+形变诱导无序的工艺方法制备无取向高硅钢，系统研究了初始组织、温轧及热处理工艺对高硅钢有序相、组织和织构的影响规律，并分析了 {411}<148> 等特殊织构的形成机制。在薄规格硅钢方面，Song 等人[59, 60]采用薄带连铸制备了 0.05 ~ 0.15mm 极薄取向硅钢，二次再结晶完善，磁感值 B_8 为 1.84T，达到 CGO 钢要求，并发现部分非 Goss 取向晶粒异常长大现象。Jiao 等人[61]采用两阶段冷轧工艺制备了 0.2mm 无取向硅钢，并验证了 {100} 织构的遗传作用。在高强度无取向硅钢方面，Wang 等人[62, 63]添加 Ni 和 Cu 等元素，利用其固溶强化和析出强化作用，制备了力学性能和磁性能兼具的无取向硅钢。

2.3　薄带连铸制备电工钢存在问题与发展着力点

2.3.1　薄带连铸取向硅钢二次再结晶控制难题

取向硅钢的关键技术是在高温退火过程中控制二次再结晶，这就需在二次再结晶之前严格控制基体组织和织构。而初始凝固条件、变形方式和退火工艺参数等均会影响组织和织构演变行为。薄带连铸制备取向硅钢工艺中，由于特殊初始组织的影响和变形方式的限制，组织和织构的演变行为与常规流程存在明显不同，这给薄带连铸取向硅钢二次再结晶调控带来了极大挑战。目前，仍存在以下三个主要控制难题。

2.3.1.1　消除薄带连铸凝固组织引起的初次再结晶组织不均匀的问题

均匀的初次再结晶组织是保证 Goss 织构发生二次再结晶的前提条件。常规流程中，由于铸坯承受多道次、大压缩比的热轧变形，凝固组织在热变形与动态再结晶的交互作用下，已经充分细化。后续无论采用一阶段冷轧工艺或者两阶段冷轧工艺都易获得均匀的初次再结晶组织。而在薄带连铸条件下，虽然铸带的凝固组织要比常规厚板坯明显细化，但是铸后仅保留单道次热轧工序（甚至完全取消热轧工序），很难对凝固组织进行有效调控。因此，与常规热轧板相比，仅经过少量变形的热轧板（或者铸带）的组织相对较粗，容易导致后续冷轧和退火的组织不均匀。图 2-2 示出了薄带连铸硅钢冷轧板和后续退火板的光学显微组织。由图 2-2（a）知，不同变形晶粒的显微组织明显不同，图 2-2（a）上部变形晶粒内部包含大量剪切带，呈暗灰色，下部变形晶粒内部仅包含少量剪切带，呈亮白色。由图 2-2（b）知，后续退火板的再结晶组织不均匀，钢板表层为细小的再结晶组织，而钢板心部仍存在粗大的回复或变形晶粒。

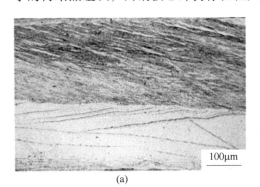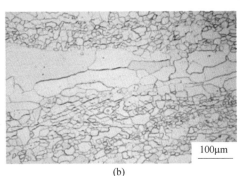

100μm　　　　　　　100μm

(a)　　　　　　　　　　(b)

图 2-2　铸带直接冷轧和退火的显微组织[27]

（a）冷轧组织；（b）退火组织

造成冷轧和退火板组织不均匀的根本原因是铸带初始凝固组织较为粗大[27]。解决上述问题的思路有以下两种：第一，进一步提高钢液凝固速度，从源头上细化铸带初始凝固组织；第二，调整后续冷轧工艺参数，尽量消除粗大凝固组织引起的后续再结晶组织不均匀的现象。第一种思路是提高钢液凝固速度，可通过降低钢液过热度、更换铸辊材质、提高铸辊内部循环冷却水压力等方法实现，第二种思路可通过提高冷轧压下率、提高升温速率、多次进行冷轧,退火等方式实现。值得注意的是，薄带连铸工艺本身尚存在操作要求高、生产稳定性差等问题，钢液凝固速度的提高，将伴随着生产难度的急剧增加。因此，第一种思路在当前阶段尚不具有可行性；第二种思路提高冷轧压下率或者进行多阶段冷轧和退火工艺，虽然可以在一定程度上消除初次再结晶组织的不均匀性，但是冷轧压下率的提高，要求抑制剂具有更强的抑制晶粒长大的能力。多阶段的冷轧和退火工艺可能会导致抑制剂过早粗化，不利于 Goss 晶粒发生二次再结晶。因此，优化后续冷轧及退火工艺，在兼顾抑制剂调控要求的同时，消除初始凝固组织引起的初次再结晶组织不均匀性，尚需进一步研究。

2.3.1.2　薄带连铸条件下获得足够数量的 Goss 种子

在常规生产流程中 Goss 织构（{110}<001>）主要起源于热轧板的次表层[64~67]。Goss 织构是一种典型的剪切变形织构，在热轧过程中，轧辊与轧件表面强烈的摩擦作用是 Goss 织构形成的主要原因。表层虽然剪切变形最大，由于发生了动态再结晶削弱了形变织构的强度，而次表层仅发生了回复，形变的 Goss 织构被保留下来。而在薄带连铸条件下，铸带的典型织构为 λ 织构（{100}//ND），如何获得足够数量的 Goss 种子？这是解决薄带连铸工艺制备取向硅钢的最关键问题。

薄带连铸条件下，形成 Goss 种子的途径有三个：薄带连铸凝固末端高温变形、铸后单道次热轧剪切变形和后续退火过程中冷轧剪切带上形核。Park J Y[21, 22]研究了过热度对硅钢铸带组织和织构的影响。结果表明，低过热度时，钢液凝固终止的 Kiss 点距离铸辊轧制咬合的 Nip 点较远，铸带出辊后温度较低，铸轧力较大，铸带次表层可出现较强的 Goss 织构。但是 Liu[28]的研究结果表明，低过热度时，铸带主要由细小等轴晶构成，织构随机漫散，并没有发现强的 Goss 织构。因此，通过调整铸轧工艺参数改变凝固末端高温变形来获得 Goss 种子是否可行还需进一步研究。铸带出辊后仅有单道次热轧或完全取消了热轧，单道次热轧压下率的提高，虽然可以增加热轧板中 Goss 晶粒的数量，由于铸带比较薄，热轧加工余量不大，热轧形成 Goss 数量有限。Song[47]的研究结果表明，薄带连铸条件下，当热轧压下率超过 50% 时，才可能产生足够数量的 Goss 种子。显然，单道次热轧工艺无法满足要求。此外，Park J T[68, 69]和 Park N J[70]报道了常规流程下，冷轧剪切过程中也可形成 Goss 织构。如图 2-3 所示，其中 A 和 B 处为红色晶粒，晶格畸变小，容易被晶体取向检测设备识别，图片质量（IQ）高，可认为是热轧板遗留的 Goss 织构；C 和 D 处的红色晶粒，晶格畸变大，晶体取向识别效果不好，IQ 低，可认为是冷轧过程中新形成的 Goss 晶核。由于常规热轧板的晶粒尺寸较小，为 $30 \sim 80 \mu m$，在冷轧过程中形成的剪切带密度很低，Goss 晶粒的面积分数很低。因此，人们普遍认为冷轧剪切带上形成的 Goss 种子不能作为二次再结晶的有效晶核[70]。然而在薄带连铸条件下，铸带的晶粒尺寸较大，在冷变形过程中晶粒的变形协调能力较差，晶粒变形不均匀，容易形成剪切带。因此，能否考虑利用冷轧及后续退火过程中形成的 Goss 作为二次 Goss 的种子，亟需进一步研究。

图 2-3　常规取向硅钢冷轧板特征取向分布图[70]

2.3.1.3　薄带连铸条件下调控抑制剂的固溶与析出行为

常规流程中，抑制剂主要在铸坯高温或中温加热过程中充分固溶，并在后续热轧及常化过程中利用形变或相变诱导第二相粒子细小弥散析出[71, 72]，或者在后续退火过程中进行渗氮处理，获得后天抑制剂。薄带连铸条件下，抑制剂的固溶与析出行为可有多种选择。（1）第一种思路是在省略高温或中温铸坯加热的条件下完全复制常规流程的后续调控手段，即可通过增加一道次热轧或常化工艺，促进第二相粒子的析出。如图 2-4 所示，在模拟薄带连铸工艺制备 201 不锈钢过程中发现，薄带连铸过程中会析出少量 $0.2 \sim 1.2 \mu m$ 的 MnS 粒子，铸带热处理后 MnS 粒子粗化至 $0.5 \sim 1.3 \mu m$，同时也可观察到 $0.2 \sim 1.6 \mu m$ 的 AlN 粒子。可见，在薄带连铸及铸带后续热处理过程中可以获得一定数量的第二相粒子[73]。值得注意的是，由于不锈钢中 Mn 和 N 的质量分数明显高于取向硅钢，故而，其析出尺寸略大。（2）第二种思路为完全放弃调控薄带连铸过程中的第二相粒子的析出行为，通过后续脱碳退火过程中进行渗氮处理获得抑制剂。由于该工艺对

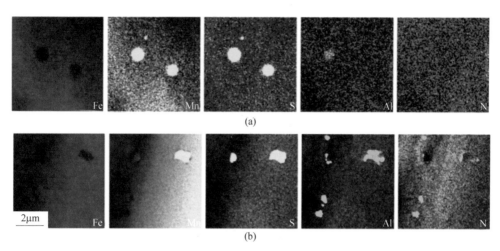

图 2-4　铸轧 201 不锈钢析出物 STEM 元素分布图[73]

（a）铸带；（b）热处理后铸带

冷轧前析出的分布状态要求不高，仅需适当控制取向硅钢的成分。因此，在薄带连铸条件下也可采用获得抑制剂法。但是这一思路并没有利用薄带连铸亚快速凝固的优势，仅保留了其短流程的特点，并不是最优选择。（3）第三种思路为调控铸轧浇铸工艺及出辊后的冷速，保证第二相粒子组成元素尽可能过饱和固溶于基体中，取消热轧及常化工艺，控制第二相粒子在冷轧后的退火工艺过程中析出。这一思路不仅充分利用了薄带连铸短流程的优势，而且缩短了抑制剂在全流程中长大粗化的热履历，显著提高了抑制剂的利用效率。更为关键的是，如果在超低碳取向硅钢成分体系下，取向硅钢为全流程单相铁素体组织，在没有 γ/α 相变的参与下，能否获得尺寸及分布密度均合适的 AlN 析出，而且不同析出调控路径的选择，也会影响相应的组织织构演变。如何统筹组织、织构与析出三者之间关系，以满足 Goss 晶粒发生二次再结晶的要求，仍需进一步研究。

2.3.2　薄带连铸制备电工钢技术发展的着力点

薄带连铸制备电工钢的研究现状充分体现了其在电工钢制备技术开发方面的独特优势，尤其是在高性能电工钢产品开发方面具有巨大的技术潜力。为全面推动薄带连铸电工钢技术发展和工业化应用，该技术今后研究的重点有以下四个方面：

（1）提高薄带连铸电工钢工艺可控性。薄带连铸流程由于凝固速度快且后续加工空间小，对铸态组织的控制要求更为严格。电工钢的浇铸稳定性和组织可控性是其实现工业化应用的基础，影响因素多且复杂，控制难度极高。充分认识亚快速凝固、高温变形和二次冷却等阶段的工艺特征，明确初始组织和织构的关键影响因素，形成薄带连铸电工钢亚快速凝固过程有效控制策略，这是薄带连铸电工钢技术产业化的先决条件。

（2）工艺简化和磁性能提升。薄带连铸技术不仅在热带生产过程中可简化生产工艺和降低能耗，而且前工序的组织特征在优化后续轧制-退火工艺和提升电工钢磁性能方面具有巨大潜力。目前，薄带连铸取向硅钢几乎全部沿用常规取向硅钢的成分体系，并没有充分利用薄带连铸亚快速凝固和近终成形的特点。未来应设计契合该流程特点的电工钢成分体系，以期达到简化电工钢生产工艺并提高磁性能的目的。薄带连铸取向硅钢超低碳成分设计是一个典型实例：在超低碳、不存在 $\gamma \rightarrow \alpha$ 相变的条件下，利用亚快速凝固特点实现抑制剂形成元素过饱和固溶，并通过控制后续工艺获得有效抑制剂，不仅取消了常规脱碳退火工序，而且提高了抑制剂利用效率，获得了优异的磁性能[49]。在超低碳成分体系的基础上，取向硅钢抑制剂范围可进一步拓展，这将为工艺简化和磁性能提升提供条件。

（3）特殊用途电工钢高效制备技术开发。薄规格取向硅钢、强 {100} 无取向硅钢等特殊用途电工钢难以通过常规流程高效制备。Nanosteel 与 Micromill 的创新和突破充分显示了薄带连铸技术在特殊材料开发方面的优势[13, 14]。未来应充分挖掘薄带连铸技术在特殊用途电工钢高效制备技术开发方面的优势，突破常规极薄取向硅钢抑制剂控制的技术局限，解决强 {100} 无取向硅钢织构调控与大压缩比变形之间的矛盾。开发新一代薄规格取向硅钢和强 {100} 无取向硅钢制备技术，这对于进一步明确薄带连铸工艺的产品定位，提升薄带连铸技术的核心竞争力具有重要意义。

（4）织构演变、析出物控制和二次再结晶机理等电工钢材料学基础研究。目前，关于薄带连铸取向硅钢的研究主要集中在工艺路线开发方面，而相关材料学基础研究并不完善。薄带连铸制备电工钢工艺流程存在诸多特殊物理冶金现象，包括极端非平衡凝固、特殊晶界形成、特殊织构起源与演变等，为材料学基础研究提供了更为广阔的空间。

综上所述，未来需进一步挖掘亚快速凝固和近终成形工艺特点在电工钢组织、织构和抑制剂控制方面的独特优势，系统开展高品质电工钢成分-工艺-组织-性能研究：明确亚快速凝固特性，合理设计新型抑制剂成分体系，提高取向硅钢抑制剂利用效率和产品磁性能；围绕薄带连铸制备取向硅钢关键工艺和机理，开发高磁感极薄取向硅钢制备技术，解决薄带连铸取向硅钢二次再结晶控制难题；针对常规流程中无取向硅钢织构控制的局限性，分析利用薄带连铸技术制备强 {100} 织构无取向硅钢的可行性；完善电工钢特殊织构演变、二次再结晶调控等基础理论，为薄带连铸电工钢技术发展和工业化应用提供理论支撑。

参 考 文 献

[1] 邸洪双. 薄带连铸技术发展现状与展望 [J]. 河南冶金, 2005, 13 (1): 3~7.

[2] Ge S, Isac M, Guthrie R I L. Progress in strip casting technologies for steel: Technical developments [J]. ISIJ International, 2013, 53 (5): 729~742.

[3] Maleki A, Taherizadeh A, Hoseini N. Twin roll casting of steels: An overview [J]. ISIJ International, 2017, 57 (1): 1~14.

[4] Ferry M. Direct strip casting of metals and alloys [M]. Boca Raton: CRC Press, 2006.

[5] Luiten E E M. Beyond energy efficiency: Actors, networks and government intervention in the development of industrial process technologies [D]. 2001.

[6] Bessemer H. US Patent, 49053 [P]. 1865.

[7] Hazelett R W. The present status of continuous casting between moving flexible belts [J]. Iron and Steel Engineer, 1966, 43: 105~110.

[8] Ge S, Isac M, Guthrie R I L. Progress of strip casting technology for Steel: historical developments [J]. ISIJ International, 2012, 52 (12): 2109~2122.

[9] Zapuskalov N. Comparison of continuous strip casting with conventional technology [J]. ISIJ International, 2003, 43 (8): 1115~1127.

[10] 东北工学院无锭轧制研究组. 无锭轧制矽钢板及球墨铸铁板的初步总结 [J]. 钢铁, 1958, 15: 16~19.

[11] Blejde W, Fisher F, Schueren M, et al. The latest developments with the castrip® process [C]. The Tenth International Conference on Steel Rolling, 2010.

[12] Wang Z, Zhang L, Fang Y. The status quo and future development of Baosteel CC technology [J]. Baosteel Technical Research, 2007, 1 (1): 6~13.

[13] Branagan D J. NanoSteel 3rd generation AHSS: Auto evaluation and technology expansion [C]. Great Designs in Steel, 2014.

[14] Alcoa. Alcoa unveils major advance in aluminum manufacturing technology: new Micromill targeting future automotive aluminum products [N/OL]. http://www.greencarcongress.com. 2014.

[15] 薄带连铸制备高性能硅钢工艺与装备 [N]. 世界金属导报, 2015-5-5 [B04].

[16] Fortunati S, Abbruzzese G C, Cicalè S. New frontiers for grain oriented electrical steels: products and technologies [C] //Proceedings of the 7th International Conference on Magnetism and Metallurgy, WMM16. Rome, 2016.

[17] Wang G D. Advantages and potentials of E^2 Strip——a subversive strip casting technology for production of electrical steels [C] //中国金属学会. 第十届中国钢铁年会暨第六届宝钢学术年会论文集Ⅱ. 北京, 2015: 1647~1656.

[18] 王国栋. E^2 Strip 绿色化薄带连铸电工钢生产技术 [N]. 世界金属导报, 2016-8-16 [B04].

[19] Büchner A R, Schmit J W. Thin-strip casting of steel with a twin-roll caster-discussion of product defects of ~1mm Fe6%Si-strips [J]. Steel Research International, 1992, 63: 7~11.

[20] Zapuskalov N, Vereschagin M. Wear of roll surface in twin-roll casting of 4.5% Si steel strip

[J]. ISIJ International, 2000, 40 (6): 589~596.

[21] Park J Y, Oh K H, Ra H Y. Microstructure and crystallographic texture of strip-cast 4. 3wt%Si steel sheet [J]. Scripta Materialia, 1999, 40 (8): 881~885.

[22] Park J Y, Oh K H, Ra H Y. The effects of superheating on texture and microstructure of Fe-4. 5wt%Si steel strip by twin-roll strip casting [J]. ISIJ International, 2001, 41: 70~75.

[23] Park J Y, Oh K H, Ra H Y. Texture and deformation behavior through thickness direction in strip-cast 4. 5wt% Si steel sheet [J]. ISIJ International, 2000, 40 (12): 1210~1215.

[24] 杨春楣, 甘青松, 丁培道, 等. 双辊连铸法制取 3.0%Si 硅钢薄带的组织与性能 [J]. 重庆大学学报 (自然科学版), 2002, 25 (02): 56~59.

[25] 易于, 周泽华, 王泽华, 等. 双辊连铸硅钢薄带硅含量对组织的影响 [J]. 西南交通大学学报, 2010, 45 (02): 227~230, 260.

[26] 甘青松, 周渝生, 何忠治. 双辊薄带连铸对无取向电工钢组织和性能的影响 [J]. 特殊钢, 2004, 25 (5): 16~18.

[27] Liu H T, Liu Z Y, Cao G M, et al. Microstructure and texture evolution of strip casting 3wt% Si non-oriented silicon steel with columnar structure [J]. Journal of Magnetism and Magnetic Materials, 2011, 323: 2648~2651.

[28] Liu H T, Liu Z Y, Li C G, et al. Solidification structure and crystallographic texture of strip casting 3wt% Si non-oriented silicon steel [J]. Materials Characterization, 2011 (62): 463~468.

[29] Liu H T, Schneider J, Stöcker A, et al. Microstructure and texture evolution in non-oriented electrical steels along novel strip casting route and conventional Route [J]. Steel Research International, 2016, 87 (5): 589~598.

[30] Schneider J, Franke A, Stöcker A, et al. Evolution and interaction of the microstructure and texture at the different processing steps for ferritic nonoriented electrical steels [J]. IEEE Transactions on Magnetics, 2016, 52 (5): 1~598.

[31] Zhang Y, Xu Y, Liu H, et al. Microstructure, texture and magnetic properties of strip-cast 1. 3%Si non-oriented electrical steels [J]. Journal of Magnetism and Magnetic Materials, 2012, 324 (20): 3328~3333.

[32] Jiao H T, Xu Y B, Xu H J, et al. Influence of hot deformation on texture and magnetic properties of strip cast non-oriented electrical steel [J]. Journal of Magnetism and Magnetic Materials, 2018, 462: 205~215.

[33] Lan M F, Zhang Y X, Fang F, et al. Effect of annealing after strip casting on microstructure, precipitates and texture in non-oriented silicon steel produced by twin-roll strip casting [J]. Materials Characterization, 2018, 142 (12): 531~539.

[34] Mou J S, Jiao H T, Han Q Q, et al. Characterization of precipitates in strip-cast 2. 7%Si steel under different heat treatment conditions [C]. Matec Web of Conferences, 2015, 21, 07004.

[35] Han Q Q, Jiao H T, Wang Y, et al. Effect of rapid thermal process on the recrystallization and precipitation in non-oriented electrical steels produced by twin-roll strip casting [J]. Materials Science Forum, 2016, 850: 728~733.

[36] Liu H T, Liu Z Y, Sun Y, et al. Formation of {001} <510> recrystallization texture and magnetic property in strip casting non-oriented electrical steel [J]. Materials Letters, 2012, 81: 65~68.

[37] Liu H T, Schneider J, Li H L, et al. Fabrication of high permeability non-oriented electrical steels by increasing <001> recrystallization texture using compacted strip casting processes [J]. Journal of Materials Science & Technology, 2015, 374: 577~586.

[38] Sha Y H, Sun C, Zhang F, et al. Strong cube recrystallization texture in silicon steel by twin-roll casting process [J]. Acta Materialia, 2014, 76: 106~117.

[39] Xu Y B, Zhang Y X, Wang Y, et al. Evolution of cube texture in strip-cast non-oriented silicon steels [J]. Scripta Materialia, 2014, 87: 17~20.

[40] Iwayama K. Method of producing grain-oriented electrical steel having high magnetic flux: US patent, 5051138 [P]. 1991.

[41] Iwanaga I, Iwayama K, Miyazawa K, et al. Process for producing a grain-oriented electrical steel sheet by means of rapid quench-solidification process: US Patent, 5049204 [P]. 1991.

[42] Schoen J W, Williams R S, Huppi G S. Method of continuously casting electrical steel strip with controlled spray cooling: US Patent, 6739384 [P]. 2004.

[43] Fortunati S, Cicale S, Abbruzzese G. Process for the production of grain oriented electrical steel strips: US Patent, 6964711 [P]. 2005.

[44] 孟笑影, 倪思康. 用连铸薄带坯制备高取向硅钢的工艺技术试验 [J]. 上海钢研, 1990, 5: 31, 55~59.

[45] Liu H T, Yao S J, Sun Y, et al. Evolution of microstructure, texture and inhibitor along the processing route for grain-oriented electrical steels using strip casting [J]. Materials Characterization, 2015, 106: 273~282.

[46] Song H Y, Liu H T, Liu W Q, et al. Effects of two-stage cold rolling schedule on microstructure and texture evolution of strip casting grain-oriented silicon steel with extra-low carbon [J]. Metallurgical and Materials Transactions A, 2016, 47A: 1770~1781.

[47] Song H Y, Liu H T, Lu H H, et al. Effect of hot rolling reduction on microstructure, texture and ductility of strip-cast grain-oriented silicon steel with different solidification structures [J]. Materials Science and Engineering A, 2014, 605: 260~269.

[48] Wang Y, Xu Y B, Zhang Y X, et al. Effect of annealing after strip casting on texture development in grain oriented silicon steel produced by twin roll casting [J]. Materials Characterization, 2015, 107: 79~84.

[49] Wang Y, Zhang Y X, Lu X, et al. A novel ultra-low carbon grain oriented silicon steel produced by twin-roll strip casting [J]. Journal of Magnetism and Magnetic Materials, 2016, 419: 225~232.

[50] Wang Y, Xu Y B, Zhang Y X, et al. Development of microstructure and texture in strip casting grain oriented silicon steel [J]. Journal of Magnetism and Magnetic Materials, 2015, 379: 161~166.

[51] Wang Y, Zhang Y X, Lu X, et al. Effect of hot rolling on texture, precipitation and magnetic

properties of strip-cast grain oriented silicon steel [J]. Steel Research International, 2016, 87 (12): 1601~1608.

[52] 张元祥. 双辊薄带连铸电工钢组织、织构、析出演化与磁性能研究 [D]. 沈阳: 东北大学, 2017.

[53] Lu X, Xu Y B, Fang F, et al. Microstructure, texture and precipitate of grain-oriented 4.5 wt% Si steel by strip casting [J]. Journal of Magnetism and Magnetic Materials, 2016, 404: 230~237.

[54] Lu X, Xu Y B, Fang F, et al. Characterization of microstructure and texture in grain-oriented high silicon steel by strip casting [J]. Acta Metallurgica Sinica (English Letters), 2015, 28 (11): 1394~1402.

[55] Liu H T, Liu Z Y, Sun Y, et al. Development of λ-fiber recrystallization texture and magnetic property in Fe-6.5 wt% Si thin sheet produced by strip casting and warm rolling method [J]. Materials Letters, 2013, 91: 150~153.

[56] Li H Z, Liu H T, Liu Z Y, et al. Characterization of microstructure, texture and magnetic properties in twin-roll casting high silicon non-oriented electrical steel [J]. Materials Characterization, 2014, 88: 1~6.

[57] Zu G Q, Zhang X M, Zhao J W et al. Analysis of the microstructure, texture and magnetic properties of strip casting 4.5 wt.% Si non-oriented electrical steel [J]. Materials & Design, 2015, 85: 455~460.

[58] Wang X L, Li H Z, Zhang W N, et al. The work softening by deformation-induced disordering and cold rolling of 6.5wt% pct Si steel thin sheets [J]. Metallurgical and Materials Transactions A, 2016, 47A: 4659~4668.

[59] Song H Y, Liu H T, Wang Y P, et al. Microstructure and texture evolution of ultra-thin grain-oriented silicon steel sheet fabricated using strip casting and three-stage cold rolling method [J]. Journal of Magnetism and Magnetic Materials, 2017, 426: 32~39.

[60] Wang Y P, Liu H T, Song H Y, et al. Ultra-thin grain-oriented silicon steel sheet fabricated by a novel way: Twin-roll strip casting and two-stage cold rolling [J]. Journal of Magnetism and Magnetic Materials, 2018, 452: 288~296.

[61] Jiao H T, Xu Y B, Xiong W, et al. High-permeability and thin-gauge non-oriented electrical steel through twin-roll strip casting [J]. Materials & Design, 2017, 136: 23~33.

[62] Wang Y Q, Zhang X M, Zu G Q, et al. Effect of hot band annealing on microstructure, texture and magnetic properties of non-oriented electrical steel processed by twin-roll strip casting [J]. Journal of Magnetism and Magnetic Materials, 2018, 460: 41~53.

[63] Wang Y Q, Zhang X M, He Z, et al. Effect of copper precipitates on mechanical and magnetic properties of Cu-bearing non-oriented electrical steel processed by twin-roll strip casting [J]. Journal of Magnetism and Magnetic Materials, 2017, 703: 340~347.

[64] Matsuo M. Texture control in the production of grain oriented silicon steels [J]. ISIJ international, 1989, 29 (10): 809~827.

[65] Dorner D, Zaefferer S, Lahn L, et al. Overview of microstructure and microtexture development

in grain-oriented silicon steel [J]. Journal of Magnetism and Magnetic Materials, 2006, 304 (2): 183~186.

[66] Gheorghies C, Doniga A. Evolution of texture in grain oriented silicon steels [J]. Journal of Iron and Steel Research, International, 2009, 16 (4): 78~83.

[67] Suzuki S, Ushiyuki Y, Homma H, et al. Influence of metallurgical factors on secondary recrysatllization of silicon steel [J]. Materials Transactions, 2001, 42 (6): 994~1006.

[68] Park J T, Szpunar J A. Evolution of recrystallization texture in nonoriented electrical steels [J]. Acta Materialia, 2003, 51 (11): 3037~3051.

[69] Park J T, Szpunar J A. Effect of Initial Grain Size Prior to Cold Rolling on Annealing Texture in Non-Oriented Electrical Steel [J]. Mater Sci Forum, 2002, (408-412): 1257~1262.

[70] Park N J, Lee E J, Joo H D, et al. Evolution of Goss orientation during rapid heating for primary recrystallization in grain-oriented electrical steel [J]. ISIJ international, 2011, 51 (6): 975~981.

[71] Jenkins K, Lindenmo M. Precipitates in electrical steels [J]. Journal of Magnetism and Magnetic Materials, 2008, 320 (20): 2423~2429.

[72] Tsai M C, Hwang Y S. The quenching effects of hot band annealing on grain-oriented electrical steel [J]. Journal of Magnetism and Magnetic Materials, 2010, 322 (18): 2690~2695.

[73] Malekjani S, Timokhina I B, Wang J T, et al. Static recrystallization of strip cast alloys in the presence of complexnano-sulfide and nitride precipitates [J]. Materials Science & Engineering A, 2013, 581: 39~47.

3 薄带连铸无取向硅钢组织、织构与磁性能调控机理

传统流程制备无取向硅钢过程中，通过控制化学成分、轧制工艺及退火参数调控无取向硅钢组织、织构和磁性能潜力已经被充分挖掘。钢水纯净化、降低（Si+Al）质量分数、优化热轧规程和临界区温度梯度（或脱碳）退火等方法已经应用于新一代高性能无取向硅钢的制造[1]。无论采用哪种方法，无取向硅钢组织和织构的演变及其控制始终是贯穿全流程的核心问题。

无取向硅钢作为电机旋转铁芯材料，周向磁感高，且磁性能均匀，{100}取向是最理想的织构类型。大压缩比的热轧和冷轧过程造成无取向硅钢织构中α和γ组分量显著提高，包括{112}<110>、{111}<110>和{111}<112>组分，成为稳定织构。现有研究热点集中在γ织构、Cube和Goss的形成机制[2]，从而优化磁性能。一般认为，后两者主要在{111}<110>和{111}<112>取向变形晶粒的剪切带上形核[3,4]，如何加强有利织构强度是研究者努力的方向。{100}<0vw>取向通常存在于较厚的连铸坯中，但是常规流程中，硅钢连铸坯经过大压缩比变形后铸态组织和织构已经很难保留在热轧板中，凝固组织和织构的遗传作用降到最低。目前柱状晶铸态组织对冷轧退火组织和织构影响机制仅有少数探索实验[5~7]，这些实验证明了冷轧前凝固组织对退火组织和织构存在强烈的影响。由于薄带连铸流程对织构的调控作用明显，通过研究薄带连铸流程中织构演化过程，提高有利织构组分，对于开发高效率、低成本的无取向硅钢制备技术具有重要意义。

3.1 初始组织对无取向电工钢组织与织构演变的影响

3.1.1 薄带连铸无取向电工钢初始凝固组织调控

本节将系统对比不同薄带连铸工艺条件对无取向硅钢初始组织的影响，提出亚快速凝固条件下无取向硅钢初始组织形成规律。利用中频感应炉将 Fe-1.3%Si 成分钢水熔融，钢水经过预热的中间包进入旋转的铸辊中，快速凝固并成型，控制过热度为 20~60℃。铸辊采用铜质和钢质两种，分别为铍铜和 45 钢，铸辊中冷却水量设置完全一致，对比不同材质铸辊对凝固组织的影响。铸速控制在 30~50m/min，铸带厚度控制为 2.5mm。铸带出辊温度高于 1200℃，二次冷却方式为空冷，冷速范围为 10~30℃/s。

3.1.1.1 铸轧条件对凝固组织的影响

钢水注入熔池的过热度直接影响凝固行为，同时对晶粒形态、晶体取向和晶界的迁移行为产生明显的影响。在铜铸辊条件下，熔池内不同的钢液过热度对2.5mm铸带凝固组织的影响，如图 3-1 所示。

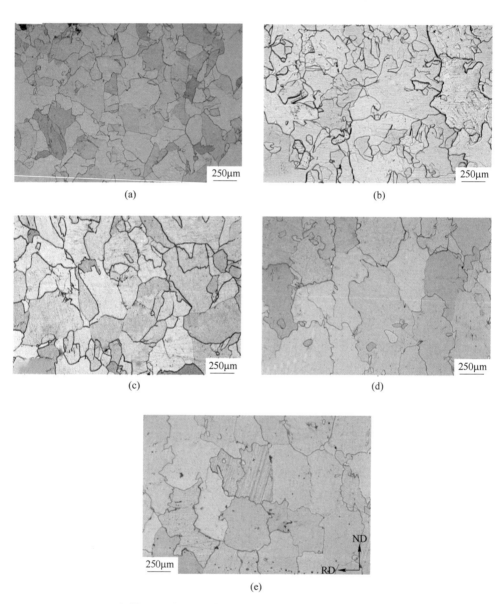

图 3-1　铜铸辊不同过热度条件下 2.5mm Fe-1.3%Si 钢铸带典型组织

（a）20℃；（b）30℃；（c）40℃；（d）50℃；（e）60℃

在不同的过热度条件下，铸带的初始凝固组织差异明显，随着过热度的提高，细小的等轴晶组织逐渐减少，粗大的多边形铁素体组织逐渐增多并且占主要地位。当过热度为20℃时，组织存在一定量的等轴晶，大量30~40μm不规则晶粒在大晶粒边界形成，晶界呈不规则弯曲状，并非生长完善的铸态晶粒组织，如图3-1（a）所示。当过热度为30℃时，较大的铸态晶粒出现，但是40~50μm的小晶粒依然聚集出现。这也反映了该过热度条件下依然有较厚的凝固坯壳和一定程度的变形，如图3-1（b）所示。过热度大于50℃时，大于200μm的晶粒占主要地位，这说明钢水凝固时过冷度较小，晶粒生长比较充分。当过热度达到60℃时，铸带中的细小晶粒显著减少，说明铸带凝固界面的推进较为充分，晶粒形核量较少，如图3-1（d）、（e）所示。

另外，值得注意的是部分大晶粒内部存在晶内"岛"状晶粒，其形状发展如图3-2所示。这种"孤岛"在不同层形态不同，A区域中的"孤岛"在不同厚度层中逐渐消失，B区域中"孤岛"逐渐出现。由于在铸后的冷速条件下，相变的影响可以排除，所以这种现象与铸轧条件下特殊的凝固行为有关，关于此方面内容将在下一节进行详细讨论。

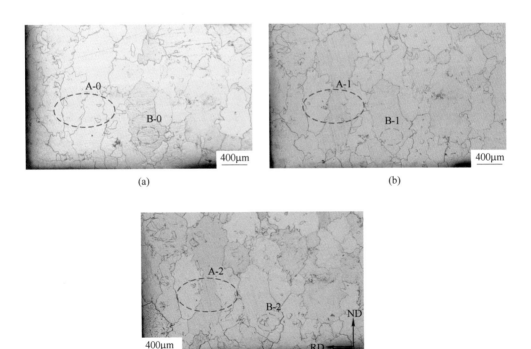

图 3-2　50℃过热度条件下铸带中"孤岛"晶粒

(a) 0层；(b) -30μm；(c) -75μm

铍铜辊导热能力较高，因此钢液进入熔池后获得较大过冷度进行凝固，形核量较大，凝固速率提高，而且由于凝固组织在静水压力和铸轧力作用下与铸辊热交换作用较强，凝固后晶粒的长大被抑制，因此铜辊凝固的 Fe-1.3%Si 钢铸带组织晶界特点是晶界弯曲、均匀性较差。当改变铸辊冷却条件后，Fe-1.3%Si 钢液的凝固行为和晶粒形态将受到显著影响，钢铸辊铸带不同过热度凝固组织如图 3-3 所示。从图 3-3 中可以看到铸带组织为发展完善的等轴晶组织，晶界平直，晶粒尺寸非常均匀，没有发现晶粒中出现"岛"状晶粒，空冷过程中并未发生 δ→γ→α 相变。过热度 30℃ 条件下，铸带晶粒尺寸在 130~300μm 之间，晶粒尺寸波动较小，是极为理想的铸带凝固组织，对后续冷轧退火组织和织构的发展极为有利，如图 3-3（a）所示。随着过热度的提高，直径 300μm 以上的大晶粒开始出现，并且沿着板厚方向发展存在一定优势，与文献 [8~12] 报道中 Fe-3%Si 钢铸带凝固组织不同，Fe-1.3%Si 成分铸带没有发现强烈的柱状晶组织，这说明柱状晶的形成与合金的导热系数有关。Si 元素质量分数的提高会降低固态合金的导热系数，从而改变固-液凝固界面周围钢液的过冷度，从而影响形核状态、原子堆垛的速度以及凝固后晶界的迁移行为，如图 3-3 和图 3-4 所示。

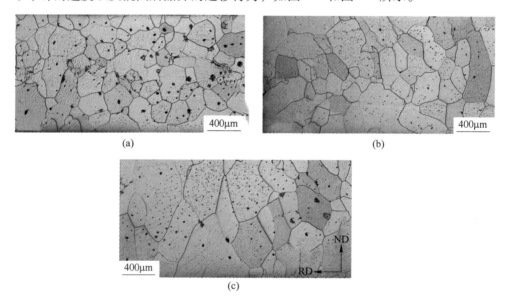

(a)

(b)

(c)

图 3-3   不同过热度条件下 1.5mm Fe-1.3%Si 钢铸带典型组织（钢铸辊）
(a) 30℃；(b) 40℃；(c) 50℃

过热度对 Fe-3.0%Si 钢铸带凝固组织的影响如图 3-4 所示。在低过热度条件下，凝固坯壳发展迅速，两个铸辊上坯壳厚度之和大于辊缝设置值，产生一定程度的高温塑性变形，铸轧力较大，使得接触传热进一步加剧，铸带温降迅速，因此变形组织被保留下来，如图 3-4（a）中 C 区域。随着过热度提高，钢液的凝

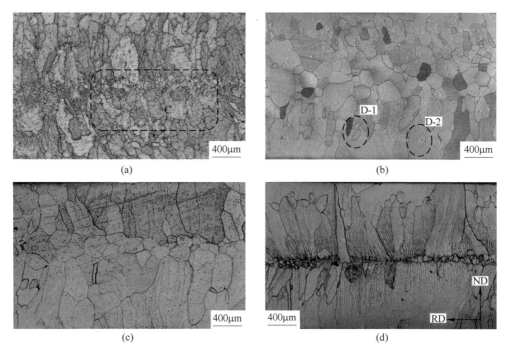

图 3-4 不同过热度条件下 2.0mm Fe-3.0%Si 钢铸带典型组织（铜铸辊）

（a）20℃；（b）30℃；（c）40℃；（d）50℃

固时间相对延长，铸态晶粒生长获得较为充分的条件，直径 100μm 以上的大尺寸等轴晶发展完善，并且柱状晶比例开始提高，如图 3-4（b）、（c）所示。而且在过热度 30℃时，凝固组织中也出现了"岛"状晶粒，如图 3-4（b）中 D-1 和 D-2 两个晶粒，这与 Fe-1.3%Si 钢铸带中凝固组织类似，可以完全排除相变的原因，而是亚快速凝固条件下的特殊现象。

3.1.1.2 铸带宏观织构分析

铸带凝固组织和晶体宏观取向分布与常规流程热轧板有着显著区别，这是由于铸带的组织和织构由凝固行为决定，因此晶体取向分布可以反映出铸轧亚快速凝固过程中原子堆垛方向、形核附着界面选择和高温局部变形等行为。不同铸轧条件下，凝固宏观织构分布如图 3-5~图 3-7 所示。

Fe-1.3%Si 钢铸带凝固织构受到钢液过冷度的显著影响。由于铍铜质铸辊良好的导热能力，钢液快速凝固，可以看到铸带表层的织构强度较低和较为漫散的织构分布，如图 3-5（a）、（c）所示。由于在低浇铸温度和铸辊强冷条件下，凝固坯壳快速生长并且在双辊的咬合点（Kiss point）存在一定的高温变形，所以在 $H/4$ 形成较强的 {112}<111>（铜型）和 {110}<111>（旋转铜型）取向。这种

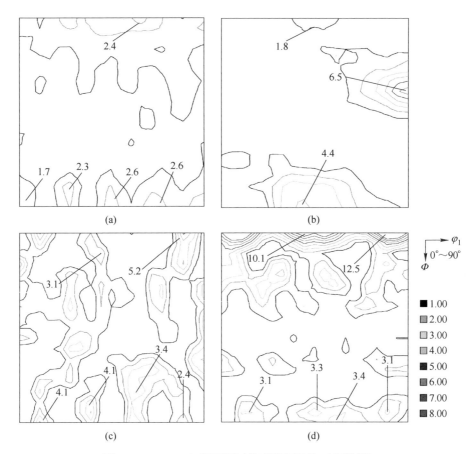

图 3-5　Fe-1.3%Si 钢不同过热度凝固织构（铜铸辊）

（a）0H-20℃；（b）H/4-20℃；（c）0H-60℃；（d）H/4-60℃、ODF φ_2=45°截面图

织构一般出现在单相铁素体热轧板的表层和次表层位置，该织构的形成与强烈的剪切变形有关，这说明凝固坯壳高温变形的影响区域已经达到 $H/4$，如图 3-5（c）所示。{112}<111>与{110}<111>存在绕<111>轴转 30°的关系，属于 Σ13b（绕<111>轴转 27.8°±4.16°）和 Σ39a（绕<111>轴转 32.2°±2.4°）晶界定义判定范围。当浇铸过热度较大时，Fe-1.3%Si 钢合金的凝固时间相对充裕，温度梯度对于凝固过程中晶粒取向的选择作用进一步体现出来，发达的 {100} 取向的织构形成，如图 3-5（d）所示。

在铸辊冷却能力降低时，虽然凝固晶粒的形态发生了显著变化，但是晶体取向分布与铜铸辊低浇铸温度时保持一致，表层为漫散随机取向，织构强度较低，大量的非均匀形核和晶粒长大过程降低了温度梯度对晶体取向的选择作用，如图 3-6（a）所示。由于钢质铸辊单位时间内通钢量的限制，铸带厚度较薄，但是其 $H/4$ 仍出现变形织构 {112}<111>的强点，同时与之对应的 {110}<111>强点并

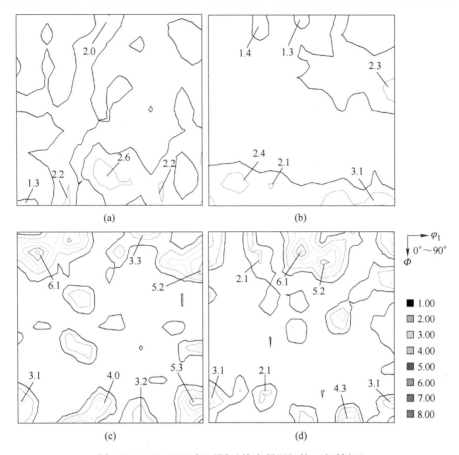

图 3-6　Fe-1.3%Si 钢不同过热度凝固织构（钢铸辊）

(a) 0H-30℃；(b) H/4-30℃；(c) 0H-50℃；(d) H/4-50℃、ODF $\varphi_2 = 45°$ 截面图

未出现，而是随机的 {110} 组分相对发达，说明凝固在此区域仍占主导作用，而变形对织构的影响较小，如图 3-6（b）所示。浇铸温度提高后，表层织构强度明显提高，但是直到 H/4 也没有形成发达而且位向准确的 {100} 面织构，这与铸带凝固厚度较薄，凝固后温度传导较慢，凝固坯壳在重力和铸轧熔池内钢液冲刷多重作用下无法保持稳定的取向有关；而且经过钢铸辊冷却的铸带凝固后温度较高，晶界迁移速率极快，凝固过程中形成的不规则晶界得到发展，得到平直的大角度晶界，如图 3-6（c）、(d) 所示。

　　Fe-3%Si 钢在铜铸辊冷却条件下不同过热度宏观织构发展规律与 Fe-1.3%Si 钢较为类似，在较低过热度条件下表层形成极低的织构强点，直到 H/4 织构强度仍然很低，如图 3-7（a）、(b) 所示。在较高的过热度浇铸条件下，在表层形成较为明显的 {100} 取向织构，在 H/4 发展较为完善，如图 3-7（c）、(d) 所示。

　　值得注意的是，在所有条件下铸带的不同位置，{110} 附近组分始终存在一

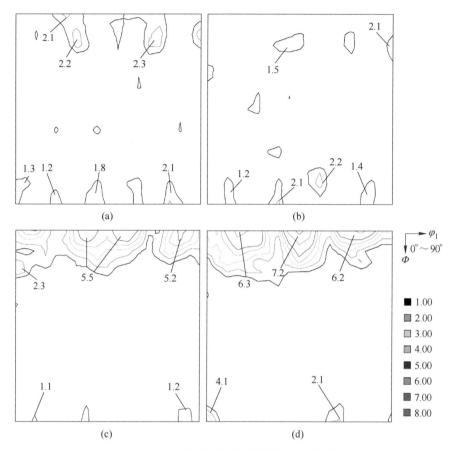

图 3-7 Fe-3%Si 钢不同过热度凝固织构（铜铸辊）

（a）0H-30℃；（b）H/4-30℃；（c）0H-50℃；（d）H/4-50℃ ODF $\varphi_2 = 45°$ 截面图

定强度，与热轧变形得到的｛110｝<111>~｛110｝<001>范围内分布的强点不同，这类织构在｛110｝面上的强点分布较为随机，这与 bcc 金属的｛110｝密排面快速降低界面能有关。铸带的初始凝固组织和织构主要由液态金属的过热度决定，热传导系数会显著影响液态金属的过热度，从而影响最终凝固组织和织构[13,14]。高温液态金属和低温水冷铸辊表面存在的巨大温度梯度导致在铸辊表面大范围的过冷区发生不均匀形核并逐渐长大。由于温度梯度的存在两侧的柱状晶不断向高温液态金属心部生长，形成两侧对称的粗大柱状晶组织。而高的浇铸过热度使得两侧凝固坯壳的 Kiss 点位于铸辊咬合点以下，凝固末期两侧柱状晶在心部压合并保留部分残余钢液，因此铸带的表层和中心层会出现少量不规则等轴晶。随机形核和长大机制导致铸带的表层和心部会出现随机取向的等轴晶组织，次表层则由于定向形核和长大的作用会出现｛100｝<0vw>取向的柱状晶组织[15]。

铁素体基体在铸轧亚快速凝固过程中，｛110｝面属于密排面，其界面能最低。当 {100} 面附着在固相面上时，固液界面上同时存在四个 {110} 面和一个 {100} 面。{110} 密排面之间的面间距要显著大于其他界面，当一层原子排列在密排面上形成台阶时，液相原子不断填充台阶沿着<001>方向生长形成具有能量优势的晶胞。因此高过热度时，铸轧温度梯度明显，凝固相对缓慢，主要形成发达 {100} 面织构的柱状晶；而过热度较低时，形核量大，通过界面能选择作用，凝固过程不充分，凝固织构相对散漫，所以 {100} 织构相对较弱。当 {110} 面附着在固相面上时，固液界面上同时存在着三个 {110} 面和两个 {100} 面，这种排列方式总体的界面能也是相对较低的，晶核可以稳定地保留并长大形成 {110} 组分。因此铸带凝固组织主要为 {100} 取向组分，同时存在较高比例的 {110} 取向组分[16]，如图 3-8 所示，这是铸轧过程中形成的特殊织构类型。

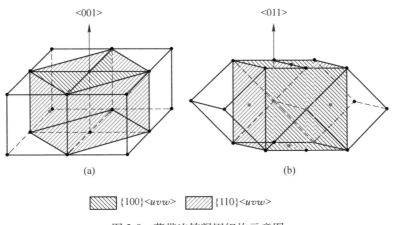

图 3-8 薄带连铸凝固织构示意图

3.1.2 铸带热处理对无取向电工钢组织和织构的影响

常规无取向硅钢的生产包括连铸、热轧、冷轧和再结晶退火等工艺，在高牌号无取向硅钢的生产过程中会对热轧板进行高温常化处理使组织均匀化，提高晶粒尺寸，增强 {100} 和 {110} 织构，削弱 {111} 织构。对于薄带连铸制备无取向硅钢来说，铸带的微观组织、织构和析出物与传统热轧板有显著的差别，铸带的常化热处理对于后续的组织和织构的演化以及第二相粒子的析出、磁性能的影响规律尚不清楚。特别是针对低硅无取向硅钢，常化过程中两相区的退火处理是否会对亚稳态的铸带凝固组织和织构造成影响，进而改变后续的冷轧和退火过程中组织和织构演变规律仍不明确。因此，需对薄带连铸无取向硅钢的凝固组织、织构和析出物的形成机理有深入的认识，并分析铸带常化热处理对于无取向硅钢全流程的组织-织构-磁性能演化和第二相粒子的析出及粗化行为的影响，掌握调控铸带组织、织构和析出物的方法。

本节通过对比常化热处理的铸带和常规铸带在冷轧和退火过程中组织和织构演化以及第二相粒子的析出、粗化行为，研究常化热处理对于铸带凝固组织和织构的影响规律；分析铸带的常化热处理工艺在亚快速凝固组织的特殊作用机理，探索析出物在后续的冷轧和退火过程中的形成机理以及对组织、织构演化的影响，进而优化成品组织和织构，获得磁性能优良的薄带连铸冷轧无取向硅钢。

3.1.2.1　实验材料与方法

实验材料为 Fe-1.0%Si 无取向硅钢，其具体化学成分见表 3-1。采用东北大学轧制技术及连轧自动化（RAL）国家重点实验室双辊薄带铸轧实验设备，使用真空中频感应炉冶炼设计成分的无取向硅钢，将熔化的钢水通过预热的中间包注入到对向旋转的铸辊与侧封板组成的熔池内，侧封板安装前进行高温预热。用测温仪测量熔池温度，控制铸轧轧制力为 $0 \sim 10 \mathrm{kN}$，铸速为 $0.3 \sim 0.5 \mathrm{m/s}$。为防止钢液氧化，浇铸过程均在氩气保护下进行。铸带在铸轧后直接空冷至室温，冷速范围为 $10 \sim 30 \mathrm{℃/s}$。铸带厚度和宽度分别为 3.1mm 和 110mm。

表 3-1　实验无取向硅钢化学成分（质量分数）　　　（%）

C	Si	Mn	Al	S	Cu	Fe
0.005	1.02	0.02	0.01	0.006	0.01	余量

为了确定合适的铸带常化热处理温度，采用 DIL805AD 相变仪测定该铸带的平衡相转变温度。实验试样以 200℃/h 的速率升温，测定的临界温度为：$A_{c1} = 951℃$，$A_{c3} = 1003℃$（见图 3-9（a））。图 3-9（b）为通过基于 TCFE6 数据库的

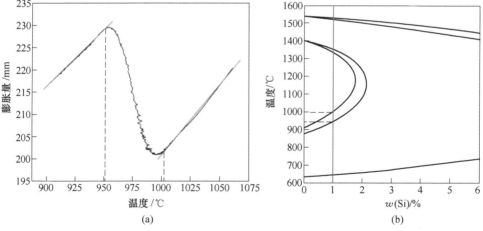

(a)　　　　　　　　　　　　　　　　　　(b)

图 3-9　实验材料相变温度分析

（a）采用 DIL805AD 相变仪测定的相转变温度；（b）基于 Thermo-Calc 计算的 Fe-Si 相图

Thermo-Calc 软件计算的 Fe-Si 平衡相图，其计算的数值与相变仪测定的实验结果具有良好的对照性。基于两种方式测定和计算的实验硅钢铸带的平衡相转变温度，确定铸带常化热处理温度为 1060℃，时间为 1.5h，常化实验采用实验室保护气氛炉进行。

在无取向硅钢铸带上截取两块 90mm×110mm 规格的铸带，为了研究常化热处理工艺对于无取向硅钢组织、织构及析出物演变规律的影响，设计两组对比工艺：工艺一为铸带经酸洗后直接在实验室直拉式四辊可逆冷轧实验机上经多道次冷轧至 0.5mm（压下率为 83.87%），而后在保护气氛退火炉内完成再结晶退火，退火温度为 900℃，保温时间为 10min，退火气氛为体积百分比的 70%H$_2$+30%N$_2$ 混合气体，露点控制在 ≤-20℃；工艺二为铸带经 1060℃保温 1.5h 后随炉冷却，保护气氛为 N$_2$，后续的冷轧与退火工艺与工艺一完全相同，具体工艺如图 3-10 所示。

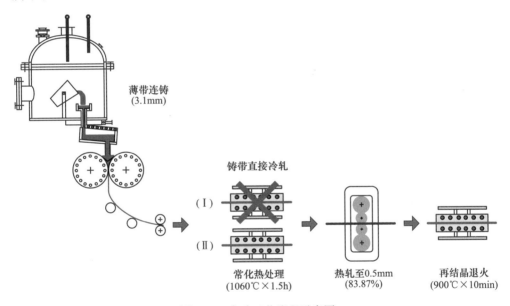

图 3-10 实验工艺流程示意图

微观组织检测采用 Leica DMIRM 金相显微镜（optical microscopy）观察样品纵截面（RD-ND）。用线切割设备沿轧制方向切取 8 个（ND）mm×12（RD）mm 试样，在超声波仪上经酒精清洗后用 Simplimet3000 型热镶嵌机进行树脂镶嵌，经过 80 号~1500 号的砂纸磨平后使用 W2.5 水溶金刚石研磨膏进行机械抛光，试样采用 4%硝酸酒精溶液腐蚀并进行金相观察和拍摄照片。

宏观织构检测在 BRUKER D8 DISCOVER 型 X 射线衍射仪上进行检测，采用 Co Kα 辐射，测量样品的 {110}、{200} 和 {112} 三个不完整极图并运用级数展开法来计算取向分布函数（ODF），$L_{max} = 22$。用线切割设备切取 20mm×22mm 的试样，将试样板面（TD-RD）依次经过 80 号~1500 号砂纸磨平后，用体积分数 20%的稀盐酸（20%HCl+80%H₂O）进行去应力腐蚀，以去除试样表面的变形层。

微观织构采用安装在场发射扫描电镜（SEM，型号为 Zeiss Ultra 55）上的电子背散射衍射探头（EBSD）检测，设定工作电压为 20kV，倾斜角 70°，并通过 HKL-Channel 5 软件进行数据分析，进行晶体取向分析时偏差角设为 15°。具体制样方法为：沿样品轧制方向切取 8mm×12mm 试样，纵截面经 80 号~1500 号的砂纸磨平和机械抛光后，进行电解抛光。电解抛光液主要成分为 C_2H_5OH、$HClO_4$ 和 H_2O，相应配比为 13∶2∶1。抛光电压为 20~24V，抛光时间 18~25s，工作电流为 0.8~1.5A。

本实验采用场发射电子探针（EPMA，型号为 JEOL JXA-8530F）进行析出物形貌观察和化学成分确定，并采用波谱仪进行面扫描分析析出物成分和组成。采用透射电子显微镜（TEM，型号为 FEI Tecnai F20）进一步分析析出物形貌和成分。电子探针试样制备方法、观察面与金相组织完全相同，透射样品制备先用线切割切取 10mm×10mm 的试样，依次经过 80 号~1500 号砂纸磨至 50μm。用冲孔机冲成 φ3mm 的小圆片，再用 1500 号或 2000 号砂纸轻轻磨至 50μm 以下，利用电解双喷减薄仪对实验样品进行进一步减薄，以制作薄区进行观察。用 TEM 观察析出物的分布和形貌，利用能谱仪检测各析出物的成分。

实验采用 MATS-2010M 磁性材料自动测试系统 V4.0 进行无取向硅钢单片磁性测量与数据分析记录。利用线切割设备沿轧向和横向分别从退火板切取检测样品，尺寸为 30（TD）mm×100（RD）mm，用酒精清洗样品表面后吹干并通过 XY200JC 型物理天平测量硅钢片质量。在 1.5T、50Hz 的交变磁场下测量铁损 $P_{1.5/50}$，在磁场强度为 5000A/m 的条件下测量磁感应强度 B_{50}，并对测量结果取平均值。

3.1.2.2　铸带热处理对无取向硅钢析出相演变的影响

图 3-11 为利用 EPMA 观察铸带的析出物形貌、能谱和元素面扫分析。铸带基体和晶界中存在少量的细小球状第二相粒子析出（见图 3-11（a）、（b）），平均尺寸约为 300nm，能谱显示这些颗粒主要为 Al_2O_3 和 Al_2O_3-MnS 复合析出（见图 3-11 中的 Ⅰ、Ⅱ），并且在铸带中未观察到单独的 MnS 析出。图 3-11（c）为图 3-11（a）的面扫分析，在析出物处发现 S、Mn、Al、Si 元素的富集，复合析出物主要由 Al_2O_3 组成，含有少量的 MnS。

图 3-12 为利用 EPMA 观察铸带常化热处理之后的析出物形貌、能谱和元素面扫分析。铸带经过常化热处理之后，析出物的数量大幅增加，平均尺寸约为

500nm，同时也有个别新形成的细小析出物存在（见图 3-12（a）、（b）），能谱显示这些颗粒主要为 Al_2O_3 和 Al_2O_3-MnS 复合析出（见图 3-12 中的Ⅲ、Ⅳ）。图 3-12（c）为图 3-12（a）的面扫分析，常化热处理加速了 S、Mn 元素在初始的 Al_2O_3 析出周围的富集，从而形成 Al_2O_3-MnS 复合析出物。薄带连铸过程中亚快速凝固和铸后的快速冷却过程抑制了第二相粒子的形成和长大，而随后的常化热处理过程能够有效促进第二相粒子的析出和长大。

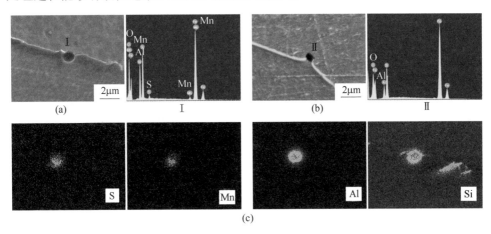

图 3-11　铸带的 EPMA 元素图谱分析
（a）位置Ⅰ；（b）位置Ⅱ；（c）元素分布

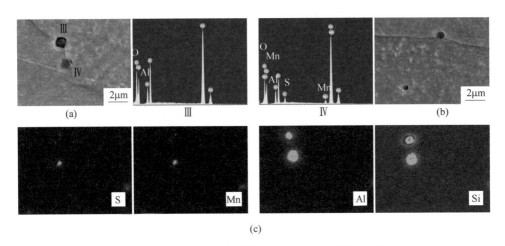

图 3-12　常化热处理后铸带的 EPMA 元素图谱分析
（a）位置Ⅳ和Ⅲ析出物及能谱结果；（b）析出物形貌；（c）元素分布

以往的研究表明，薄带连铸过程中，第二相粒子的析出和长大过程会被铸轧的亚快速凝固和铸后的快速二次冷却所部分抑制。Al_2O_3 析出物具有较高的析出温度，通常在凝固的早期阶段形核和长大，MnS 的析出温度较低，通常在凝固末期温度较低时才开始析出和长大。因此，实验中观察到大量的 Al_2O_3-MnS 复合析出物而未观察到 MnS 单独析出，可能是由于薄带连铸亚快速凝固的强固溶能力，大量的 S、Mn 原子由于亚快速凝固和快速二次冷却被固溶在基体中来不及析出和长大。在铸带常化热处理过程中，经过长时间的高温热处理，初始凝固过程中形成的 Al_2O_3 粒子可以作为有效的形核点促进 Al_2O_3-MnS 复合析出物的形成和粗化。实验中观察到的 Al_2O_3 和 Al_2O_3-MnS 析出物的平均尺寸和数量分布变化，也进一步印证了这种可能性。

图 3-13 为利用 EPMA 观察两种工艺的退火板典型析出物的形貌和能谱分析。铸带直接冷轧的退火板中，除了初始铸轧过程中形成的析出物外，在退火板的基体和晶界处观察到大量尺寸为 300~500nm 的细小第二相粒子析出，能谱显示这些析出物为 Al_2O_3 析出物和 Al_2O_3-MnS 复合析出物，如图 3-13（a）~（c）所示。Al_2O_3 析出物的尺寸未发生显著变化，而大量细小 Al_2O_3-MnS 复合析出物出现，说明最终退火过程中部分 MnS 依附于初始的细小 Al_2O_3 析出物发生粗化形成 Al_2O_3-MnS 复合析出物，同时部分晶界在细小的析出物处发生弯曲，这表明新形成的细小第二相粒子对晶界迁移产生强烈的钉扎作用（见图 3-13（a））。

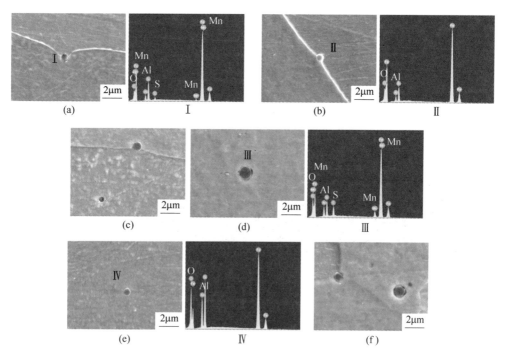

图 3-13   不同工艺处理后退火板的 EPMA 元素图谱分析
（a）~（c）工艺一；（d）~（f）工艺二

在常化热处理后铸带的退火板中，析出物在再结晶阶段进一步长大，尺寸为 $800 \sim 1200nm$。Al_2O_3 析出物的数量和尺寸没有显著的变化，但 Al_2O_3-MnS 复合析出物的数量和平均尺寸大幅增加，如图 3-13（d）~（f）所示。这说明在铸轧阶段形成的 Al_2O_3 颗粒具有良好的稳定性，在后续的冷轧和退火过程中均未发生数量和尺寸的大幅变化，而 Al_2O_3-MnS 复合析出物则在常化热处理和退火阶段不断粗化。因此，铸带的常化热处理工艺对第二相粒子的析出和粗化行为有显著影响。

第二相粒子对冷轧过程的晶体转动和储能以及再结晶过程的晶粒长大、织构形成具有显著的影响。为了进一步观察退火过程中析出物的演化，使用透射电子显微镜详细对比不同工艺的退火板中微观析出物的形貌和分布，如图 3-14 所示。铸带直接冷轧退火组织的基体和晶界处出现了大量细小的 MnS 析出物，尺寸为 $10 \sim 25nm$。同时大量的位错和晶界在细小析出物处发生明显弯曲，说明细小的析出物钉扎位错和晶界，阻碍了位错的运动和晶界的迁移，如图 3-14（a）~（c）中圆圈所示。

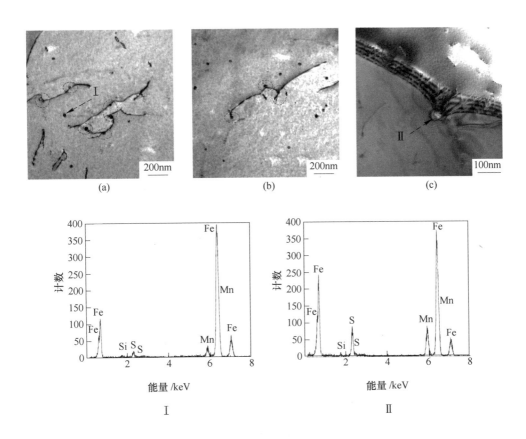

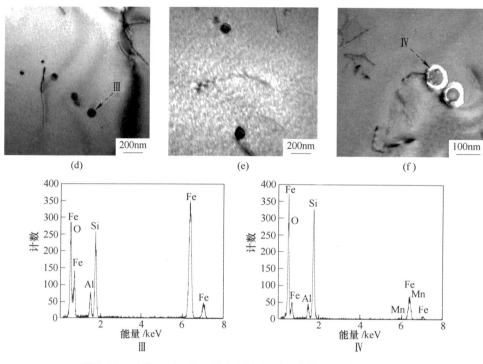

图 3-14   工艺一和工艺二退火板中典型析出物的形貌和能谱图

（a）~（c）工艺一；（d）~（f）工艺二

常化热处理后铸带冷轧退火组织中，粗化的 MnS 和 Al_2O_3 析出物主要出现在退火组织的基体中，尺寸为 50~120nm，如图 3-14（d）、（e）、（f）所示。为了进一步确定不同工艺下析出物的尺寸分布，采用每组工艺 50 张透射照片分别统计析出物的尺寸分布区间，如图 3-15 所示。工艺一退火组织中析出物尺寸主要分布在 10~50nm，这种细小的析出物会钉扎位错和晶界，阻碍位错运动和晶界迁移；而工艺二中析出物的尺寸提高到 75~125nm，该尺寸的析出物对位错和晶界的钉扎作用很小，因此其退火组织中位错密度较小，晶界平直。这也进一步说明，铸带常化热处理工艺对于再结晶阶段第二相粒子的析出和长大具有显著的影响。

3.1.2.3   铸带热处理对无取向硅钢组织和织构演变的影响

图 3-16 为实验铸带和铸带常化热处理后典型的纵截面的金相组织和 EBSD 晶体取向图。由图 3-16（a）可知，铸带由粗大的柱状晶和少量的等轴晶组成。微观组织沿厚度方向两侧对称，在铸带的表层和中心层分布着平均晶粒尺寸约为 126μm 的不规则形状等轴晶。次表层的粗大柱状晶沿厚度方向从铸带的表面生长

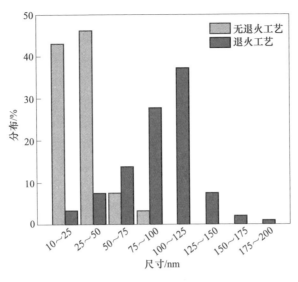

图 3-15 工艺一和工艺二退火组织中析出物尺寸统计分布

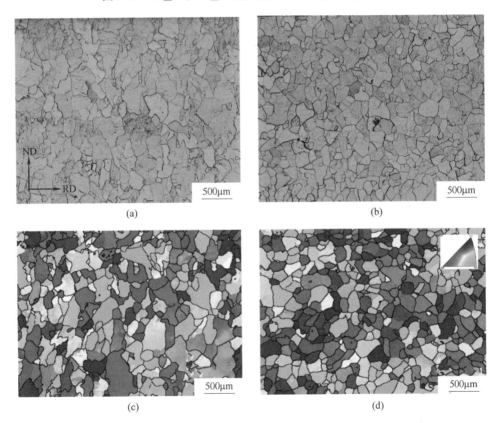

(a)

(b)

(c)

(d)

图 3-16 铸带和常化铸带的组织分析

（a）（c）铸带；（b）（d）铸带常化板

到中心，平均晶粒尺寸约为184μm。铸带的微观织构为较强的λ织构（<100>//
ND)，其中细小等轴晶织构取向较为漫散，粗大柱状晶多为强｛100｝织构（见
图3-16（c））。经过常化热处理之后，常化铸带与初始的铸带相比，显微组织和
织构取向没有发生明显的变化，平均晶粒尺寸约为162μm。但常化铸带的组织均
匀性得到大幅度改善，晶界更加平直，如图3-16（b）、(d）所示。

　　图3-17为铸带和常化铸带的冷轧全厚度微观组织和宏观织构。如图3-17
（a）、(c）所示，铸带经冷轧剧烈变形后形成典型的带状组织，产生了两种不同
的沿轧向拉长的变形晶粒。平面塑性变形导致晶粒破碎产生沿轧向拉长的变形组
织，在硝酸酒精腐蚀液的腐蚀后为亮白色，晶体几何软化导致塑性失稳形成的大
量剪切组织在腐蚀后为暗灰色，二者在冷轧板的厚度方向上逐层交替分布。变形
晶粒内部出现大量与轧向成30°~40°的晶内剪切带（如图3-17（a）、(c）中箭
头）。对比铸带冷轧板和常化铸带冷轧板的金相组织可以看出，铸带经过常化热
处理之后，冷轧组织中剪切带密度大幅提高，沿轧向偏离角度更大，厚度方向上
层间距显著减小，因此常化热处理工艺对于冷轧组织会产生显著的影响。

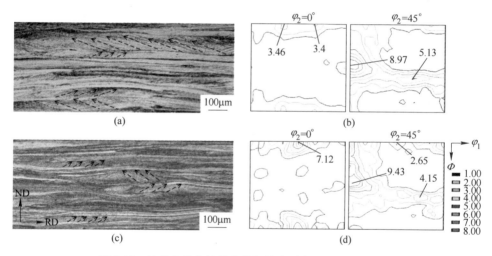

图3-17　铸带和常化铸带冷轧板的全厚度金相组织和织构
（a）铸带直接冷轧板金相组织；（b）铸带直接冷轧板ODF截面图；
（c）铸带常化冷轧板金相组织；（d）铸带常化冷轧板ODF截面图

　　铸带直接冷轧板的宏观织构由峰值为｛112｝<110>的强α纤维织构（<110>//
RD）和峰值为｛112｝<110>和｛111｝<110>的γ纤维织构（<111>//ND）组成，如
图3-17（b）所示。经过常化热处理之后，冷轧织构中出现较强的α纤维织构和λ
纤维织构（<100>//ND)，峰值为｛112｝<110>，｛001｝<110>，｛001｝<100>，
而γ织构的强度相对较弱，如图3-17（d）所示。经过常化热处理之后，冷轧织
构中｛112｝<110>组分的取向密度$f(g)$由8.97增加到9.43，而｛111｝<110>

组分的取向密度由 5.13 降低到 4.15。同时 λ 纤维织构的整体强度也显著提高，Cube 和旋转立方织构的取向密度大幅增加。铸带经过常化热处理之后，冷轧织构中 α 纤维织构和 λ 纤维织构得到部分增强，γ 纤维织构相对减弱，因此常化热处理工艺对铸带的冷轧织构会产生显著影响。

图 3-18 为两种工艺的冷轧板在 900℃保温不同时间的部分再结晶全厚度微观组织形貌。在铸带直接冷轧板的半退火样品中，900℃保温 13s 和 14s 时未发现明

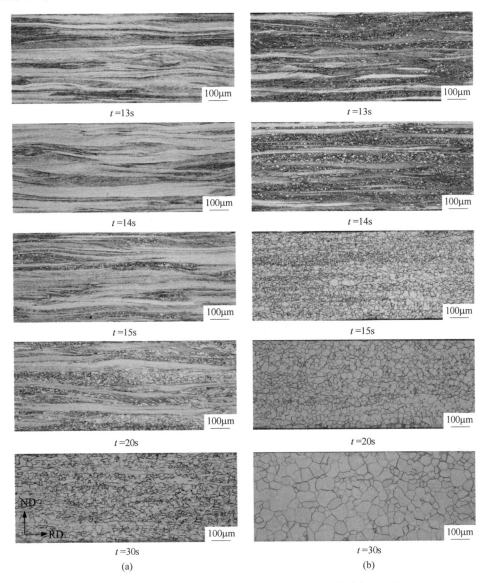

图 3-18　不同工艺冷轧板在 900℃保温不同时间的全厚度金相组织
（a）工艺一；（b）工艺二

显的再结晶区域。当保温时间延长到 15s 时，少量的再结晶首先发生在高储能的晶内剪切带位置。随着保温时间的延长，再结晶区域逐渐扩大，保温时间延长至 20s 时仍有部分拉长的回复组织残留。保温 30s 时再结晶基本完成，此时平均晶粒尺寸较小，组织不均匀，仍有部分回复组织保留，如图 3-18（a）所示。

在常化铸带冷轧板的半退火样品中，900℃保温 13s 时即可观察到大量的再结晶组织出现在晶内剪切带上，此时再结晶区域分布较为分散，大量的剪切带为再结晶过程提供了优良的形核位置。保温时间延长至 14s 时，再结晶分数大幅增加，再结晶组织逐渐吞并周围基体发生粗化，亮白色回复组织大量减少。保温 15s 时再结晶基本完成，此时回复组织基本消失，基体完全由细小的再结晶晶粒组成，但有部分晶粒的尺寸显著大于周围晶粒，优先获得尺寸优势。随着保温时间的继续增加，平均晶粒尺寸持续增大，组织均匀性得到大幅度改善，到保温 30s 时部分晶粒尺寸超过 100μm，如图 3-18（b）所示。因此，经过铸带常化热处理后，退火过程中会优先发生再结晶，并迅速完成再结晶过程。随着保温时间的延长晶粒尺寸迅速增加，组织均匀性大幅改善。

图 3-19 为两种工艺的退火板全厚度微观组织形貌、EBSD 取向成像图以及相

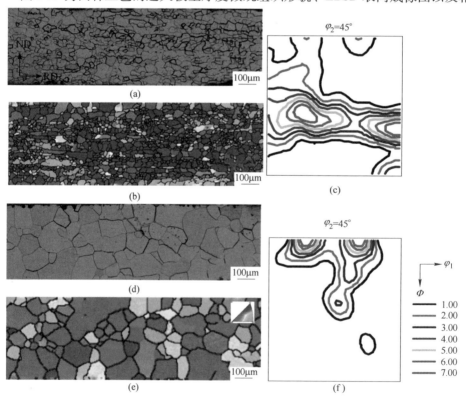

图 3-19　不同退火板的微观组织、EBSD 取向成像图以及相应的 ODF $\varphi_2 = 45°$ 截面图

（a）～（c）工艺一；（d）～（f）工艺二

应的 ODF $\varphi_2 = 45°$ 截面图。铸带直接冷轧的退火板为不均匀的再结晶组织，主要由细小的等轴晶和沿轧向被拉长的回复晶粒组成，平均晶粒尺寸约为 $29\mu m$，如图 3-19 (a) 所示。退火组织中存在部分的回复不充分组织，在低储能的拉长变形组织中出现明显的织构梯度，部分 {100} 取向的细小等轴晶尺寸明显小于 {111} 取向晶粒，难以获得尺寸优势发生粗化，只有部分 {110} 取向晶粒沿剪切带形核和长大。再结晶织构为较强的 γ 纤维织构，强点为 {111}<112>，有部分相对较弱的 Goss 织构组分和 {001}<210>取向组分出现，如图 3-19 (b)、(c) 所示。

常化铸带的冷轧再结晶组织均匀性得到显著改善，粗大均匀的等轴晶全部取代了变形和回复组织，平均晶粒尺寸大幅增加，达到约 $82\mu m$，如图 3-19 (d) 所示。再结晶织构为较强的 λ 纤维织构，强点为 {001}<210>。粗大的等轴晶多为 {100} 取向，只有少量 {110} 和 {111} 取向的小尺寸晶粒分布在基体中，如图 3-19 (e)、(f) 所示。因此，铸带常化热处理工艺对退火组织和织构产生显著的影响，可以有效提高再结晶晶粒尺寸，改善组织均匀性，优化再结晶织构组分。

综合以上铸带热处理工艺对无取向硅钢组织和织构演变的影响，如图 3-20 所示。在常化热处理过程中，由于铸带的凝固组织和织构是在高于 1500℃ 的温度时快速凝固形成的，储能较低，结构相对稳定。而常化温度相对较低，难以激活晶界发生迁移和晶体转动，因此常化组织和织构相较于铸带初始凝固组织和织构均未发生较大的变化，如图 3-20 (a) 中 Ⅰ、(b) 中 Ⅰ 所示。

第二相粒子的析出和粗化对冷轧和再结晶过程中组织演化和晶体转动具有显著的影响。在工艺二中，亚快速凝固过程中大量的 Mn、S 原子固溶在基体中，在常化过程中 MnS 依附于初始的 Al_2O_3 形成大量细小的 Al_2O_3-MnS 复合析出物，细小析出物在冷轧过程中阻碍位错运动和晶体转动，促进了冷轧剪切变形组织的出现和大量晶内剪切带的形成。晶内剪切带是高储能区域，在退火过程中会优先发生再结晶，而亮白色拉长变形晶粒储能较低，退火过程中会被回复组织取代，如图 3-20 (a) 中 Ⅱ、(b) 中 Ⅱ 所示。工艺二冷轧板在退火过程中，高储能的剪切带促进了再结晶的优先发生并很快完成再结晶过程，常化后的细小析出物会在再结晶阶段进一步粗化失去对位错的钉扎和晶界的阻碍作用，再结晶晶粒在随后的保温过程中逐渐长大吞并周围的小晶粒和基体。而工艺一中初始固溶在铸带凝固组织中的固溶元素，在再结晶退火过程中会逐渐形核和长大形成第二相粒子析出。这不仅消耗了冷轧变形储能降低再结晶驱动力，还会阻碍位错运动和晶界迁移，抑制再结晶晶粒长大，如图 3-20 (a) 中 Ⅲ、(b) 中 Ⅲ 所示。因此，工艺二的冷轧板在退火过程中会优先发生再结晶并很快完成再结晶过程，进而发生晶粒粗化。而工艺一中第二相粒子的大量析出显著消耗了冷轧变形储能降低再结晶驱动力使再结晶形核率下降，回复组织在退火板中占据尺寸优势，进一步抑制了再结晶的进行，导致最终再结晶组织细小不均匀，如图 3-20（a）中Ⅳ（b）中Ⅳ所示。

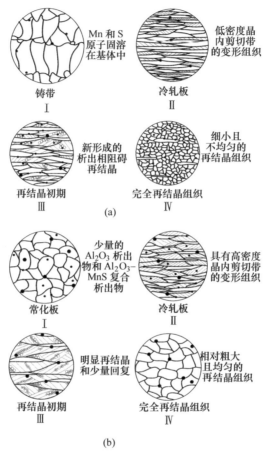

图 3-20　两种工艺的组织和析出物演化示意图
（a）工艺一；（b）工艺二

铸带的常化热处理过程对于冷轧织构的演化也具有显著的影响。通常无取向硅钢作为全铁素体组织，冷轧过程会形成典型的 {112}<110>取向变形织构[3]，这在本实验的两种工艺中均被观察到。铸带凝固织构中的 {001}<100>取向首先沿 λ 纤维织构取向线转动到 {001}<110>取向，然后沿 α 纤维织构取向线转动到 {112}<110>取向。随着冷轧压下率继续增大，最终转动到 {223}<110>取向。另外，初始的 {110}<001>取向首先转动到 {111}<112>取向，然后转动到 {111}<110>取向，最终转动到 {223}<110>取向[12]。

然而，工艺二中当 {001}<100>取向织构在转动过程中，部分初始织构和

{001}<110>取向变形织构被保留下来。与此同时，最终的 {111}<110>取向织构相较于工艺一也得到大幅削弱，这说明常化铸带在冷轧过程中晶体转动被显著地阻碍，部分初始织构得以保留，从而导致最终冷轧织构中 {111}<110>取向强度大幅减弱。冷轧过程中晶体转动导致位错攀移和交滑移。铸带在常化过程中析出大量细小的第二相粒子阻碍了位错的攀移和交滑移，同时提高变形储能，导致冷轧组织中部分的初始织构和 {001}<110>变形织构难以转动到常规冷轧变形织构。

{112}<110>，{111}<110>和 {111}<112>取向基体内的剪切带通常是 Cube 和 Goss 晶粒的选择性形核最优位置，而 {111} 晶粒通常在晶界或者 γ 取向变形晶粒内部形核和长大。工艺二的再结晶过程中，冷轧组织中大量晶内剪切带的形成促进了有利的 λ 取向织构的形成，同时铸轧凝固的粗大柱状晶减少了晶界比例，抑制 γ 取向晶粒的形核和长大。冷轧组织中部分 {100} 晶粒的回复，进一步提高了退火板中 λ 取向织构的强度。

3.1.2.4 铸带热处理对无取向硅钢磁性能的影响

表 3-2 为最终退火板的轧向和横向磁性能测量平均值。由表 3-2 可知，经过常化热处理工艺后退火板的磁性能要显著高于铸带直接冷轧退火板。铸带直接冷轧的退火板横纵向铁损 $P_{15/50}$ 平均值为 6.212W/kg，磁感应强度 B_{50} 值为 1.747T。经过常化热处理之后，退火板横纵向平均铁损值为 4.446W/kg，较铸带直接冷轧工艺降低了 1.766W/kg；退火板横纵向平均磁感应强度 B_{50} 为 1.782T，较铸带直接冷轧工艺提高了 0.035T，其中沿轧向的磁感应强度 B_{50} 更是高达 1.796T。此外，得益于退火板中发达的 λ 纤维织构和相对较弱的 γ 纤维织构，常化热处理流程的退火板表现出较低的磁各向异性，横纵向磁感应强度 B_{50} 差值仅为 0.021T；说明常化热处理工艺能有效改善退火板磁性能。

表 3-2　退火板的磁性能分析

工艺流程	铁损 $P_{15/50}$/W·kg^{-1}			磁感应强度 B_{50}/T		
	RD	TD	平均值	RD	TD	平均值
铸带直接冷轧退火	6.174	6.250	6.212	1.753	1.740	1.747
铸带常化冷轧退火	4.261	4.631	4.446	1.796	1.775	1.782

3.2 薄带连铸无取向硅钢冷轧退火过程中织构演化研究

3.2.1 Fe-1.3%Si 钢铸带冷轧-退火织构演化机制及对磁性能的影响

Cube 取向是无取向硅钢中的有利织构，其演化机制一直是硅钢研究中的重点，但其形核位置的研究结果存在争议。Park 的研究认为常规流程中，Fe-2%Si

无取向硅钢中的 Cube 起源于 {111}<110>和 {111}<112>取向变形晶粒的剪切带上，与 Goss 的形核长大存在竞争关系，而且其织构强度低于后者。通过柱状晶的遗传作用则可以得到较强的{100}<0vw>织构，由于初始晶粒取向在 {100}面较为分散，Cube 强点位置并不准确，因此无法准确解释 Cube 取向晶粒的形核长大过程。

{110} 面取向晶粒在冷轧退火过程中会对 Cube 取向强度产生明显的影响。均匀的大晶粒会促进冷轧过程中晶内剪切行为的产生，所以选取在钢铸辊和高过热度条件下凝固并长大的铸带进行冷轧退火，研究铸轧织构对退火织构的影响，铸带凝固组织和宏观织构如图 3-21 所示。

由图 3-21 可以看到在高过热度条件下，铸带组织明显粗大，而且由于凝固后基体温度较高，晶界迁移速率较快，平直的大角度晶界比例较高，如图 3-21 （a）所示。通过微观晶粒取向可以看到，Fe-1.3%Si 钢<001>//ND 的晶粒并没有获得较大优势，类似柱状晶的晶粒为 {110}<223>和 {111}<110>取向，Cube 取向晶粒尺寸并不显著，说明较大的温度梯度对原子堆垛的影响要大于<001>方向快速生长的物理冶金作用，如图 3-21 （b）所示。

Taylor 塑性变形理论认为，多晶体均匀变形要求每个晶粒内至少能产生最小滑移并实现最小形变功的 5 个以上独立滑移系，才会进行各种形式的变形。当确定 5 个滑移系后，Taylor 因子 M 可表达为式（3-1）。此模型对于晶界区域局部强烈变形考虑不够，但是在晶粒极为粗大的铸带冷轧过程中，由于系统总晶界量相对较低，考虑大晶粒内部滑移系开动是适合的。

$$M = \frac{\sigma_x}{\tau} = \frac{\mathrm{d}\gamma}{\mathrm{d}\varepsilon_x} \qquad (3\text{-}1)$$

式中 σ_x——基体承受正应力；

  τ——切应力；

  γ——切应变；

  ε_x——正应变。

通过 Channel 5 系统可以计算各个取向晶粒对应的 Taylor 因子，如图 3-21 （c）所示。{100}<011>取向晶粒的 Taylor 因子最小，仅有 2.0，这意味着该取向晶粒在塑性变形过程中滑移系开动最容易。Taylor 因子最大的取向为 {110} <1̄10>取向，达到 4.25。同时 {111} <223>、{110} <111>、{111} <110>和 {111} <112>等取向晶粒也具有较高的 M 值，这意味着这些取向晶粒抵抗塑性变形能力较强，需要更多的形变功使其滑移系开动或者晶体取向转动。

铸带 $H/4$ 层宏观织构的强点分布如图 3-21 （d）所示，{100} 和 {110} 面上分布着几个强点，没有特别强的织构存在，一方面亚快速凝固过程中大量形核阻碍了发达柱状晶组织形成；另一方面，晶粒长大过程中表面能和温度梯度的选

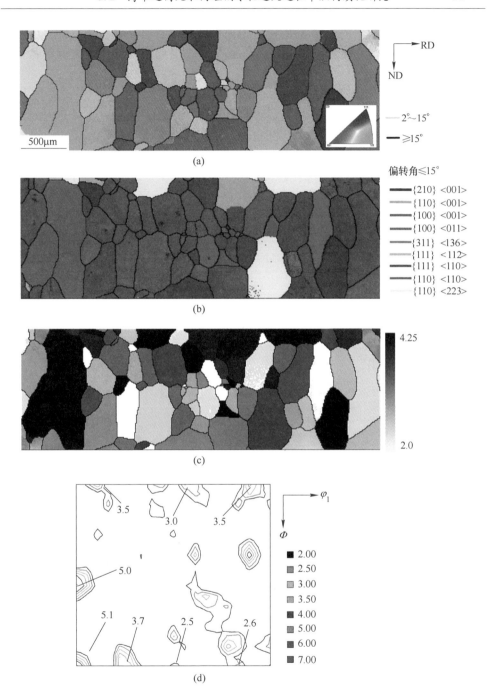

图 3-21 Fe-1.3%Si 钢铸带晶粒取向与织构

（a）晶体取向；（b）典型晶体取向分布；（c）晶粒 Taylor 因子；

（d）铸带 H/4 ODF $\varphi_2 = 45°$ 截面图

择作用依然可以体现出来。综上所述，退火板的纵截面和板面上并没有发达且准确的 Cube 晶粒，而退火晶粒中的大量 Cube 取向晶粒为重新形核长大形成的。

3.2.2　Fe-1.3%Si 钢铸带冷轧过程中的剪切带变形过程及其取向分析

轧制过程中板带在上下轧辊作用下进行塑性变形，板材沿轧向伸长，厚度减薄，横向宽度基本不变，可以看做平面应变过程。无取向硅钢为单相 bcc 结构，间隙原子比例极低，所以加工硬化过程主要由滑移系开动过程中位错积累造成。随着变形量的积累，轧制过程中局部应变量较大时，某些晶粒由于滑移系继续开动较为困难，为了承受外载荷进行瞬时大应变量变形，局部产生"塌陷"，形成剪切带组织。其中，M 较大的晶粒、原始晶粒尺寸较大和基体固溶强化明显的组织容易进行此类变形。Fe-1.3%Si 钢铸带晶粒粗大，晶界对冷轧组织中晶内储能差异和滑移系开动以及剪切行为影响程度降低，冷轧过程中的组织与织构演化如图 3-22 所示。

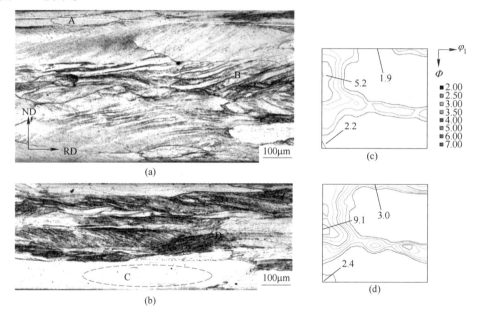

图 3-22　Fe-1.3%Si 钢冷轧组织与织构

（a）（c）67%压下率冷轧组织与 $H/4$ 宏观织构；（b）（d）77%压下率冷轧组织与
$H/4$ ODF $\varphi_2 = 45°$ 截面图

经过 77%压下率的冷轧后，基体主要由低储能的拉长变形晶粒（如 A 区域）和剪切组织（如 B 区域）构成。经过更大压下量的冷轧后，而低储能的组织进一步减薄拉长（如 C 区域），剪切组织开始增加（如 D 区域），如图 3-22（a）、（b）所示。通过宏观织构检测发现，冷轧过程对板带的晶体取向产生了明显的影响，铸带中在 {100} 和 {110} 面上漫散分布的织构开始向 α 织构转动并形

成强点，如｛100｝<011>、｛113｝<110>、｛111｝<011>、｛111｝<112>和｛110｝
<110>等强点，如图3-22（c）、（d）所示。

　　bcc 结构多晶体轧制过程中晶体取向演化极为复杂，位错滑移系开动及其过
程中晶体的转动是塑性变形和织构形成的主要机制。滑移方向为原子最密排方
向，滑移面为原子的密排面，而α-Fe 中有｛110｝、｛112｝和｛123｝三个滑移
面，与 4 个<111>滑移方向构成 12 个滑移系。轧制变形过程中大量滑移造成晶粒
取向的转动过程，当晶粒滑移系开动后位错大量形成并增殖限制了滑移继续进
行，此时晶体取向转动到有利于滑移系开动的取向。而 Fe-1.3%Si 合金中｛110｝
面上的两个滑移系是主滑移系，各个晶粒通过不同路径转动达到｛110｝面（密
排面）平行于轧制的横截面，于是形成强烈的 α 织构（<110>∥RD），如图3-22
（c）、（d）和图3-23 所示。

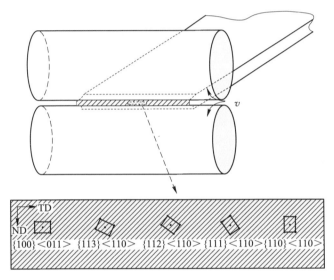

图 3-23　Fe-1.3%Si 合金基体冷轧过程中晶体点阵和织构形成过程

　　冷轧过程中 Cube 取向强度并没有随着压下量的增加而减弱，反而出现稳定
增强的趋势，这与铸带中一定量的 ｛110｝<110>～｛110｝<223>取向的高 Taylor 因
子晶粒塑性变形过程中几何软化引起晶内剪切带有关。一般认为，在塑性加工初
期存在由于晶体取向发生变化导致的拉应力随着变形量增加而降低的现象称为几
何软化，压缩状态下变形微区上压力 F 的计算见式（3-2）。

$$F = \frac{\tau_c A_0}{\cos\lambda_0 \left(\dfrac{L}{l}\right)^2 \sqrt{1 - \left(\dfrac{L\sin\phi_0}{l}\right)^2}} \tag{3-2}$$

式中　τ_c——临界切分应力；

　　　A_0——试样截面积；

　　　λ_0——压力和滑移方向的初始夹角；

　　　ϕ_0——压力与滑移面法向的夹角；

　　　L——试样滑移后长度；

　　　l——初始长度。

　　式（3-2）表明，在滑移面与压力平行时，压力 F 随着 L/l 的减小而减小。这种偏向变形微区的力学计算可以说明宏观力学曲线上的软化过程。而 Dillamore 忽略了晶体学机制，通过计算获得了发生剪切的几何软化条件，见式（3-3），即晶体转动到较低 M 值的取向使塑性变形连续发生，而发生几何软化的区域则为剪切带组织。

$$\frac{\mathrm{d}M}{\mathrm{d}\varepsilon} \leqslant 0 \qquad\qquad (3\text{-}3)$$

式中　M——Taylor 因子；

　　　ε——正应变。

　　金属塑性变形过程中的加工硬化、几何硬化与几何软化都可能发生，加工硬化过程与位错的增殖和塞积阻碍滑移系开动有关。而几何硬化（即 $\mathrm{d}M/\mathrm{d}\varepsilon \geqslant 0$）则是滑移过程中的晶体转到新的取向以方便新的滑移系开动，一般发生在 M 值较低的晶粒体系中。当滑移系开动较为充分时，M 值较高的晶粒倾向通过发生局部剪切变形形成低 M 值的切变带的方式进行塑性变形，同时使剪切带取向的 M 值降低。Nguyen-Minh 通过几何软化模型计算了 Fe-1.2%Si 钢 {110}<110>取向晶粒几何软化促进剪切行为发生的条件，以及几何软化区域的晶体取向，并且观察到这种具有 Cube 取向的剪切带。{110}<110>取向晶粒在热轧板中属于特殊取向晶粒，体积分数占总量的比例较低，对冷轧退火过程中组织和织构演化的影响较低，在铸带中由于亚快速凝固特点影响了凝固晶粒表面能的选择作用，使得 {110}<110>~{110}<111>取向这类高 M 值的晶粒比例提高，从而对冷轧过程中 Cube 晶粒演变产生明显的影响。

　　Humphreys 认为剪切带中的位错结构非常复杂，不能对剪切带变形的晶体学过程作出清晰描述，甚至认为该过程为非晶体学塑性变形行为。实际上多晶系大变形量的剪切带表征难度较高，一方面基体发生剪切变形之前已经过大压下量的塑性变形，位错密度极大，发生剪切变形后，胞状结构的形态更为复杂，加大了观察的难度。单晶观察与多晶系基体变形规律差异较大。由于 {110}<110>晶粒在轧制过程初期较为稳定，而且发生剪切变形的倾向最为强烈，通过铸轧技术制备出的粗大的铸态组织降低了晶界的影响作用，所以在铸带冷轧过程中可以观察剪切带变形行为的演化，如图 3-24~图 3-26 所示。

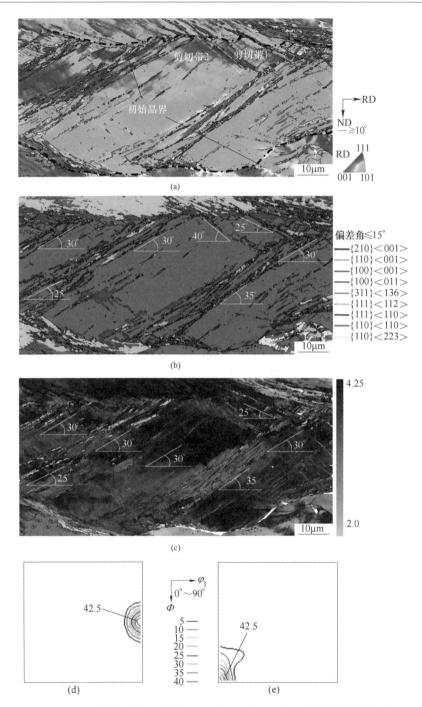

图 3-24   57%压下率冷轧试样中 {110}<110>晶粒内部剪切带组织取向

（a）晶体取向图；（b）典型晶体取向分布；（c）晶粒 Taylor 因子；

（d）（e）ODF $\varphi_2 = 0°$ 和 $\varphi_2 = 45°$ 截面图

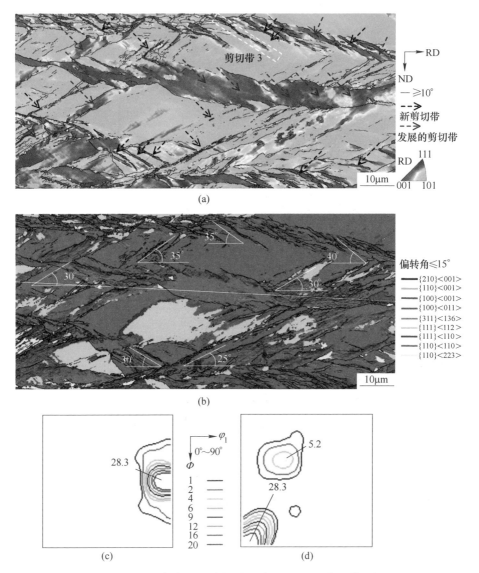

图 3-25　67%压下率冷轧试样中 {110}<110>晶粒剪切带组织取向

（a）晶体取向图；（b）典型晶体取向分布；（c）（d）ODF $\varphi_2 = 0°$和$\varphi_2 = 45°$截面图

{110}<110>取向晶粒主滑移面平行于应力作用方向，为 M 值最大的晶粒，根据式（3-2）和式（3-3），具备发生几何软化的取向条件，而且在多晶系统中存在大量塑性失稳条件，因此更倾向于通过发生剪切变形来逐步完成塑性变形的过程。这部分剪切带穿过初始晶界，如图 3-24（a）中"Shear band 1"和"Shear band 2"穿过 {110}<110>与 {111}<112>基体晶粒，但是在 {110}<110>、变形的 {001}<110>以及 {110}<223>取向晶粒之间的边界上则没有发

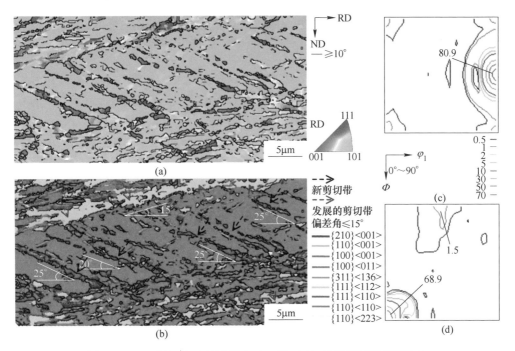

图 3-26 77%压下率冷轧试样中 {110}<110>晶粒剪切带组织取向

（a）晶体取向图；（b）典型晶体取向分布；（c）（d）ODF $\varphi_2 = 0°$和$\varphi_2 = 45°$截面图

现上述剪切组织，说明相邻晶粒取向接近而且位错滑移受阻时，倾向通过转动发生几何硬化（即 $dM/d\varepsilon \geqslant 0$）开动新的滑移系，这种切变行为会越过晶界。这类剪切组织与 RD 方向成 25°~40°倾角，剪切带取向为低 M 值位向，如 Cube、Goss以及 {210}<001>等 η 取向，如图 3-24（b）所示。这说明在局部极为剧烈"塌陷"式变形过程中，构成剪切带的胞状结构为了维持基体连续性而将低弹性模量的<001>转向基体变形方向。剪切带变形属于局部高应变速率变形，在两侧变形基体的限制作用下最小应变能原理能够影响剧烈变形的微区取向。不考虑局部变形高密度位错形成的加工硬化，剪切带变形后形成的几何软化情况如图 3-24（c）所示，剪切组织的 M 值明显低于其两侧形变带的 M 值。

经过剪切变形后基体晶粒织构仍然较为稳定，如图 3-24（d）、（e）所示。一般认为，{110}<110>取向在冷轧过程稳定性有限，30%变形率以上开始转动，最终稳定取向为 {111}<110>，这种转动倾向在发生剪切变形时表现得更明显。铸带组织局部变形量差异较大，这是由于晶粒尺寸较大，低 M 值的软取向晶粒开始变形后，经过一定的加工硬化才能使 {110}<110>晶粒应力集中达到临界条件，才导致该取向开始通过几何软化发生剪切变形。

由于塑性变形的连续性，几何软化（$dM/d\varepsilon \leqslant 0$）形成的剪切组织继续发生塑性变形，需要滑移系继续开动同时伴随着晶体转动，这时初生剪切带组织（New shear bands）内部滑移系开动后带状组织开始发展扩大，进一步形成扩展剪切带组织（Developed shear bands）。这个过程产生加工硬化，位错滑移和增殖受到阻碍，再次处于不稳定状态，这时 M 值较高的 {110}<110>取向基体以及部分扩展剪切组织再次通过几何软化条件发生剪切变形并产生新的低 M 值取向剪切组织，新的初生剪切带和扩展剪切带组织的取向分布和形貌如图 3-25（a）所示。次生剪切带组织在某些条件下可以穿过初次剪切带发展后的区域和 {110}<110>基体晶粒，如"剪切带 3"。Cube 附近取向切变带组织在冷轧过程中转向 {311}<136>附近取向，进而向 {112}<110>~{111}<110>取向发展形成稳定取向，如图 3-25（b）~（d）所示。

通过研究 {110} <110>晶粒变形过程发现，具有高 M 值的晶粒变形需要更大的变形功，相邻晶粒发生了加工硬化和几何硬化后才能促进其剪切带变形发生，这一过程保证了晶体转动困难的晶粒塑性变形过程中的连续性。随后几何软化区域扩展，随之而来的是加工硬化和晶体转动，从而促进 {110}<110>取向的形变带继续发生剪切带变形，如图 3-26（a）所示。

这种剪切变形是在基体晶粒均发生较高程度加工硬化条件下获得，因此剪切带分布密度提高，且与 RD 向成 20°~25°夹角，明显小于最原始剪切带发生时 25°~40°的范围，如图 3-26（a）、（b）所示。实际上，{110}<110>晶粒上初次剪切带中的 Cube 取向组织很难在随后的变形中保留下来，而是随着变形的进行向其他稳定取向转动。因此，变形最后阶段形成的 Cube 取向剪切组织对退火过程中 Cube 取向晶粒的形核和长大影响较大，而且局部的 Cube 面积分数提高，在宏观织构中较为明显，如图 3-26（c）、（d）所示。

{111}<110>和 {111}<112>取向变形晶粒中的剪切带组织取向如图 3-27 和图 3-28 所示。在常规流程中，由于板带经过大压缩比的热轧过程，{110}<110>及其附近取向晶粒难以保留下来，但存在较强的 {111}<110>晶粒和一定量的 {111}<112>晶粒，这两种取向晶粒上的剪切带对再结晶织构有重要影响。

在铸带凝固组织中这两种取向晶粒的面积分数不高，但在冷轧织构中存在强点，说明这种比例分数提高是冷轧变形过程造成的。但是在压下率为 77%的冷轧变形条件下，{111}<110>取向变形晶粒中这类剪切组织并不发达，通过 EBSD 微观取向结果可以看到大量滑移系开动后的痕迹，及其造成的滑移系开动，如图 3-27（a）所示。

分析剪切带微观组织的取向发现了部分与 {110}<001>取向接近的胞状结构，与 RD 向成 25°~30°夹角，而且 Cube 取向胞状结构出现在晶内剪切带与原始晶界相互作用的区域，如图 3-27（b）所示。在传统流程热轧板的细晶条件下，晶界对这类 Cube 取向胞状结构的影响加强，这是其退火织构中存在部分 Cube 取

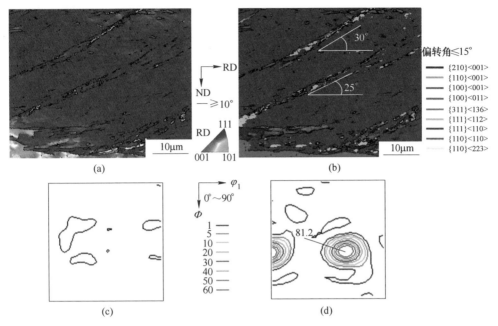

图 3-27　77%压下率冷轧试样中 {111}<110>晶粒剪切带组织取向

（a）晶体取向图；（b）典型晶体取向分布；（c）（d）ODF $\varphi_2=0°$ 和 $\varphi_2=45°$ 截面图

向晶粒的原因。观察区域宏观取向如图 3-27（c）、（d）所示，强烈的 {111}<110>织构形成，而且没有发现其晶体转动的趋势，说明了该取向的稳定性。

上文中讨论了 α 织构的特征取向晶粒中的组织演化，而冷轧织构中也存在 {111}<112>取向强点，这一取向的形成则与 {112} 面上滑移系的开动有关（{112} 滑移面平行于轧制变形面），如 Goss 取向晶粒，通过绕 TD 向的<110>轴转动 38.9°达到 {111}<112>取向。77%冷轧压下率试样中 {111}<112>取向晶粒中的剪切带取向如图 3-28（a）、（b）所示。强烈的 Goss 取向剪切组织与 RD 向成 15°~20°夹角，剪切带密度大于 {111}<110>和 {110}<110>变形晶粒；而且剪切组织扩展后存在部分 Cube 取向晶胞，但是初生剪切带取向中只有 Goss 及其附近取向，如图 3-28（c）、（d）所示，Goss 织构的强度较高，说明了 {111}<112>晶粒与 Goss 取向之间的特殊关系，这种特殊关系在取向硅钢三次再结晶过程中得到应用。

3.2.3　Cube 与 Goss 晶粒定向形核长大机理以及对磁性能的影响

Fe-1.3%Si 钢铸带和工业 W470 热轧板冷轧后最终退火织构以及磁性能对比见图 3-29 和表 3-3，可以看到两种流程制备的无取向硅钢片铁损基本相当，但是磁感 B_{50} 值具有显著的差别，铸轧流程较常规流程成品磁性能提高 0.1T 以上。如

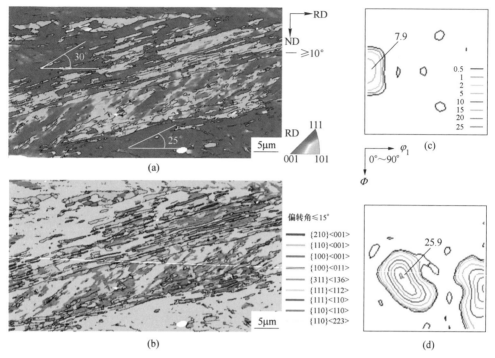

图 3-28　77%压下率冷轧试样中 {111}<112>晶粒剪切带组织取向

（a）晶体取向图；（b）典型晶体取向分布；（c）（d）ODF $\varphi_2 = 0°$ 和 $\varphi_2 = 45°$ 截面图

图 3-29（a）、（b）所示，这种磁性能的差异是因为铸带冷轧-退火再结晶中形成了强烈的 Cube 和 Goss 取向织构，而且前者的强度明显高于后者，这对成品的横纵向磁感均匀性有非常明显的提高。

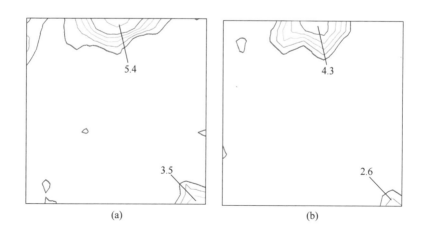

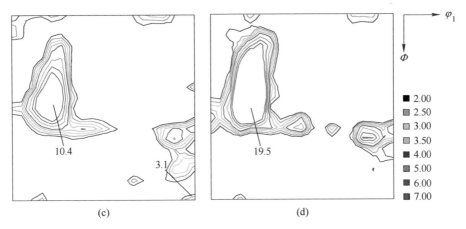

图 3-29 铸轧流程与商用 W470 无取向硅钢最终退火织构

(a)(b)铸轧流程退火样 0H 与 H/4；(c)(d) W470 退火样 0H 与 H/4 ODF $\varphi_2 = 45°$ 截面图

表 3-3 铸轧流程与商用 W470 无取向硅钢磁性能对比

样品	$P_{15/50}/W \cdot kg^{-1}$		B_{50}/T	
	RD	TD	RD	TD
铸轧流程	4.1	4.3	1.83	1.79
商用 W470 无取向硅钢	4.0	4.3	1.70	1.68

常规流程冷轧退火试样中 {111}<112>织构在表层和中心层极为发达，取向强度达到 10.4 和 19.5。{111}<112>取向晶粒在 TD 向为<110>，而在 RD 向为<112>，都是难磁化方向，这是其 B_{50} 值低的原因。如图 3-29（c）、（d）所示，Goss 和 Cube 取向有利织构比例极低，仅在表层中存在少量的 {100}<021>和 Goss 取向织构强点，这与表层晶粒成形过程中轧辊和轧件之间强烈的摩擦力造成的剪切变形有关，而中心层以平面应变为主，导致这种有利织构消失。

目前定向形核和定向长大机制尚有争论，但是在冷轧硅钢再结晶中定向形核机制争议更大，主要讨论 {110}<110>、{111}<110>和 {111}<112>变形晶粒中剪切组织中的取向，而这类取向剪切组织中存在大量 Cube 取向胞状结构，位错密度大，再结晶初期能够快速形成晶核并与周围基体形成大角度晶界（与 {110}<110>绕 TD 向转 45°，形变诱导晶界迁移机制，影响其再结晶过程）。

铸带冷轧后退火过程中剪切带上形核开始及其取向分析如图 3-30 所示。冷轧板经过 650℃×5s 退火后高储能的剪切带组织已经开始形核和长大的过程，高密度位错的胞状组织快速聚合成无应变区域，并与变形基体形成大角度晶界进行长大。

通过宏观织构分析可以看到，观察区域内存在 {100}<011>、{111}<110>和 {110}<110>三个取向变形组织，其中后两者储能较高，形成了晶内剪切带组

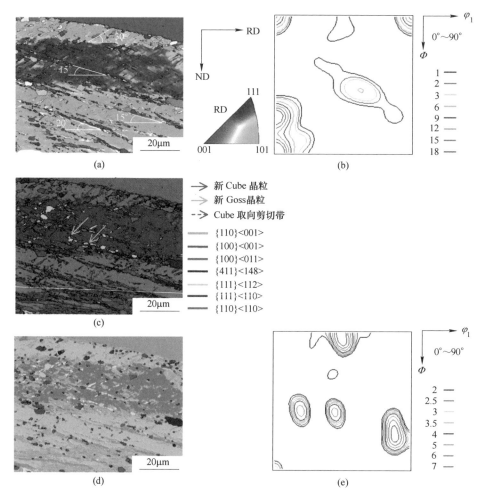

图 3-30　Fe-1.3%Si 钢 77%压下率冷轧试样 650℃×5s 退火组织取向分析

（a）（b）晶体取向图及 ODF φ_2=45°截面图；（c）取向图；（d）（e）再结晶晶粒取向及 ODF φ_2=45°截面图

织，剪切带与 RD 成 15°~20°夹角，这属于塑性变形后期形成的剪切带组织，如图 3-30（a）、（c）所示。再结晶的初始阶段剪切带和原始晶界上的形核长大速率非常迅速，这是由于大量位错塞积有利于晶界迁移，在这一过程中新的 Cube 晶粒长大速度显然要高于新的 Goss 晶粒，如图 3-30（c）所示。HKL-Channel 5 系统可以通过菊池衍射花样质量标定再结晶晶粒，如图 3-30（d）所示。统计再结晶晶粒的宏观织构分布如图 3-30（e）所示，再结晶晶粒中 Cube 取向强度非常明显，这与最终退火再结晶宏观织构分布一致。这些 Cube 晶粒的形核位置处于 {110}<110>附近取向晶粒剪切带上，说明了这种剪切带变形方式对最终再结晶的显著影响过程，而且用定向形核机制可以解释再结晶的发展过程。

3.3　轧制温度对无取向硅钢组织、织构演化与磁性能影响

常规流程中通过引入温轧变形使硅钢的轧制力学行为发生变化从而提高成型性，同时轧制温度的改变还会使组织发生回复和动态应变时效，影响变形组织的织构和剪切带形成，从而优化再结晶组织和织构提高磁性能[17~19]。薄带连铸流程亚快速凝固的特点可在铸带中形成强 λ 织构的粗大柱状晶，低的轧制变形解决了常规流程中大压缩比热轧与退火组织、织构优化要求的天然矛盾。因此将温轧工艺引入到薄带连铸无取向硅钢生产流程中，铸带初始晶粒尺寸的提高和温轧过程中独特的动态应变时效极大地促进了剪切带的形成，结合初始有利 λ 织构和温轧弱化形变织构可以有效提高再结晶组织中 λ 织构和 η 织构的比例，弱化 γ 织构的形成，优化成品磁性能。

在低碳钢、IF 钢和高硅钢中的大量研究表明，低温温轧能够有效提高成形性，独特的动态应变时效现象和部分回复过程促进剪切带的形成从而弱化形变织构[20~22]，高温温轧时储能较高的 γ 形变使基体发生再结晶，弱化变形织构中 γ 织构。然而，温轧对于薄带连铸无取向硅钢组织、织构的演化规律尚不明确[23,24]，轧制温度对于铸带温轧过程中组织形变和晶体转动以及退火过程中再结晶形核、长大规律需要更深入的研究。

本节利用薄带连铸技术制备 Fe-2.56%Si 无取向硅钢铸带，分析不同轧制温度对于滑移系的开动、晶体转动和温轧形变储能的综合调控机理，探索温轧过程中动态应变时效对于剪切带的产生以及形变织构演化的基本原理，阐明轧制温度对于无取向硅钢全流程的组织、织构及磁性能的影响规律，改善成品组织和织构提高磁性能，丰富和发展无取向硅钢组织调控和织构演化理论，为实现薄带连铸无取向硅钢的工业化生产奠定基础。

图 3-31 为典型的铸带全厚度的凝固组织和织构特征。铸带在厚度方向上为两侧对称的发达柱状晶，中心层为细小均匀的等轴晶，平均晶粒尺寸为 115.17μm。柱状晶发生部分热变形，与铸带的法线方向成 10°~20° 夹角，内部出现明显的织构梯度，如图 3-31（a）所示。铸带的织构由强烈的 λ 织构组成，柱状晶 {100} 和 {110} 取向更为显著，其 Taylor 因子 M 值显著大于 {111} 取向晶粒，如图 3-31（b）、（c）所示。如前述，铸轧过程中水冷铸辊表面发生不均匀形核，温度梯度平行于铸带的法向方向，晶核沿温度梯度不断向中心生长形成发达柱状晶，中心层的细小均匀的等轴晶可能是由于铸带凝固末期残余的钢液自由形核生成。

但是与前述 Fe-1.02%Si 无取向硅钢铸带的组织不同，由于 Si 含量增加降低了固态合金的导热系数提高温度梯度，改变凝固过程中固液界面的钢液过冷度进而影响形核和晶体长大，因此其柱状晶更为发达，向心部延伸的法向长度更大。

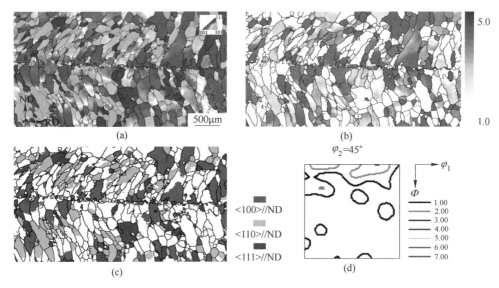

图 3-31   铸带的 EBSD 取向和 Taylor 因子分布图以及 ODF 图
（a）IPF 图；（b）Taylor 因子分布图；（c）特征取向图；（d）ODF $\varphi_2=45°$ 截面图

由于其浇铸过热度低于前述 Fe-1.02%Si 无取向硅钢铸带，凝固过程中两侧坯壳的 Kiss 点（凝固终了点）高于铸辊的咬合点，随着铸辊的转动，凝固组织在轧制力作用下发生部分高温热变形。铸带表层贴近水冷铸辊表面温度较低，中心层温度相对较高，因此在变形过程高温的次表层和中心层发生热变形从而与法线方向成 10°~20°夹角，柱状晶内部出现明显的织构梯度。较高 M 值的 {100} 和 {110} 取向柱状晶抵抗塑性变形能力较强，当轧制过程中局部应变量较大时，易产生局部"塌陷"形成大量剪切带。

3.3.1   轧制和退火过程中组织和织构演变

图 3-32 为铸带不同温度轧制的全厚度变形组织。2.9mm 的铸带经过室温、200、350、500、650℃多道次轧制至 0.5mm，压下率为 82.76%。图 3-32（a）为室温冷轧显微组织，晶粒沿轧制方向被压扁拉长出现不均匀变形组织。初始较低 M 值的晶粒在轧制过程中易于发生攀移与交滑移，变形后局部区域变形储能较低呈现出亮白色（见图 3-32（a）中 A 区域）。而初始 M 值较高的晶粒在变形过程中难以通过滑移产生平面应变，局部发生塌陷式的剪切变形，晶体内部出现大量与轧向成 30°~40°的剪切带（见图 3-32（a）中箭头），呈现出暗黑色（见图 3-32（a）中 B 区域）。200℃轧制时，剪切带的数量和密度大幅增加，亮白色区域面积减小。部分剧烈剪切变形区域出现大量的位错缠结形成胞状组织，如图 3-32（b）中 C 区域所示。350℃轧制时，剪切带的密度进一步提高，基体上分布

着大量的层状剪切组织，低储能的亮白色区域基本消失，如图 3-32（c）所示。而轧制温度提高到 500℃时，剪切带的数量和密度大幅降低，但分布比 200℃时更为均匀。在 650℃轧制时，由于轧制温度高于无取向硅钢的再结晶温度，剪切组织上发生部分再结晶，如图 3-32（e）中 D 区域，基体多由亮白色的低储能区域构成，剪切组织基本消失，部分细小的再结晶晶粒沿剪切带分布，如图 3-32（e）中红色虚线所示。

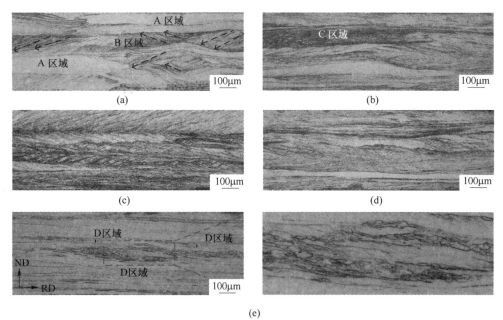

图 3-32　铸带经不同温度轧制变形组织
（a）室温；（b）200℃；（c）350℃；（d）500℃；（e）650℃

　　图 3-33 为不同温度轧制后的表层和中心层变形织构，各层变形织构均主要由 λ 织构、α 织构和 γ 织构组成。随着轧制温度的升高，变形织构类型与强点位置发生显著的变化。室温轧制时，表层变形织构由较强的 γ 织构和相对较弱的 α

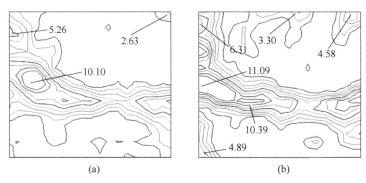

图 3-33 不同温度轧制（后退火组织）的变形织构

（a）（b）CR；（c）（d）200WR；（e）（f）350WR；（g）（h）500WR；（i）（j）650WR

织构组成，强点为 {111}<112>、{111}<110>以及 {112}<110>。而中心层 γ 织构和 α 织构强度均大幅增强，{001} ～ {223}<110>区间的 α 织构强度显著增强，同时出现 {111} ～ {220}<110>织构，如图 3-33（a）、（b）所示。

200℃轧制时，表层 α 织构大幅增强，强点 {001}<110>的取向密度为 $f(g) = 15.78$，γ 织构大幅减弱。而中心层 α 织构和 γ 织构迅速发展，{001}<110>的取向密度为 $f(g) = 7.45$，{112}<110>的取向密度为 $f(g) = 13.06$，{111}<110>的取向密度为 $f(g) = 9.30$，如图 3-33（c）、（d）所示。350℃轧制时，表层 α 织构继续增强，而 γ 织构迅速减弱，{001}<110>的取向密度提高到 $f(g) = 16.80$，而 {111}<110>的取向密度仅为 $f(g) = 3.26$。中心层 α 织构强度达到最大，{001}<110>的取向密度为 $f(g) = 58.5$。γ 织构相较于室温和200℃轧制时大幅减弱，{111}<110>的取向密度降低到 $f(g) = 5.57$，同时出现较强的 λ 织构。Cube 取向密度为 $f(g) = 4.40$，{001}<210>取向密度为 $f(g) = 5.99$，如图 3-33（e）、（f）所示。500℃轧制时，变形织构的取向密度整体降低。表层和中心层均由较弱的 α 织构和 γ 织构形成，λ 织构强度大幅降低。表层 {001}<110>的取向密度为 $f(g) = 7.74$，中心层相较于表层 α 织构减弱，γ 织构增强，如图 3-33（g）、（h）所示。650℃轧制时，表层和中心层均形成较强的以 {001}<110>为强点的 λ 织构，而 γ 织构较弱，其中表层 λ 织构较强而 α 织构较弱，γ 织构几乎消失，如图 3-33（i）、（j）所示。

图 3-34 为不同工艺的退火板全厚度微观组织形貌。由图 3-34 可知，轧制温度对再结晶组织具有显著的影响，这与退火之前的变形组织密切相关。室温轧制时，退火组织主要由细小的等轴晶和部分粗大晶粒组成，组织均匀性较差，平均晶粒尺寸约为 56.27μm。当 200℃轧制时，退火组织的晶粒尺寸明显提高，细小的等轴晶晶粒的面积分数降低，组织均匀性得到较大改善，平均晶粒尺寸提高到约 73.85μm。而轧制温度升高到 350℃时，晶粒进一步粗化，组织均匀性达到最优，基体主要由粗大均匀的等轴晶组成，平均晶粒尺寸约为 81.43μm。500℃轧制时，再结晶晶粒尺寸继续增大，分布在退火板心部的粗大等轴晶占据了绝对优势，平均晶粒尺寸约为 87.15μm。650℃轧制时，再结晶晶粒出现了严重的不均匀性，部分粗大的晶粒周围出现大量细小的等轴晶晶粒，平均晶粒尺寸减小到约 70.27μm。

图 3-35 为根据 EBSD 数据统计的不同工艺退火板晶粒尺寸分布，室温冷轧时，再结晶晶粒尺寸多分布在 25～50μm，100μm 以上的晶粒占比很小。而 200℃和 650℃轧制后退火时再结晶晶粒尺寸多分布在 25～75μm，100μm 以上的晶粒占比提高，350℃和 500℃轧制退火时再结晶晶粒尺寸主要分布在 25～100μm，100～150μm 的晶粒占比也显著提高。随着轧制温度的升高，再结晶晶粒尺寸逐渐增大，组织均匀性也大幅度改善，当轧制温度升高到 350℃以上时，5～25μm 细小晶粒的数量和占比均大幅下降，100μm 以上的晶粒数量大幅增加，说明温轧

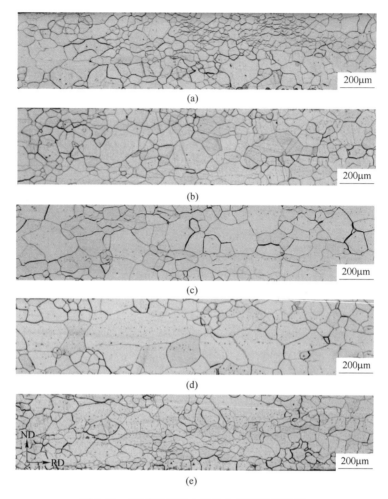

图 3-34   不同工艺退火板的全厚度微观组织
(a) CR；(b) 200WR；(c) 350WR；(d) 500WR；(e) 650WR

能够有效地提高退火组织的晶粒尺寸，改善组织均匀性，从而优化磁性能。

图 3-36 为不同工艺的退火板 EBSD 取向成像图，室温冷轧退火板的微观织构主要由 {100} 取向和 {111} 取向构成，有部分的 {110} 取向存在。粗大的等轴晶多为 {100} 取向，而晶粒尺寸在 25μm 以下的细小等轴晶多为 {111} 取向。200℃轧制的退火板中，粗大的晶粒仍主要为 {100} 取向，尽管晶粒尺寸整体提高，但小晶粒的取向仍以 {111} 取向为主，{110} 取向的比例相对提高。在 350℃轧制的退火板中，{100} 取向占据了绝对优势，{111} 取向基本消失，只有少量的 {110} 取向晶粒存在。轧制温度升高到 500℃时，退火板的微观织构与 350℃时相似，但 {100} 取向部分减少，{110} 取向增加。650℃轧制的退火板中织构取向漫散，{100} 取向仍然具有一定优势。

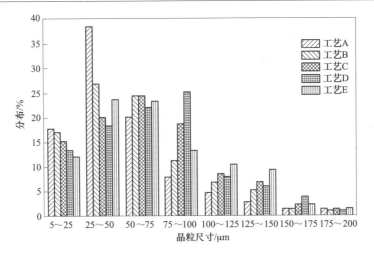

图 3-35 不同工艺的再结晶晶粒尺寸分布统计

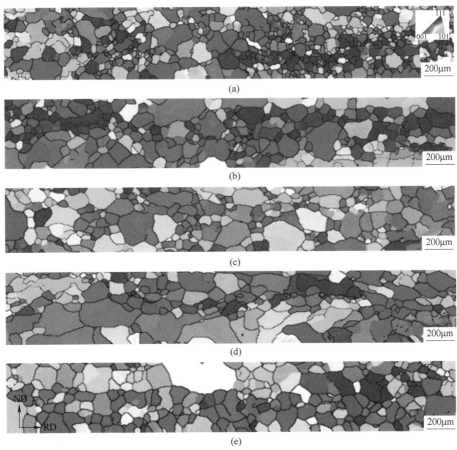

图 3-36 不同工艺退火板的 EBSD 取向成像图

(a) CR；(b) 200WR；(c) 350WR；(d) 500WR；(e) 650WR

图 3-37 为不同温度轧制退火的表层和中心层再结晶织构。室温轧制退火后，

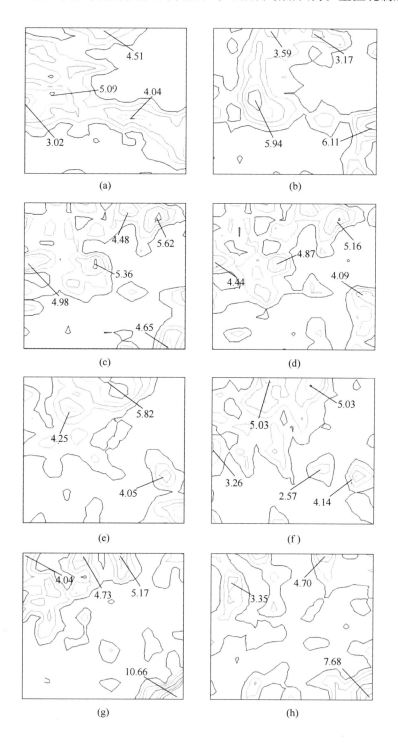

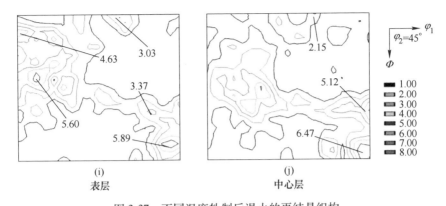

图 3-37 不同温度轧制后退火的再结晶织构

(a)（b）CR；（c）（d）200WR；（e）（f）350WR；（g）（h）500WR；（i）（j）650WR

表层和中心层均形成较强的 λ 织构和 γ 织构，其中表层的 α 取向织构较强，Cube 取向密度为 $f(g) = 4.51$，$\{111\}<110>$ 取向密度为 $f(g) = 4.04$。中心层 α 取向织构减弱，γ 织构增强，$\{111\}<112>$ 取向密度为 $f(g) = 6.11$，如图 3-37（a）、（b）所示。200℃ 轧制的退火织构取向较为漫散，表层和中心层均形成较强的 λ 织构和 Goss 织构。γ 织构相较于室温轧制显著减弱，如图 3-37（c）、（d）所示。轧制温度升高到 350℃ 时，表层和中心层均形成较强的 λ 织构和非常微弱的 γ 织构。表层 Cube 取向密度为 $f(g) = 5.82$，仍有部分 Goss 织构形成，如图 3-37（e）、（f）所示。

500℃ 轧制的退火织构中，γ 取向织构基本消失，但表层和中心层均形成较为强烈的 Goss 织构。表层 $\{110\}<001>$ 取向密度为 $f(g) = 4.04$，Goss 取向密度为 $f(g) = 10.66$。中心层 Goss 织构强度部分减弱，其取向密度 $f(g) = 7.68$，同时形成较强的 $\{112\}<001>$ 取向密度 $f(g) = 4.70$，如图 3-37（g）、（h）所示。650℃ 轧制时，表层和中心层的 λ 织构和 Goss 取向大幅减弱，形成较强 γ 取向织构。表层 α 取向织构较强，Goss 取向密度降低到 $f(g) = 5.89$，中心层 γ 织构较强，Goss 取向密度为 $f(g) = 6.47$，如图 3-37（i）、（j）所示。

图 3-38 为不同工艺退火板的磁性能对比，轧制温度对薄带连铸无取向硅钢的磁性能具有显著的影响。铸带直接冷轧的退火板磁性能较差，磁感值较低，$B_{50} = 1.704W/kg$，铁损值相对较高，$P_{15/50} = 3.623W/kg$。随着轧制温度的升高，磁感值先增加后减少，在 350℃ 时磁感值取最大值，$B_{50} = 1.788W/kg$；铁损值随着轧制温度的升高先减小后增加，在 500℃ 时取最小值，$P_{15/50} = 3.042W/kg$。

3.3.2 轧制温度对无取向硅钢组织演化的影响

无取向硅钢组织控制的核心是提高再结晶晶粒尺寸，改善组织均匀性，从而降

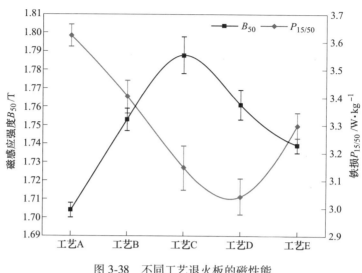

图 3-38　不同工艺退火板的磁性能

低成品板铁损。无取向硅钢成分、初始组织和织构、轧制压下率和轧制温度，影响形变组织和形变储能。再结晶的驱动力来自于回复后未能释放的形变储能，再结晶晶粒的形成过程包括形变基体内再结晶晶核的形成、晶核消耗形变基体和互相吞并长大以及再结晶完成后晶粒长大三个阶段。晶核的形成通常在高储能的晶界、形变带和剪切带位置上，由基体的形变微结构和周围基体的形变储能共同决定。

　　轧制温度的变化会改变无取向硅钢轧制力学行为，影响变形过程中滑移系的开动以及位错的塞积，从而改变形变储能。同时轧制温度升高基体发生回复和特殊的动态应变时效，显著影响变形组织的织构演化和剪切带形成。以上两者共同决定了再结晶过程中特殊取向晶核的形核位置和长大潜能，进而改变最终退火组织的晶粒尺寸和组织均匀性，并影响成品磁性能。

　　无取向硅钢为层错能较高的单相 bcc 结构，铸带初始的粗大柱状晶和均匀等轴晶的尺寸差异，导致变形过程中柱状晶发生非均匀变形，基体内部产生大量剪切带。铸带中初始的 {100} 和 {110} 取向柱状晶具有较高的 Taylor 因子 M 值，其抵抗塑性变形能力较强，轧制变形过程中承受外载荷进行瞬时大应变量变形时，局部发生非均匀剪切变形形成大量剪切带。而 M 值较低的等轴晶在塑性变形过程中滑移系开动较为容易，基体位错密度和储能较低。因此，铸带直接冷轧组织中会形成大量暗黑色的剪切带和部分拉长变形的亮白色晶粒，如图 3-32（a）所示。由于铸带组织的不均匀性，此时剪切带的分布不均匀且数量较少。

　　350℃轧制时，基体发生特殊的动态应变时效，微量的 C、N 原子在剪切带处发生局部偏聚，如图 3-39 所示，可动位错与溶质原子通过反复的钉扎和脱钉作用阻碍滑移系的开动，形成大量的剪切带。薄带连铸特殊的亚快速凝固过程中大量初始的溶质元素被固溶于基体中，随着轧制温度的升高，间隙原子扩散速率增大，不断向滑移面偏聚钉扎位错的运动，阻碍晶体转动。初始 M 值低的粗大柱状晶难以通过攀移和交滑移发生形变，晶体内部产生剧烈剪切变形形成大量剪切带。200℃轧制时，部分动态应变时效导致局部发生剪切变形，出现大量的位错缠结形成胞状组织，如图 3-32（b）所示。350℃轧制时，动态应变时效作用进一步加剧，变形组织由大量高储能的层状剪切带组成，低储能的亮白色区域基本消失，如图 3-32（c）所示。

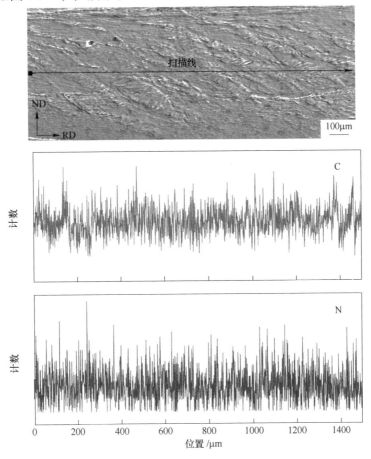

图 3-39　350℃轧制样品中线扫描成分分析

轧制温度升高到 500℃时，溶质原子对于位错的钉扎作用减弱，同时基体在轧制过程中发生部分动态回复以及道次间静态回复，使位错亚结构减少或消失，剪切带数量和密度降低，部分亮白色低储能区域出现，如图 3-32（d）所示。而650℃轧制时，由于轧制温度高于再结晶温度，剪切带基本消失，基体由大量低储能的回复组织构成。在部分晶界和剪切带上出现细小的再结晶晶粒，如图 3-32（e）所示。

冷轧和 200℃ 轧制过程中，少量的高能剪切带为再结晶提供了形核条件，部分晶核在高储能的剪切带和晶界上优先形核并发生粗化获得尺寸优势。但基体中存在大面积的低储能变形晶粒难以发生再结晶，只有部分基体被再结晶晶粒吞并，大部分通过回复作用形成新的晶粒，因而导致了再结晶组织的不均匀性。而 350℃ 和 500℃ 轧制时，大量的剪切带产生，促进了退火过程中再结晶晶粒的形核和长大，因此退火组织主要由粗大的等轴晶构成，平均晶粒尺寸显著提高。650℃ 轧制时，由于再结晶的发生消耗了大量的基体储能，同时未再结晶区域的回复作用进一步降低形变储能，因而退火过程中基体主要以回复过程为主，低的再结晶形核率导致部分晶粒尺寸显著增大。基体出现部分区域晶粒细小均匀，其余区域晶粒尺寸显著增大，最终退火组织均匀性较差，平均晶粒尺寸减小。

3.3.3　轧制温度对织构和磁性能的影响

无取向硅钢的织构控制核心是强化易磁化的 λ 织构和 η 织构，削弱不易磁化的 γ 织构。再结晶的驱动力来自形变储能，而各取向的形变基体储能差异巨大。高储能的形变基体在退火过程中优先发生再结晶，并且吞并周围基体进一步长大，直至消耗完形变基体或者相互接触。因此，调控轧制变形基体取向，控制有利织构组分优先形核并获得尺寸和数量优势，进而择优长大并主导完全再结晶织构成为调控退火织构的关键。大量的实验表明，轧制温度对 λ、γ 和 Goss 织构的形成和演变具有显著影响。特殊的动态应变时效机制有利于促进剪切变形，提高剪切带密度，从而优化再结晶织构。

轧制变形过程中，位错滑移受晶界阻碍而塞积，原始晶界处位错密度显著提高。晶界受到周围晶粒的变形协调作用，形成局部较大取向梯度，因此原始晶界处成为再结晶潜在形核位置。另外，初始 M 值低的晶粒难以通过攀移和交滑移发生形变，塑性变形的连续性迫使晶体内部产生剧烈剪切变形形成大量剪切带，位错滑移的集中使剪切带上储能迅速提高，因此剪切带也成为再结晶潜在形核位置。大量的研究表明，γ 再结晶晶粒通常在原始晶界处形核，而 λ 和 η 织构通常在 γ 形变基体剪切带上形核。薄带连铸流程相较于常规板坯连铸，大幅提高了初始凝固组织尺寸，削弱了原始晶界比例，抑制了 γ 再结晶的形核，同时铸带初始粗大的柱状晶在轧制过程中发生剪切变形形成大量剪切带，为 Cube、Goss 等 λ 和 η 织构的形核提供了优越的条件。

铸带直接冷轧过程中，由于轧辊与铸带表面摩擦力的作用，中心层相较于表层变形更剧烈，因此冷轧板中心层相较于表层，α 织构和 γ 织构的取向密度大幅提高，同时形成较强的旋转 Goss 取向（｛110｝＜110＞）剪切织构。而 200℃ 和

350℃轧制过程中，由于动态应变时效的作用，溶质原子向剪切带局部偏聚钉扎位错促进剪切变形，因此形变织构中旋转 Goss 取向密度继续增加，同时晶体向稳定的 {111}<112>和 {223}<110>取向转动，α 织构和 γ 织构取向密度增加。350℃轧制时表层和中心层的 {110}<001>取向密度的提高可能与形变组织发生局部回复有关。500℃和650℃轧制时，形变基体受热回复，650℃时出现部分再结晶，显著弱化形变织构。此时 γ 取向大幅度减弱，500℃轧制时形变织构主要为 α 织构和 γ 织构。650℃轧制时 γ 取向基本消失，表层出现较强的 λ 织构，这与基体受热回复和局部再结晶密切相关。

退火过程中，室温轧制板变形组织的剪切带较少，Cube 和 Goss 等有利织构难以获得形核优势，γ 取向晶核获得形核和长大的发展空间，退火织构主要为较弱的 λ 织构和 γ 织构。200℃和500℃轧制的退火板中，大量的剪切带促进了 Cube、Goss 的形核和长大，消耗了 γ 形变基体，抑制了 γ 取向晶核的形成。特别是200℃轧制时动态应变时效的作用强化了 {111}<110>形变基体的强度和 {110}<110>剪切组织的形成，为 Cube 等 λ 织构的形核提供了有利条件。而500℃轧制时，基体软化和局部回复削弱了 {110}<110>剪切织构，Cube 晶核和 Goss 晶核在长大过程中难以获得尺寸和数量优势，因此退火织构中 λ 织构减弱，Goss 取向增强。350℃轧制时形成的较强 Cube 取向织构是大量剪切带和初始 Cube 取向回复共同作用的结果，该部分内容将在下节详细讨论。650℃轧制时，回复和局部再结晶弱化了形变织构，剪切带基本消失，因此退火织构取向较为漫散，λ 织构基本消失，形成较弱的 α 织构和 Goss 织构。

3.3.4 温轧-退火过程中立方织构再结晶的形核和长大机制

Cube 织构在轧向和横向上存在两个易磁化的<001>方向，不仅有利于提高成品硅钢的磁感应强度，而且有利于降低磁各向异性，是理想的无取向硅钢织构类型。常规流程制备无取向硅钢中 Cube 织构主要起源于 γ 取向变形晶粒剪切带，由于大压缩比的热轧过程，退火织构中有害的 γ 织构较为发达，Cube 织构的形核和长大优势并不明显。大量的实验证明，薄带连铸流程能够优化退火织构、提高 λ 织构的组分、抑制 γ 织构的发展。但对于薄带连铸流程中 Cube 织构的演化机制仍不明确，本节利用350℃轧制硅钢温轧板在980℃退火5s、8s、10s、12s、15s，系统研究退火过程中 Cube 织构的形核和长大机制。

基于大量的实验和系统分析再结晶过程中晶体的取向分布变化，一般认为再结晶演化机制有两种：定向形核理论和定向长大理论。定向形核理论认为，再结晶晶核在特定取向的形变基体上优先形核，并获得尺寸或者数量优势，再结晶织构取决于基体的取向，进而影响再结晶完成时的织构。定向长大理论认为，再结晶晶核在形变基体上随机形核。晶核长大的过程中，各晶核与周围基体之间的界面迁移速率决定其生长速率。特定取向的晶核获得快速生长的优势并最终形成再结晶织构。两种机制均被实验证明，但并不能完全独立解释再结晶织构的形成机制。通常将两者结合起来，认为在再结晶初期，特定取向的晶核优先形成，在晶核长大过程中，与基体成特定取向的晶核获得生长优势发生粗化并最终发展成退火织构。

图 3-40 为 980℃ 保温 5s 的退火组织和织构。基体主要为与轧向成 20°~30° 夹角的剪切组织，内部呈现较大取向梯度。变形基体中间出现部分亚晶和小角晶界，说明局部区域发生了静态回复。经过轧制变形后，初始的 {100} 取向晶粒转动到稳定的 {111}<110> 和 {111}<112> 取向。剧烈的剪切变形使形变基体产生大量 {110}<110> 取向形变带，部分剪切带穿过 {110}<110>、{111}<110> 和 {111}<112> 取向变形晶粒，同时还有部分 {001}<210> 取向保留至最终形变基体中。大量细小的 {001}<100> 取向晶核在 {110}<110> 取向形变基体剪切带上、{110}<110> 取向与 {111}<110>、{111}<112> 取向形变带的晶界处以及 {110}<110> 取向和 {001}<210> 取向形变带的晶界处形核，如图 3-40（a）~（d）所示。根据局部取向差分布图可知，再结晶形核的周围局部取向差较小，而形变基体的局部取向差较大，这进一步说明高储能的形变基体为再结晶提供了形核条件，同时促进再结晶晶核吞并周围形变基体发生长大，如图 3-40（e）、（f）所示。

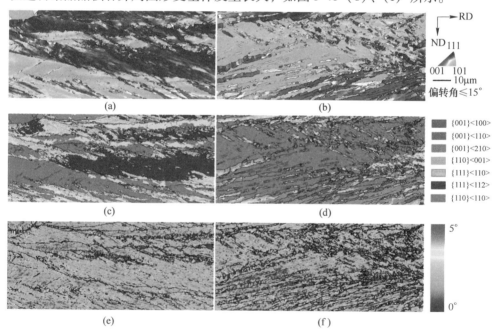

图 3-40   350℃ 轧制时经 980℃ 保温 5s 退火板的组织和织构

（a）（b）取向成像图；（c）（d）特征取向图；（e）（f）局部取向差分布图

图 3-41 为 980℃保温 8s 的退火组织和织构。如图 3-40、图 3-41 可知，随着保温时间的延长，Cube 晶粒不仅可以在 {110}<110>取向形变基体上形核，还会在 {411}<148>变形晶粒上形核。{411}<148>变形基体晶界处出现大量与轧向成 40°～60°剪切带。在 {411}<148>变形基体的晶界和内部剪切带上出现大量 Cube 形核，同时可以观察到部分 Cube 取向的拉长回复组织出现。尽管再结晶区域可以观察到少量 {411}<148>原位形核和 Goss、γ 取向形核，但并没有形成数量和尺寸优势。此外，由于 350℃轧制变形中未形成较强的 γ 织构，退火初期没有观察到显著的 γ 取向变形基体上的再结晶现象发生。

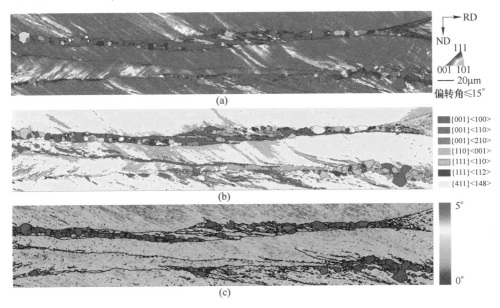

图 3-41　350℃轧制时经 980℃保温 8s 退火板的组织和织构
（a）取向成像图；（b）特征取向图；（c）局部取向差分布图

图 3-42 为 980℃保温 10s 的退火组织和织构。随着保温时间的延长，在 {001}<110>和 {223}<110>取向变形基体中间，大面积的回复组织和再结晶组织混合出现，取向主要为 Cube、{001}<210>、{001}<110>、{111}<112>。此时 Cube 取向回复组织具有显著的面积优势，而且 Cube 取向的再结晶晶核的数量和尺寸显著大于其他取向晶核。这些回复和再结晶组织的出现，说明铸带中初始 {100} 取向柱状晶在变形初期，由于内部滑移系开动的方向不同，不均匀变形导致晶体转动到不同的取向，大量稳定的 {223}<110>和 {111}<112>取向变形基体形成的同时，部分 Cube、{001}<210>和 {001}<110>取向变形基体保留到最终变形组织中，这也与前述 3.2.2 中宏观变形织构的形成相印证。结果表明，Cube 取向晶核不仅可以在 {110}<110>和 {411}<148>变形基体和剪切带上形

核，变形组织中保留的 Cube 取向变形带在退火过程中也会发生回复和原位形核，形成新的 Cube 取向再结晶。

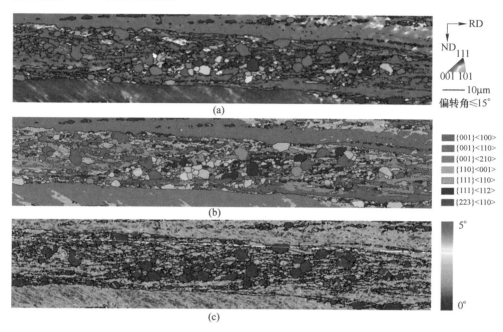

图 3-42   350℃轧制时经 980℃保温 10s 退火板的组织和织构
（a）取向成像图；（b）特征取向图；（c）局部取向差分布图

图 3-43 和图 3-44 分别为 980℃保温 12s 和 15s 的退火组织和织构。此时再结晶形核阶段基本完成，晶核消耗形变基体和互相吞并发生粗化。基体主要为 {001}<210>、{111}<110>和 {111}<112>取向变形组织。再结晶晶核主要为 Cube、{110}<001>和 {001}<110>取向，还存在少量 {111}<110>和 {111}<112> 取向再结晶晶粒。此时 Cube 取向再结晶晶粒形成显著的数量和尺寸优势，进一步说明 Cube 取向晶核通过定向形核机制在特定取向形变基体上形核后，根据定向长大理论，晶界快速迁移获得尺寸优势，从而提高退火织构中以 Cube 为峰值的 λ 织构强度。

根据 Taylor 因子计算得出各取向的形变晶粒的储能大小为：$E_{\{110\}<110>} > E_{\{111\}<uvw>} > E_{\{112\}<uvw>} > E_{\{001\}<110>} > E_{\{110\}<001>}$。{110}<110>组分具有最大的 Taylor 因子导致其具有更大的应变硬化速率，平面应变压缩过程需要更大的变形功，晶体塑性变形的连续性迫使其发生剪切变形。受宏观应力应变的几何约束和基体内剪切带上取向软化的调节，{110}<110>基体内形成大量与轧向成 30°~40°的剪切带。由于 {110}<110>取向在冷轧过程中稳定性有限，难以保留至最终变形织构中，随着压下量增大会逐渐转动到 {111}<110>稳定取向。温轧过程中特殊的动

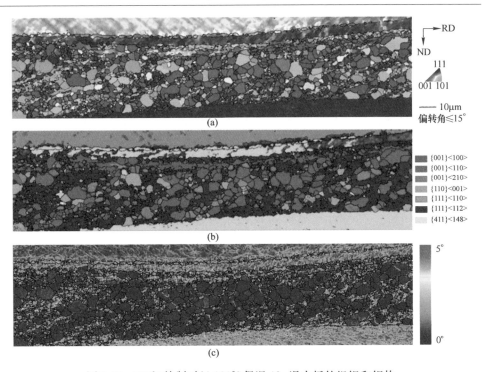

图 3-43 350℃轧制时经 980℃保温 12s 退火板的组织和织构

（a）取向成像图；（b）特征取向图；（c）局部取向差分布图

图 3-44 350℃轧制时经 980℃保温 15s 退火板的组织和织构

（a）取向成像图；（b）特征取向图；（c）局部取向差分布图

态应变时效促进了剪切变形产生，大量剪切带的出现增加了 {110}<110>取向的强度。高储能的 {110}<110>取向剪切带促进 Cube 织构的形核和长大，提高了退火织构中 Cube 取向再结晶的比例。

轧制变形过程中，初始粗大的 {100} 取向柱状晶变形协调性较差。随着压下量增大，初始的 Cube 取向先沿 λ 取向线转动到 {001}<110>，然后沿 α 取向线转动到 {223}<110>。由于温轧过程中动态应变时效的作用，位错的攀移和交滑移受到阻碍，部分初始偏离 λ 取向线的晶体转动路径受到影响，形成较强的 {001}<210>和 {001}<110>取向以及部分 {411}<148>取向。退火过程中，大量 Cube 取向晶核在 {411}<148>取向形变带晶界上形核，同时出现部分 Cube 取向的拉长回复组织。尽管再结晶区域可以观察到少量 {411}<148>原位形核和 Goss、γ 取向形核，但并没有形成数量和尺寸优势。Cube 取向晶核利用定向形核和定向长大的机制，在再结晶初期即可取得尺寸和数量上的优势。随着退火时间的延长，吞并周围基体和其他取向晶粒逐渐长大。

除上述观察到的两种形核方式外，在 {223}<110>和 {001}<110>取向变形基体中间，观察到大面积的 Cube 取向回复和再结晶混合组织。尽管此区域同时存在部分 {001}<210>、{001}<110>和 {111}<112>取向的回复和再结晶组织，但 Cube 取向的回复和再结晶组织占据了绝对的面积和数量优势，并在再结晶长大阶段持续发展形成最终退火组织。由于本实验宏观变形织构中未检测到较强的 γ 取向，因此再结晶初期没有观察到 γ 取向变形基体中的形核。但在保温 12s 的样品中观察到大量 Cube、Goss 和旋转立方取向晶核沿 γ 取向变形基体的剪切带上形核和长大。此时 Cube 取向晶核仍然具有绝对的数量和面积优势，这也与最终退火织构中较强的 Cube 取向以及较弱的 Goss、旋转立方取向相印证。再结晶后期，基体中只有少量 γ 取向变形基体剩余，此时再结晶晶粒的取向主要以 Cube 取向为主，进而发展成最终退火织构。

综上所述，新的 Cube 再结晶晶核在退火过程中主要有以下几种形核和长大机制：再结晶初期，主要在高储能的 {110}<110>取向形变基体的剪切带上形核，随后 {411}<148>取向变形晶粒的晶界上以及 {111}<110>、{111}<112>变形基体内剪切带上出现大量 Cube 形核。此外，还可以通过 Cube 取向变形带的回复以及 Cube 取向变形带上的原位形核获得大量 Cube 再结晶。

3.4　本章小结

本章系统总结了薄带连铸无取向硅钢初始组织调控、铸带热处理对组织-析出演变影响、冷轧过程中织构演变规律，以及轧制温度对组织和磁性能的影响，得到以下主要结论：

（1）通过控制薄带连铸钢水浇铸过热度、调整铸辊材质可以实现对 Fe-Si 合金铸带凝固组织的调控。铸辊冷却能力过强导致大量细小岛状晶粒分布，阻碍了柱状晶组织的发展。采用钢辊铸轧改变凝固传热和温度梯度，凝固晶粒生长完善并且尺寸均匀。此外，调整过热度也能够实现 Fe-3%Si 钢铸带等轴晶与柱状晶比例控制。

（2）铸带经常化热处理之后，组织和织构未发生显著变化，组织均匀性得到大幅改善。铸轧亚快速凝固过程抑制了第二相粒子的析出行为，初始铸带基体中只有少量析出物。常化处理促进了初始析出物的粗化和新析出物的大量形成，这将阻碍冷轧过程中位错的滑移和晶体转动。铸带经过常化热处理能有效提高冷轧板中有利的 α 取向织构和 λ 取向织构的强度并削弱 γ 取向织构组分，其磁感应强度 B_{50} 从 1.747T 提高到 1.782T，而铁损 $P_{15/50}$ 从 6.212W/kg 降低到 4.631W/kg。

（3）Fe-1.3%Si 钢铸带中部分 {110} 取向晶粒的 Taylor 值较高，需要更多的变形功进行滑移系开动，这些晶粒倾向通过剪切带变形完成塑性变形过程。铸带中高 Taylor 因子晶粒发生剪切带变形，在最小应变能的影响下形成 Cube 和 Goss 等 η 取向。冷轧过程中，压下率达到 67% 时，{110}<110>晶粒中剪切带组织已经出现并发展；当压下率达到 77% 时，{110}<110>和 {111}<112>晶粒剪切带组织发展完善，其中 {110}<110>取向晶粒中剪切带取向以 Cube 为主，而 {111}<112>取向晶粒中则形成极强的 Goss 取向剪切带组织，{111}<110>取向晶粒剪切带变形并不充分。

（4）无取向硅钢中大量 Cube 取向剪切带上的位错密度高，在再结晶初期形成 Cube 晶粒且长大速度高于其他取向新形核晶粒，最终容易获得较强 Cube 织构。同时，高过热度浇铸铸带凝固晶粒中存在发达的 {100} 柱状晶，由于其 Taylor 因子较低，塑性变形过程滑移系开动较为容易，发生剪切带变形趋势并不强烈，而是形成大量的 {100}<011>~{100}<021>取向低储能变形组织，再结晶退火过程中容易被保留下来。

（5）无取向硅钢 350℃ 温轧过程中发生明显的动态应变时效，提高了变形组织中剪切带密度，形变储能增高，平面变形织构强度显著弱化，同时形成了较强的 {110}<110>取向剪切织构。温轧退火板平均晶粒尺寸增大，组织均匀性改善，λ 织构强度提高，γ 织构强度降低，磁性能大幅优化。温轧退火板磁感应强度最高（B_{50} = 1.788T），500℃ 轧制时，退火板铁损最低（$P_{15/50}$ = 3.042W/kg）。

参 考 文 献

[1] 张新仁，谢晓心. 高效率电机与高磁感无取向电工钢 [J]. 武钢技术，2000，38（5）：6~10.

[2] Park J T. Development of annealing texture in non-oriented electrical steel [D]. Canada Montreal:

McGill University, 2002.

[3] Park J T, Szpunar J A. Evolution of recrystallization texture in non-oriented electrical steels [J]. Acta Materialia, 2003, 51: 3037~3051.

[4] Kim J T, Lee D N, Koo Y M. The evolution of the Goss and Cube textures in electrical steel [J]. Materials Letters, 2014, 122: 110~113.

[5] Badmos A Y, Frost H J, Baker I. Simulation of microstructural evolution during directional annealing with variable boundary energy and mobility [J]. Acta Materialia, 2003, 51: 2755~2764.

[6] Liu H T, Liu Z Y, Sun Y, et al. Development of λ-fiber recrystallization texture and magnetic property in Fe-6. 5wt% Si thin sheet produced by strip casting and warm rolling method [J]. Materials Letters, 2013, 91: 150~153.

[7] Li H Z, Liu H T, Liu Z Y, et al. Characterization of microstructure, texture and magnetic properties in twin-roll casting high silicon non-oriented electrical steel [J]. Materials Characterization, 2014, 88: 1~6.

[8] Liu H T, Liu Z Y, Li C G, et al. Solidification structure and crystallographic texture of strip casting 3wt% Si non-oriented silicon steel [J]. Materials Characterization, 2011, (62): 463~468.

[9] Liu H T, Liu Z Y, Cao G M, et al. Microstructure and texture evolution of strip casting 3wt%Si non-oriented silicon steel with columnar structure [J]. Journal of Magnetism and Magnetic Materials, 2011, 323: 2648~2651.

[10] Liu H T, Liu Z Y, Sun Y, et al. Formation of {001} <510> recrystallization texture and magnetic property in strip casting non-oriented electrical steel [J]. Materials Letters, 2012, 81: 65~68.

[11] Liu H T, Liu Z Y, Qiu Y Q, et al. Microstructure, texture and magnetic properties of strip casting Fe-6. 2 wt% Si steel sheet [J]. Journal of Materials Processing Technology, 2012, 212: 1941~1945.

[12] Liu H T, Schneider J, Li H L, et al. Fabrication of high permeability non-oriented electrical steels by increasing <001> recrystallization texture using compacted strip casting processes [J]. Journal of Magnetism and Magnetic Materials, 2015, 374: 577~586.

[13] Zhang Y X, Xu Y B, Liu H T, et al. Microstructure, texture and magnetic properties of strip-cast 1. 3% Si non-oriented electrical steels [J]. Journal of Magnetism and Magnetic Materials, 2012, 324: 3328~3333.

[14] Song J M, Chou T S, Chen L H, et al. Texture examination on strip-cast Fe-C-Si white cast iron [J]. Scripta Materialia, 2001, 44: 1125~1130.

[15] Park J Y, Kyu Hwan Oh, Hyung Yong Ra. Microstructure and crystallographic texture of strip-cast 4. 3wt% Si steel sheet [J]. Scripta Materialia, 1999, 40: 881~885.

[16] 张元祥. 双辊薄带连铸电工钢组织、织构、析出演化与磁性能研究 [D]. 沈阳：东北大学. 2017.

[17] Lu X, Fang F, Zhang Y X, et al. Evolution of microstructure and texture in grain-oriented 6. 5%Si steel processed by strip-casting [J]. Materials Characterization, 2017, 126: 125~134.

[18] Liang R Y, Yang P, Mao W M. Retaining {100} texture from initial columnar grains in

6.5wt% Si electrical steels [J]. Journal of Magnetism & Magnetic Materials, 2017, 441: 511~516.

[19] Lu X, Fang F, Zhang Y X, et al. Microstructure and magnetic properties of strip-cast grain-oriented 4.5% Si steel under isochronal and isothermal secondary annealing [J]. Journal of Materials Science, 2018, 53 (4): 2928~2941.

[20] Haldar A, Ray R K. Microstructure and textural development in an extra low carbon steel during warm rolling [J]. Materials Science & Engineering A, 2005, (391): 402~407.

[21] Barnett M R, Jonas J J. Influence of Ferrite Rolling Temperature on Grain Size and Texture in Annealed Low C and IF Steels [J]. ISIJ International, 1997, 37 (7): 706~714.

[22] Toroghinejad M R, Ashrafizadeh F, Najafizadeh A, et al. Effect of rolling temperature on the deformation and recrystallization textures of warm-rolled steels [J]. Metallurgical & Materials Transactions A, 2003, 34 (5): 1163~1174.

[23] Lee S, Charles D C B. Effect of Warm Rolling on the Rolling and Recrystallization Textures of Non-oriented 3%Si Steel [J]. ISIJ International, 2011, 51 (9): 1545~1552.

[24] Sang H L, Dong N L. Analysis of deformation textures of asymmetrically rolled steel sheets [J]. International Journal of Mechanical Sciences, 2001, 43 (9): 1997~2015.

4 薄带连铸取向电工钢组织、织构及析出物调控机理

取向硅钢沿轧制方向具有高磁感、低铁损的优良磁性能，主要用做各种变压器的铁芯，是电力电子和军事工业中不可缺少的软磁合金。传统取向硅钢制备工艺复杂冗长，主要包括：板坯连铸→铸坯高温加热→可逆式粗轧→多机架热精轧→热轧板退火（常化）→冷轧（一阶段冷轧或两阶段冷轧+中间退火）→脱碳退火→二次再结晶退火等。为了保证取向电工钢板发生完善的二次再结晶，铸坯需要在 1350~1400℃高温长时间热处理以溶解连铸过程中形成的粗大 MnS 和 AlN 析出物，并控制这些化合物在后续热轧及常化工序过程中细小、弥散、均匀析出。如此高的加热温度会引起能源浪费、成材率低、设备损坏等一系列的问题，而且在常规流程中热轧及常化工艺是保证取向硅钢二次再结晶的关键工艺：一方面，多道次大压下的热轧工艺可以促进钢板剪切变形，形成足够数量的二次 Goss 晶核；另一方面，热轧和常化过程中通过形变（或相变）诱导第二相粒子细小弥散析出。

薄带连铸技术从根本上改变了传统的薄带钢生产方法，可不需经过连铸、加热、多道次热轧等生产工序，由液态钢水直接生产出厚度为 1~5mm 的薄带，可大幅简化生产流程。更为重要的是，液态金属在结晶凝固的同时承受微量塑性变形，在很短的时间内完成从液态金属到固态薄带的全部过程，凝固速率可达10^2~10^4℃/s。利用双辊薄带连铸工艺亚快速凝固和铸后薄带冷速可控的特点，控制取向硅钢铸带中第二相粒子过饱和固溶或细小弥散析出，可以从根本上解决常规流程采用铸坯高温加热调控抑制剂析出的弊端，显著降低生产成本。因此，急待开展契合薄带连铸工艺特点的取向硅钢成分与工艺设计，明确抑制剂调控准则及其对组织和织构演变的影响，揭示薄带连铸条件下 Goss 织构特殊形成与演变规律；进一步丰富薄带连铸制备高性能取向硅钢成分-工艺-组织-织构-抑制剂与磁性能的一体化调控机制。

4.1 铸轧取向硅钢成分设计原理

4.1.1 超低碳成分设计

在传统取向硅钢组织和抑制剂调控方面，γ 相的引入以及 γ→α 相变过程发

挥了至关重要的作用。硅是取向硅钢最重要的合金元素，考虑到硅对电工钢磁性能（尤其是铁损）及成型性能的综合影响，其含量一般控制在 3%左右。值得注意的是，硅能够显著扩大电工钢的铁素体相区，纯净的 Fe-3%Si 合金为全流程铁素体组织，在加热及冷却过程中均无 γ→α 相变发生。为了引入一定量的 γ 相，需要在 Fe-3%Si 合金中添加一定量的 γ 相形成元素，其中碳元素是最优的选择：一方面，碳元素无需额外添加，仅需在炼钢过程中调控脱碳工艺即可实现，是最廉价的一种手段；另一方面，为了保证取向硅钢在后续高温退火时发生二次再结晶，获得单一的 Goss 织构，要求退火必须在单相铁素体区进行。如果有相变发生，则会破坏利用二次再结晶现象形成的统一织构及相应磁性能。通过碳的质量分数来调控取向硅钢 γ 相的比例，可以在后续高温退火之前通过脱碳退火工艺获得完全单一的铁素体组织，这是其他促进 γ 相形成元素所不具备的。

通常 CGO 钢的碳质量分数为 0.03%~0.05%，Hi-B 钢为 0.04%~0.08%，取向硅钢引入碳元素的作用可以归纳为以下几种：

（1）在铸坯高温加热过程中，发生 α→γ 相变，防止铸坯晶粒过度粗化。

（2）热轧过程中引入体积分数 20%~30%的 γ 相，促进动态再结晶，细化热轧板组织。

（3）热轧板在热轧后续卷取过程中析出细小弥散的 Fe_3C，起到部分抑制剂的作用。

（4）Hi-B 钢以 AlN 为主要抑制剂，碳质量分数更高。这是因为氮在 γ 相中的固溶度比在 α 相中大 10 倍。热轧板高温常化时保留一定量的 γ 相，可以更迅速、更充分的溶解粗大的含氮析出物，并且在后续冷却过程中伴随 γ→α 相变析出大量细小弥散的 AlN 粒子。

为了保证取向硅钢高温退火之前为单一铁素体组织，不破坏二次再结晶形成的锋锐 Goss 织构，碳质量分数控制在小于 0.02%范围内即可。然而，游离的碳原子也会显著恶化取向硅钢成品的磁性能。故而，一般脱碳退火工艺均要求把碳质量分数控制在 0.005%以下，甚至在 0.003%以下。此外，考虑到后续脱碳能力及脱碳效率的限制，冶炼过程中保留的碳含量不能过高，最多为 0.08%。因此，基于常规成分设计的取向硅钢均无法获得单一的 γ 相。如图 4-1 所示，钢液凝固后继续冷却至室温，依次经历单一 δ 相区、α 与 γ 共存的两相区和单一 α 相区。既然在高温常化过程中取向硅钢无法完全奥氏体化，那么利用常化冷却过程中 γ→α 相变来控制 AlN 析出的策略并非是最优选择。

综上所述，常规流程通过冶炼时加碳以及后续高温退火前脱碳这种繁琐且看似矛盾的工艺，成功解决了在取向硅钢热轧及常化过程中引入奥氏体调控热轧板组织及抑制剂析出分布，并且与高温退火过程中必须要求在单一铁素体区进行之间的真正矛盾。然而，在薄带连铸条件下钢液的凝固与后续热变形行为完全不

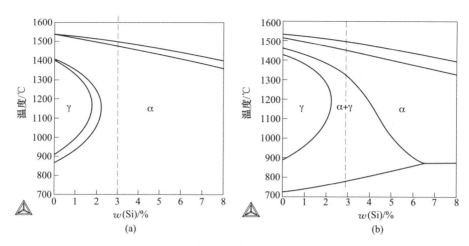

图 4-1　不同碳含量条件下的 Fe-Si 相图

（a）0.005%C；（b）0.75%C

同，能否另辟蹊径，避开利用 γ 相及 γ→α 相变来调控取向硅钢组织和抑制剂析出的思路，直接在冶炼中不加碳，省略后续脱碳退火工艺，进一步简化薄带连铸取向硅钢的生产流程。结合薄带连铸工艺的特点，采用超低碳取向硅钢成分设计的可行性分析如下：

（1）钢液亚快速凝固（冷速 $10^2 \sim 10^4$ ℃/s）是薄带连铸工艺区别于传统连铸工艺的突出特点之一。薄铸带（1~5mm 厚）凝固后，辅之以喷水/喷气等手段可灵活控制二次冷却速率，且其冷却速率的上限要远高于常规连铸板坯。铸轧实验过程中通过合理调控铸轧工艺参数（钢液过热度、铸辊转速、熔池液位高度等）及铸后二次冷却工艺（空冷、气冷、水冷等），可实现铸带中的第二相粒子过饱和固溶或者细小弥散析出，无需高温再加热工艺。因此，也不存在通过加碳引入 γ 相和利用 α→γ 相变防止凝固晶粒过度粗化的问题。

（2）薄带连铸条件下，含碳取向硅钢的富碳相主要分布在铁素体晶界处，其细化铸带凝固组织的作用不明显，如图 4-2 所示。已有研究结果表明[1]，一方面，通过控制薄带连铸工艺细化初始凝固组织的效果显著，可以在超低碳条件下实现组织细化的要求；另一方面，常规流程引入 γ 相并利用热轧板常化冷却过程中 γ→α 相变控制 AlN 析出的关键是要求 γ 相在基体中分布相对均匀。而在薄带连铸条件下，后续仅一道次热轧工艺无法显著改变富碳相沿晶界分布的特点，因此即使采用常规经典的析出控制策略，也无法获得均匀的 AlN 析出。

（3）常规连铸流程下，为获得足够数量的 MnS、Cu_2S、AlN 等主要抑制剂，需要付出较高的工艺成本，如采用铸坯高温、中温加热或后续渗氮等。在钢中添加的碳除了细化组织、调控主要抑制剂固溶与析出行为以外，在热轧卷取过程中

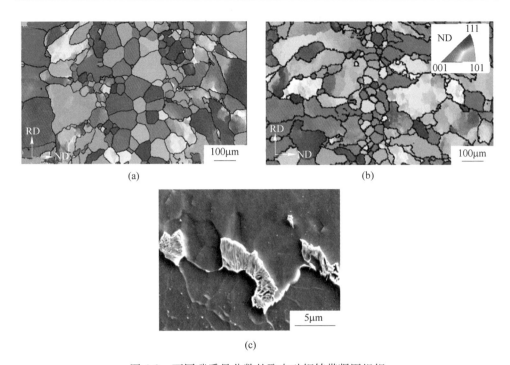

图 4-2　不同碳质量分数的取向硅钢铸带凝固组织

（a）碳质量分数为 0.005% 的取向成像图；（b）碳质量分数为 0.075% 的取向成像图；

（c）碳质量分数为 0.075% 的取向硅钢富碳相的扫描形貌图

会形成一定数量的 Fe_3C 粒子。在脱碳退火之前或脱碳退火过程中，Fe_3C 也可起到辅助抑制初次再结晶晶粒长大的作用。而在薄带连铸条件下，由于其亚快速凝固的优势，无需进行铸坯再加热，且可提高铝、氮等抑制剂组成元素的利用效率及其成分上限，无需利用 Fe_3C 粒子作为辅助抑制剂。

（4）常规流程利用热轧板常化冷却过程中 $\gamma \rightarrow \alpha$ 相变促进 AlN 在同一温度大量析出，且粒子尺寸较为统一，这也是常规取向硅钢析出调控最精彩的部分。而在薄带连铸条件下，凝固过程中 AlN 已经充分固溶，无需引入 γ 相再回溶，可以把 AlN 的析出行为提前到热轧工序，通过调整热轧温度和压下率实现 AlN 粒子细小弥散析出，起到抑制晶粒长大、促进 Goss 晶粒发生二次再结晶的作用。

基于上述结果分析可知，采用薄带连铸工艺制备取向硅钢时，碳的作用并非像在常规流程中一样不可替代。因此，为进一步简化生产流程，可以尝试超低碳的成分设计，以取消后续脱碳退火工艺。

4.1.2　新型抑制剂设计

在结构钢中，第二相粒子是调控材料力学性能的关键手段之一，一般通过细化微观组织、强化基体、促进针状铁素体的形成等方式优化钢铁材料的强塑性[2]。而在取向硅钢中，能否合理选择第二相粒子种类和精确调控其固溶-析出-熟化的全过程，直接决定了最终产品磁性能的优劣。为强调第二相粒子在取向硅钢中抑制初次再结晶基体长大、促进二次再结晶的重要作用，冶金工作者通常把取向硅钢中的第二相粒子命名为抑制剂。

取向硅钢中抑制剂的选择有三个重要的标准：第一，在高温退火前期能够细小弥散析出，阻碍初次再结晶晶界迁移，限制初次再结晶晶粒的平均尺寸；第二，抑制剂应为亚稳的第二相粒子，即在高温区能够以合适的速率熟化失效，在保证 Goss 晶粒发生二次再结晶的同时，且周围的基体仍然细小稳定；第三，二次再结晶完成后，粗化的抑制剂可在高温还原性气氛下以溶解或者挥发形式去除，通过净化钢质实现优化硅钢铁损性能的目的。常用的抑制剂可分为两类[3]：一类为化合物抑制剂，主要包括 MnS、AlN、MnTe、VN、MnSe、TiN、VS、VC；另一类为单质元素抑制剂，主要包括 B、Cu、Se、Te、Sb、Sn。单质元素一般作为辅助抑制剂，多在初次再结晶晶界上偏聚富集。采用不同种类化合物作为抑制剂时，抑制剂固溶、析出的热处理条件、析出形态与分布、相应元素的含量均不相同，具体参数见表 4-1。

表 4-1　化合物抑制剂有关工艺参数[3~5]

类别	固溶温度/℃	沉淀析出处理	抑制剂形态和有效尺寸	退火工艺	抑制剂元素合适含量/%
MnS	1280~1350	900~1000℃ 热轧随后冷却	球形；26nm，10^{12}~10^{14} 个/cm^3	干氢，1200℃	$w(Mn) = 0.06$~0.1 $w(S) = 0.018$~0.025
AlN	1250~1300	950~1200℃ 急冷	针状、杆状；100nm，10^{22} 个/cm^3	干氢、还原性气氛，1150~1200℃	$w(Al) = 0.03$~0.025 $w(N) = 0.006$~0.013
Cu$_2$S	1200~1250	热轧和随后急冷	球形；50nm	干氢，1180~1200℃	$w(Cu) = 0.1$~0.7 $w(S) = 0.018$~0.025
VN	>1000	热轧和随后急冷	—	$\frac{2}{3}N_2 + \frac{1}{3}H_2$ 干氢，1150℃	$w(V) = 0.10$~0.15 $w(N) = 0.002$~0.003
MnTe	1150~1200	热轧和随后急冷	球形；80~100nm	干氢	$w(Mn) = 0.04$~0.15 $w(Te) = 0.035$~0.08
MnSe	1360	冷轧前1050℃退火	—	干氢、还原性气氛	$w(Mn) = 0.045$~0.07 $w(Se) = 0.02$~0.08
TiN	1250~1350	热轧和随后急冷	球形；100nm	$N_2 + H_2$	$w(Ti) = 0.01$~0.10 $w(N) > 0.005$

固溶温度是评价抑制剂是否合适的重要指标之一。固溶温度越高，铸坯加热温度也需相应提高（后续渗氮的获得抑制剂法除外）；固溶温度越低，抑制剂的高温稳定性越差，大多作为辅助抑制剂。抑制剂尺寸与分布决定了其抑制晶粒长

大能力的强弱。由 Zener 公式[6]可知，粒子分布密度越高，平均粒子直径越小，抑制晶粒长大的能力就越强，而且与晶内分布的析出物相比，晶界上的析出物抑制能力更强。抑制剂元素的质量分数也需精确控制，质量分数过高，在连铸过程中易于形成更加粗大的夹杂物，而这些夹杂物若在铸坯加热过程中无法有效回溶，则不能提高抑制剂对初次晶粒长大的抑制能力；质量分数过低，析出的抑制剂数量过少，初次晶粒容易长大，不利于二次再结晶的发生。

值得注意的是，铌的析出粒子（NbC、NbN 及 Nb(C，N)）具有强烈的阻碍再结晶晶粒长大的作用，而且在微合金钢中得到广泛应用[7~10]。但是，在现有取向硅钢抑制剂体系中并没有发现铌的析出相，仅日本新日铁公司与川崎公司[11]在工业试验时尝试在以 AlN 为主抑制剂的基础上添加极少量的铌元素（0.002%~0.008%）作为辅助抑制剂。张颖等[12]认为，Nb(C，N) 固溶温度低，析出粒子尺寸小且粗化速率慢，具备取向硅钢抑制剂的基本特征和优势。Hulka K 等[13]认为，Nb(C，N) 作为取向硅钢抑制剂可以提高热轧板中 Goss 织构的体积分数，且能在后续冷轧退火过程中一直保持织构优势。然而，需要指出的是，铌是强碳化物形成元素，铌的析出物可能会阻碍取向硅钢后续脱碳过程，导致取向硅钢成品的铁损升高。20 世纪 80 年代，攀钢、北钢院和北方工业大学联合开展铌、钒、钛的碳氮化物作为取向硅钢晶粒长大抑制剂的研究，并在武钢硅钢厂进行试制，最终由于磁性能不稳定而没有实现工业化[14]。而双辊薄带连铸取向硅钢的超低碳的成分设计在取消后续脱碳退火工艺的同时，进一步拓宽了取向硅钢抑制剂的选取范围，为突破强碳化物形成元素无法作为取向硅钢抑制剂的限制奠定了良好的基础。另外，由于双辊薄带连铸取消了常规冗长热连轧和相关加热工序，也为铋等晶界偏聚元素的添加提供了条件。目前，已报道的薄带连铸取向硅钢主要采用 MnS 和 AlN 这两种常规抑制剂，并没有充分利用薄带连铸流程特点。因此，急待开展契合薄带连铸流程特点的成分设计研究，明确新型抑制剂调控策略及其对组织织构演变的影响，以优化工艺和提升磁性能。

4.2 薄带铸轧取向硅钢组织、织构演变与磁性能

4.2.1 一阶段冷轧制备取向硅钢组织、织构演变与磁性能

本节采用超低碳取向硅钢成分设计，以 AlN+MnS 为抑制剂；利用中频感应真空熔炼炉冶炼（见表 4-2 中的成分）取向硅钢，钢液经浇铸水口流入事先预热到 1200℃左右的中间包进行简单布流，而后进入由旋转铸辊与侧封板组成的熔池内，迅速凝固约为 2mm 厚的薄带。熔池内部温度由 FR1C 型光纤式测温仪测定。为防止钢液氧化，浇铸过程均在氩气保护气氛下进行。其关键轧制工艺参数为：浇铸过热度为 50~60℃，铸辊转速为 40~60m/min，熔池液位高度为 150~180mm，铸带宽度为 254mm，为防止第二相粒子析出或粗化，铸带出辊后水冷至室温。

表 4-2   实验硅钢化学成分（质量分数）   （%）

C	Si	Mn	S	Als	N	P	O
0.0045	3.0	0.2	0.02	0.027	0.0086	<0.005	<0.003

以铸带为初始材料，分别采用两种工艺路线对比，研究了铸带常化热处理工艺及冷轧压下率对取向硅钢组织、织构和抑制剂演变规律的影响。工艺 1 为铸带经酸洗后在直拉式四辊可逆冷轧实验机上直接冷轧至 0.35mm（压下率为 82%）、0.23mm（压下率为 88%）和 0.18mm（压下率为 91%）三种成品厚度。而后，在保护气氛退火炉内完成初次再结晶，退火温度为 800℃，保温时间 5min，退火气氛为氮气。初次再结晶退火板空冷至室温后涂覆 MgO，并在 70%H$_2$+30%N$_2$ 退火气氛下以 20℃/h 升温速率缓慢升温至 1200℃，进行二次再结晶退火。工艺 2 为铸带在冷轧之前预先进行 1050℃保温 5min 的常化热处理，后续冷轧及退火工艺与工艺 1 完全相同。此外，为了进一步研究取向硅钢初次再结晶及二次再结晶的组织演化过程，分别进行中断退火实验。800℃ 等温初次再结晶退火时，取样时间分别为 3s、5s、10s、15s；二次再结晶缓慢升温退火时，取样温度分别为 900℃、950℃、1000℃、1020℃、1050℃。

4.2.1.1   铸带与常化板的组织、织构及析出物

图 4-3 示出了铸带及铸带退火板（1050℃保温 5min）的 EBSD 取向成像图和相应的恒 $\varphi_2 = 45°$ODF 截面图。由 4-3（a）知，铸带主要由粗大柱状晶及少量等轴晶组成，柱状晶长轴为 300~1000μm，短轴为 100~300μm，等轴晶尺寸为 100~300μm，且在铸带中心层可见明显的凝固咬合线。由图 4-3（b）知，柱状晶多为红色的 λ 纤维织构（<100>//ND），而等轴晶的织构较为漫散。铸带沿厚度方向总体呈现锋锐的 λ 纤维织构，且在 λ 纤维织构线上分布均匀，并无特别突出的织构强点。可见，高过热度浇铸时，铸带组织和织构与第 2 章低过热度浇铸时完全不同。熔池内过热度的提高，会导致凝固过程中铸辊所需传导的热量增加，固液前沿的温度梯度大，凝固时间相对延长，更有利于柱状晶的生长。

由图 4-3（c）、（d）知，铸带经 1050℃保温 5min 常化后的组织和织构变化不大，仍以粗大柱状晶为主，且织构为较强的 λ 纤维织构，仅在中心层出现少量织构漫散尺寸为 200~500μm 的等轴状晶粒。这是由于，一方面铸带组织是钢液在高温区凝固形成，晶界稳定性高，相对较低温度的热处理很难激活凝固晶界，促使其迁移并改变组织形态；另一方面，中心层小晶粒的形成是铸带在凝固后期，上下表面柱状晶在中心层碰撞结合积累了较高的变形储能，在常化过程中发生了再结晶。

图 4-4 示出了柱状晶铸带及铸带退火板的析出形貌与能谱分析。由于薄带连

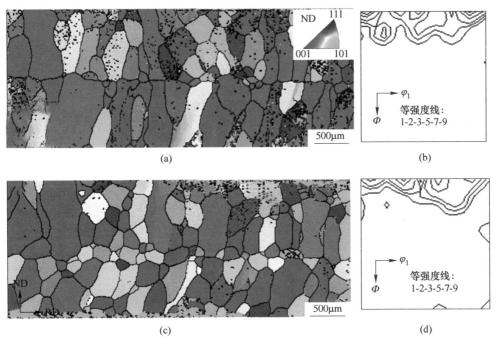

图 4-3　取向硅钢铸带及铸带退火板的组织和织构

（a）铸带的取向成像图；（b）铸带的恒 ODF $\varphi_2 = 45°$图；

（c）铸带退火板的取向成像图；（d）铸带退火板的恒 ODF $\varphi_2 = 45°$图

铸亚快速凝固及铸后水冷的工艺特点，第二相粒子组成元素如 Mn、S、Al、N 等大多过饱和固溶于铸带基体中，仅有少量以细小析出的状态存在，如图 4-4（a）所示。析出粒子平均直径约为 50nm，能谱分析表明析出的第二相粒子为 MnS，未发现 AlN 粒子（见图 4-4（b））。

由图 4-4（c）知，铸带退火板在热处理过程中，过饱和固溶的溶质原子获得足够的扩散激活能，快速形核析出大量细小弥散的第二相粒子。与铸带相比，其粒子分布密度显著升高，粒子直径为 30~70nm。铸带中已经存在的 MnS 粒子可以作为后续 AlN 析出的核心。因此，常化板中大尺寸的析出粒子多为复合析出物（见图 4-4（d））。可见，常化工艺虽然对铸带的组织和织构影响不明显，但是会显著改变第二相粒子的尺寸和分布密度，进而影响取向硅钢在后续工艺流程中的组织和织构演变过程。

4.2.1.2　常化工艺对取向硅钢冷轧及初次再结晶组织织构的影响

图 4-5 示出了两种工艺路线下不同厚度冷轧板的微观组织形貌。由图 4-5（a）、（b）知，0.35mm 厚冷轧板主要由沿轧向拉长的变形晶粒构成，变形晶粒

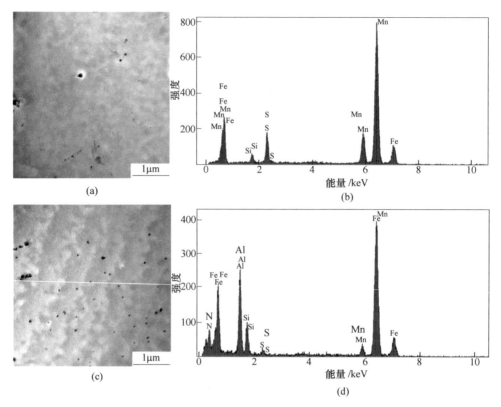

图 4-4　取向硅钢铸带及铸带退火板的析出 TEM 形貌与 EDX 能谱分析

（a）铸带的析出形貌；（b）铸带的能谱分析；（c）铸带退火板的析出形貌；（d）铸带退火板的能谱分析

沿法线方向宽度为 80~120μm，且变形晶粒之间有显著区别：一部分变形晶粒内部无明显变形特征，经硝酸酒精腐蚀后金相组织为亮白色；另一部分变形晶粒内部包含大量沿轧向偏离 30°~45° 的剪切带，经硝酸酒精腐蚀后金相组织多为暗灰色。

　　由图 4-5（c）、（d）知，0.23mm 厚冷轧板变形晶粒沿法线方向宽度明显缩短，为 20~50μm，部分变形晶粒内部的剪切带密度进一步提高，在金相组织下无法分辨同一变形晶粒内部不同剪切带之间的距离，经硝酸酒精腐蚀后完全呈暗灰色。由图 4-5（e）、（f）知，0.18mm 厚冷轧板内部初始变形晶粒的边界较为模糊，冷轧板为典型的带状组织。可见，冷轧压下量会显著影响冷轧板的微观组织，而常化工艺对冷轧组织的影响不明显。

　　图 4-6 示出了两种工艺路线下不同厚度冷轧板的宏观织构。由图 4-6 知，虽然不同工艺条件下冷轧织构类型相似，主要为发达的 α 织构（{100}<110>~{112}<110>组分）和较弱的 {111}<110>组分，但是主要织构强度明显不同。0.35mm 厚冷轧板（见图 4-6（a）、（b）），工艺 1 试样织构最强点为 {115}<110>，

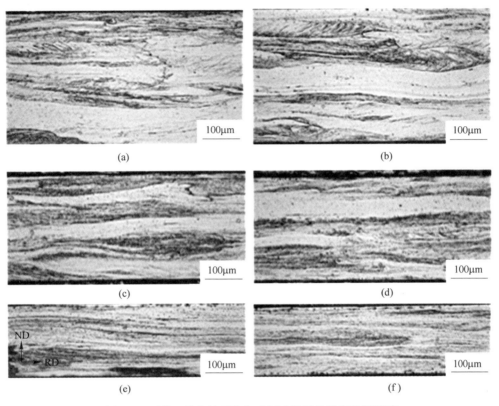

图 4-5　两种工艺条件下取向硅钢冷轧板的微观组织形貌

(a) 工艺 1, 0.35mm；(b) 工艺 2, 0.35mm；(c) 工艺 1, 0.23mm；
(d) 工艺 2, 0.23mm；(e) 工艺 1, 0.18mm；(f) 工艺 2, 0.18mm

取向密度 $f(g)$ = 13.67；工艺 2 试样织构最强点为 {112}<110>，取向密度 $f(g)$ = 10.89，而且工艺 1 试样中主要的 α 纤维织构（{100}<110>~{112}<110>）均强于工艺 2 试样。0.23mm 厚冷轧板（见图 4-6 (c)、(d)），工艺 1 试样织构最强点沿 α 线下移，为 {112}<110> 织构，取向密度 $f(g)$ = 18.55；工艺 2 试样织构最强点为 {115}<110>，取向密度 $f(g)$ = 17.18。与 0.35mm 厚冷轧板相比，两种工艺条件下 0.23mm 厚冷轧板的织构强度均明显增高。随着冷轧压下量的进一步提高，0.18mm 厚冷轧板的织构强度进一步提高（见图 4-6 (e)、(f)），工艺 1 试样织构最强点为 {112}<110>，取向密度 $f(g)$ = 19.66；而工艺 2 试样织构最强点 {115}<110>，取向密度 $f(g)$ = 22.5。与 0.35mm 试样不同，工艺 1 试样（0.18mm）的上半段 α 纤维织构（{100}<110>~{115}<110>）强度弱于工艺 2 试样，而下半段 α 纤维织构（{112}<110>~{111}<110>）的强度强于工艺 2 试样。可见，常化工艺的引入会导致 {100}<001> 和 {115}<110> 织构强度增加，而 {112}<110> 和 {111}<110> 织构强度减弱。

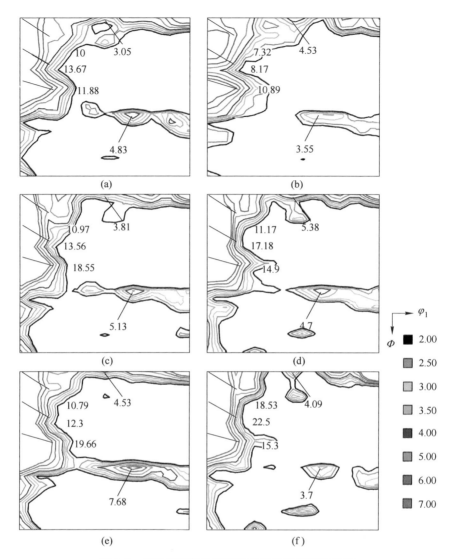

图 4-6　两种工艺条件下取向硅钢冷轧板宏观织构

（a）工艺 1，0.35mm；（b）工艺 2，0.35mm；（c）工艺 1，0.23mm；

（d）工艺 2，0.23mm；（e）工艺 1，0.18mm；（f）工艺 2，0.18mm

　　图 4-7 示出了两种工艺路线下不同厚度初次再结晶冷轧板的微观组织形貌。由图 4-7（a）、（b）知，0.35mm 初次再结晶冷轧板的组织明显不均匀，工艺 1 试样上表面可观察到尺寸约为 500μm 的粗大变形或回复组织，工艺 2 试样中部也可观察到比周围基体明显粗化的再结晶组织，且再结晶晶粒沿轧向略有拉长。由图 4-7（c）、（d）知，0.23mm 初次再结晶冷轧板的组织明显细化且均匀性显著改善，工艺 1 试样的平均晶粒尺寸为 11.7μm，仅在再结晶冷轧板中部存在少

量略微粗大的再结晶晶粒；工艺2试样的平均晶粒尺寸为12μm，基体中无明显粗化的再结晶晶粒。由图4-7（e）、（f）知，0.18mm初次再结晶冷轧板的组织进一步细化，而组织均匀性变化不大，工艺1试样的平均晶粒尺寸为11μm，在再结晶冷轧板中部仍可存在少量略微粗大的再结晶晶粒；工艺2试样的平均晶粒尺寸为11.8μm，基体组织较为均匀。可见，随着冷轧压下量的提高，初次再结晶组织明显细化，组织均匀性略有改善，而常化工艺虽然会在一定程度上粗化初次再结晶组织，但是其组织均匀性会显著改善。

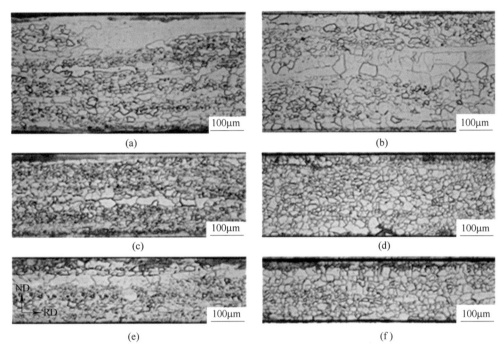

图4-7　两种工艺条件下取向硅钢初次再结晶冷轧板微观组织形貌

（a）工艺1，0.35mm；（b）工艺2，0.35mm；（c）工艺1，0.23mm；

（d）工艺2，0.23mm；（e）工艺1，0.18mm；（f）工艺2，0.18mm

　　图4-8示出了两种工艺路线不同厚度初次再结晶冷轧板的宏观织构。由图4-8知，初次再结晶的织构类型主要为α织构上 {100}<110>～{112}<110>组分，$α^*$织构上 {113}<136>组分、临近γ织构的 {554}<225>组分，以及少量λ织构。由图4-8（a）、（b）知，0.35mm初次再结晶冷轧板，工艺1与工艺2试样主要织构的强度差别尚不明显。由图4-8（c）、（d）知，0.23mm初次再结晶冷轧板，工艺1试样的主要织构强点为 {100}<110>和 {115}<110>，相应的取向密度分别为$f(g)=13.84$和$f(g)=10.26$；而工艺2相应的织构明显减弱，取向密度分别为$f(g)=5.62$和$f(g)=2.94$。由图4-8（e）、（f）知，在0.18mm初次再结晶冷

轧板中也发现，引入常化热处理的工艺 2 试样中 α 织构上 {100}<110>和 {115}<110>组分的取向密度 $f(g) = 4.96$ 和 $f(g) = 3.96$，明显低于工艺 1 试样中相应织构的取向密度 $f(g) = 10.55$ 和 $f(g) = 11.09$。此外，随着冷轧压下量的增加，两种工艺条件下的初次再结晶冷轧板中 {113}<316>与{554}<225>织构强度均逐渐增强。以 {554}<225>织构为例，取向密度由 $f(g) = 4.93$ 与 $f(g) = 4.28$（0.35mm 试样），分别提高为 $f(g) = 8.5$ 与 $f(g) = 8.87$（0.18mm 试样）。

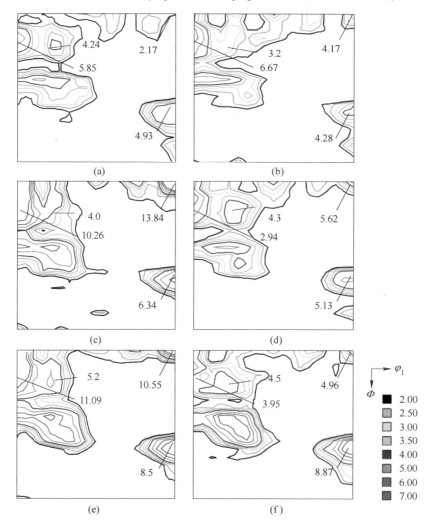

图 4-8　两种工艺条件下取向硅钢初次再结晶冷轧板宏观织构
（a）工艺 1，0.35mm；（b）工艺 2，0.35mm；（c）工艺 1，0.23mm；
（d）工艺 2，0.23mm；（e）工艺 1，0.18mm；（f）工艺 2，0.18mm

由图 4-3 和图 4-4 知，常化工艺对铸带的组织和织构影响不大，但是会显著影响第二相粒子的尺寸与分布密度。因此，常化工艺对后续织构演变的影响实质上可以归因于抑制剂固溶与析出行为对后续织构演变的影响。对于工艺 1 而言，由于薄带连铸亚快速凝固的特点，铸带中析出粒子数量较少，构成抑制剂的溶质原子大多过饱和固溶于铸带基体内；对于工艺 2 而言，过饱和固溶的溶质原子在铸带常化过程中聚集析出，第二相粒子分布密度显著提高。

　　由图 4-5 和图 4-6 可知，常化工艺对冷轧板的组织影响不大，但是对冷轧板的织构有显著影响。已有研究结果表明[15]，冷轧过程中，体心立方凝固组织的织构演变路径为：$\{100\}//ND \to \{100\}<110> \to \{115\}<110> \to \{112\}<110> \to \{111\}<110>$。以 0.18mm 厚冷轧板为例，常化工艺中（工艺 2），冷轧织构演变路径前段的 $\{110\}<110>$ 与 $\{115\}<110>$ 的取向密度分别为 $f(g)=18.53$ 和 $f(g)=22.5$，显著高于不常化工艺中（工艺 1）的 $f(g)=10.79$ 和 $f(g)=12.3$；而冷轧织构演变路径后段的 $\{112\}<110>$ 与 $\{111\}<110>$ 取向密度分别为 $f(g)=15.3$ 和 $f(g)=3.7$，显著低于不常化工艺中（工艺 1）的 $f(g)=19.66$ 和 $f(g)=7.68$。这一规律在三个厚度的冷轧板中均有所体现。以 $\{111\}<110>$ 织构为例，不常化工艺（工艺 1）三个厚度的冷轧板织构的取向密度分别为 $f(g)=4.83$、$f(g)=5.13$ 和 $f(g)=7.68$ 全部大于常化工艺（工艺 2）的 $f(g)=3.55$、$f(g)=4.7$ 和 $f(g)=3.7$。可见，铸带常化过程中析出的第二相粒子显著阻碍了冷轧过程中晶体的转动。

　　在冷轧塑性变形过程中，首先发生位错滑移，而后随着变形的进行滑移受到各种阻碍。此时，多伴随晶体的转动以调整不同滑移系所承受的分切应力，保证更多的滑移系开动，以容纳更多的塑性变形。对于铸带直接冷轧工艺（工艺 1），铸带中几乎没有第二相粒子存在，过饱和固溶的溶质原子对位错线的钉扎作用不明显，因而滑移与晶体转动的阻力较小，相对稳定的冷轧取向 $\{112\}<110>$ 与 $\{111\}<110>$ 的取向密度较高。对于冷轧前进行常化热处理的工艺（工艺 2），冷轧前常化板中存在大量细小弥散的析出物，这些析出物会强烈钉扎位错，阻碍其进一步滑移与晶体转动，因而在转动路径前段的织构 $\{100\}<110>$ 与 $\{115\}<110>$ 较强。

　　两种工艺初次再结晶退火前第二相粒子固溶与析出行为的差异也会进一步影响初次再结晶进程及完全再结晶后的组织和织构分布情况。图 4-9 示出了两种工艺冷轧板（0.23mm）在 800℃保温不同时间的初次再结晶组织演变过程。由图 4-9（a）知，对于直接冷轧工艺（工艺 1），在保温 3s 和 5s 时，冷轧板没有发生再结晶，仍为拉长的变形组织；当冷轧板退火 10s 和 15s 时，变形组织发生部分再结晶，仍可观察到低储能的亮白色冷轧变形带。由图 4-9（b）知，对于铸带常化后再冷轧工艺（工艺 2），冷轧板在保温 3s 时，即开始发生再结晶，灰色的冷轧变形组织内部可观察到少量亮白色的再结晶小晶粒，随着保温时间的延长，

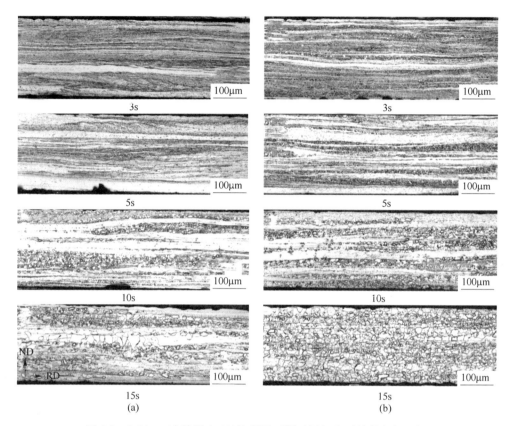

图 4-9 0.23mm 冷轧板在 800℃保温不同时间初次再结晶金相组织
(a) 工艺 1；(b) 工艺 2

冷轧退火板的再结晶分数不断提高；当保温时间为 15s 时，再结晶已经全部完成。可见，铸带常化工艺会显著促进后续冷轧板退火时初次再结晶的发生。

对于工艺 2 而言，第二相粒子在铸带常化过程中充分析出，析出行为发生在冷轧再结晶之前；对于工艺 1 而言，过饱和固溶的铸带在冷轧过程中析出变化不大，在随后的退火过程中，析出与再结晶行为发生的先后顺序对再结晶进程及完成再结晶后的组织和织构均有显著影响。具体地说，当第二相粒子析出发生在冷轧板再结晶之前（或者再结晶完成之前），新析出的粒子会钉扎位错阻碍再结晶的进行；而当析出发生在再结晶完成之后，析出的粒子不会影响再结晶进程，仅仅会影响再结晶晶粒在退火过程中的长大速率。

图 4-10 示出了工艺 1 冷轧板（0.23mm）在 800℃保温 5s 时的 EPMA 形貌图。由图 4-10 知，冷轧板在再结晶发生之前，第二相粒子已经开始析出，即析出发生在再结晶之前。虽然工艺 1 和工艺 2 试样的析出行为均发生在再结晶之前，但是其分布状态并不相同。工艺 2 试样的析出行为发生在铸带常化过程中，铸带组

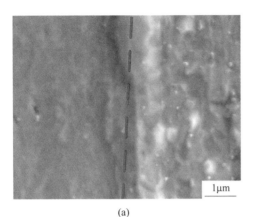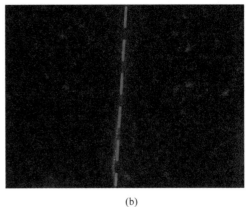

(a)   (b)

图 4-10　工艺 1 冷轧板（0.23mm）800℃退火 5s 后 EPMA 组织和 S 元素分布

(a) EPMA 形貌图；(b) S 元素分布图

织相对均匀，不同晶粒内部位错密度差别不大，析出分布也较为均匀；而工艺 1 试样的析出行为发生在冷轧板退火过程中，析出发生之前，基体仍为变形组织。由于铸带初始组织粗大，容易导致冷轧组织分布不均匀，一般可分为两种典型的变形组织：一种是低储能亮白色的拉长晶粒，多为 α 织构（{100}<011>~{211} <011>）；另一种是高储能暗灰色的拉长晶粒且内部包含大量剪切带等微观组织，多为 γ 织构。在退火初期，第二相粒子优先在暗灰色、位错密度较高的变形晶粒内部析出，而亮白色、位错密度较低的变形晶粒内部析出较少。可见，冷轧组织的不均匀也会导致析出分布的不均匀。

　　析出的不均匀分布也会进一步影响随后再结晶组织的均匀性。图 4-11 示出了两种工艺条件下 0.23mm 初次再结晶冷轧板的组织和织构分布情况。由图 4-11 (a) 知，对于直接冷轧工艺（工艺 1），初次再结晶组织不均匀，主要由两类典型的组织构成，第一种为直径在 10~15μm 范围内的细小等轴状再结晶晶粒，以 γ 纤维织构为主，强点为 {111}<112>；另一种为沿轧制方向拉长的粗大晶粒，主要织构类型为 α 纤维织构，强点为 {116}<110>。由图 4-11 (c) 知，对于铸带退火后冷轧工艺（工艺 2），初次再结晶晶粒细小均匀，直径在 12~18μm 范围内，以 γ 纤维织构为主，强点为 {111}<112>。可见，常化工艺能在一定程度上消除初次再结晶组织的不均匀性。

　　初次再结晶过程和抑制剂析出过程相似，一般也是在高储能变形晶粒内部优先形核长大，然后已经完成再结晶的小晶粒通过晶界迁移吞并周围低储能的变形晶粒，最终完成全部再结晶过程。对于工艺 1 而言，高储能优先形核发生再结晶的变形晶粒内部恰好也是第二相粒子优先析出的位置，优先析出的第二相粒子会明显阻碍再结晶的进行，导致初次再结晶在 800℃退火超过 5s 时才发

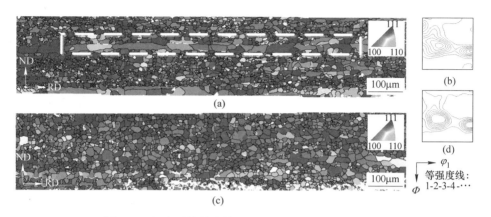

图 4-11   初次再结晶冷轧板（0.23mm）的组织和织构

（a）工艺 1，取向成像图；（b）工艺 1，ODF φ_2 = 45°图；

（c）工艺 2，取向成像图；（d）工艺 2，ODF φ_2 = 45°图

生（见图 4-9（a））；而对于工艺 2 而言，第二相粒子在冷轧前的铸带常化过程中已经开始析出，在冷轧过程中，当运动的位错与粒子相遇时，将受到粒子的阻挡，位错线绕着粒子发生弯曲。随着冷轧过程的进行，位错线受阻部分的弯曲加剧，在粒子周围形成位错环，而位错线其余部分则越过粒子继续移动。可见，冷轧过程中存在的第二相粒子可进一步提高变形基体的位错密度和再结晶驱动力。因此，工艺 2 冷轧板在 800℃ 退火 3s 时，已经发生再结晶（见图 4-9（b））。对于工艺 1 而言，在高储能变形晶粒内部优先发生再结晶的小晶粒受到第二相粒子强烈的钉扎作用，很难通过晶界迁移吞并低储能的变形晶粒，导致低储能 α 织构的变形晶粒，仅发生回复，形成粗大的退火组织。因此，初次再结晶组织不均匀，且出现 {116}<110>织构（见图 4-11（a））。

4.2.1.3   常化工艺对取向硅钢二次再结晶组织和磁性能的影响

图 4-12 示出了两种工艺条件下取向硅钢高温退火后的宏观组织。由图 4-12 知，工艺 1 试样在三种冷轧压下率条件下，均没有发生二次再结晶；而工艺 2 试样均发生了二次再结晶，工艺 2 试样在三种冷轧压下率条件下，二次再结晶的完成情况各不相同。0.35mm 厚高温退火板，二次再结晶不完善，二次再结晶率约为 30%，二次晶粒尺寸较小；0.23mm 厚高温退火板，二次再结晶率明显提高，约为 80%，仅存在少量细晶区，二次 Goss 晶粒沿轧向拉长；0.18mm 厚高温退火板，二次再结晶率略有下降，约为 65%。

取向硅钢的磁性能主要取决于高温退火过程中能否发生二次再结晶。工艺 1 没有发生二次再结晶，磁性能 B_8 在 1.48~1.52T 之间；工艺 2 试样发生了二次再结晶，磁性能明显提高，三种厚度的取向硅钢板对应的磁性能分别为 1.6T、1.75T、

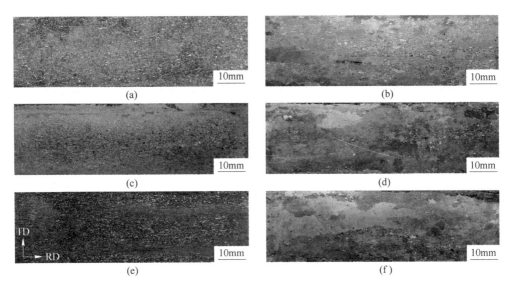

图 4-12 两种工艺条件下取向硅钢二次再结晶宏观组织

(a) 工艺 1, 0.35mm; (b) 工艺 2, 0.35mm; (c) 工艺 1, 0.23mm;

(d) 工艺 2, 0.23mm; (e) 工艺 1, 0.18mm; (f) 工艺 2, 0.18mm

1.73T。可见，冷轧压下率的提高，有利于完善二次再结晶组织，改善磁性能。

Goss 晶粒能否发生二次再结晶主要是由初次再结晶退火板的组织、织构、第二相粒子尺寸和分布密度决定。图 4-13 示出了两种工艺条件下，0.23mm 初次再结晶板在高温退火过程中的组织演变情况，对于直接冷轧工艺（工艺 1），900℃和 950℃取样时，初次再结晶组织较为细小，平均晶粒尺寸分别为 10μm 和 12μm，但是组织均匀性较差；当温度升高至 1000℃时，基体明显粗化，平均晶粒尺寸为 25μm；当温度升高至 1050℃和 1100℃时，基体组织继续粗化，平均晶粒尺寸分别为 35μm 和 50μm，并无二次再结晶发生。对于常化后冷轧工艺（工艺 2），900℃和 950℃取样时，初次再结晶组织较为均匀，平均晶粒尺寸初次略大于工艺 1 相同温度取样时的晶粒尺寸，分别为 12μm 和 12.5μm；当温度升高至 1000℃时，部分晶粒发生二次再结晶，异常长大的晶粒可贯穿钢板厚度，大晶粒沿轧向尺寸约为 350μm，周围基体仍保持细小均匀状态，平均晶粒尺寸为 15μm；当温度升高至 1050℃时，二次晶粒进一步长大，沿轧向尺寸约为 500μm，周围基体晶粒略有粗化，平均晶粒尺寸为 17μm；当退火温度升高至 1100℃时，二次晶粒几乎完全吞并周围的小晶粒，异常长大过程基本结束。

图 4-14 示出了两种工艺 0.23mm 高温退火板的组织和织构分布情况。由图 4-14（a）知，工艺 1 试样没有发生二次再结晶，初次再结晶晶粒正常长大，晶粒分布不均匀，直径在 20~180μm 范围内，主要织构类型和初次再结晶织构相似，为较强的 γ 纤维织构。此外，由于初次再结晶组织不均匀，拉长的粗大晶粒

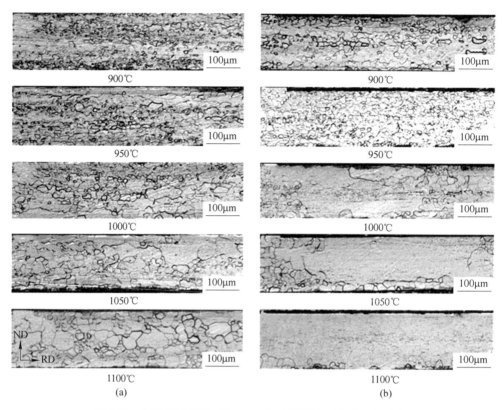

图 4-13   初次再结晶板（0.23mm）高温退火过程中组织演变
（a）工艺 1；（b）工艺 2

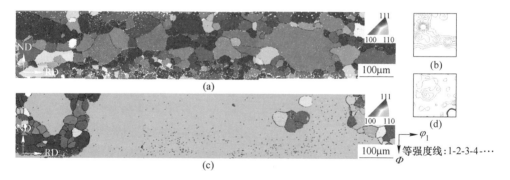

图 4-14   高温退火板（0.23mm）的组织和织构
（a）工艺 1，取向成像图；（b）工艺 1，ODF $\varphi_2 = 45°$图；
（c）工艺 2，取向成像图；（d）工艺 2，ODF $\varphi_2 = 45°$图

在后续退火过程中因具有尺寸优势会优先长大，导致高温退火板的 α 织构较强（织构强点沿 φ_1 偏离 α 织构 20°）。由图 4-14（c）知，工艺 2 试样 Goss 取向晶

粒发生二次再结晶，二次晶粒尺寸达到毫米级别。二次晶粒周围未被吞并的初次再结晶晶粒仍然保持细小均匀状态。

对于工艺 1 而言，析出粒子分布不均匀且在初次再结晶板中存在粗大的回复晶粒。这种晶粒由于具有尺寸优势在后续高温过程中易于优先长大，阻碍二次再结晶的发生；而对于工艺 2 而言，析出粒子分布均匀，初次再结晶组织细小均匀，有利于 Goss 晶粒长大的 {111}<112>织构锋锐。因此，在高温过程中 Goss 晶粒能够发生二次再结晶，且与工艺 1 试样相比，工艺 2 试样的磁感应强度 B_8 从 1.48T 提高到 1.75T。

图 4-15（a）、（b）示出了工艺 1 条件下，0.23mm 初次再结晶板在进行二次再结晶退火过程中，抑制剂的演变情况。由图 4-15（a）知，在 900℃取样时，抑制剂主要为 MnS 粒子，很难发现 AlN 粒子；而当 950℃取样时（见图 4-14（b）），工艺 1 中，MnS 粒子已经明显长大，此时可观察到大量的 AlN 粒子。因此，也可以通过 AlN 抑制剂演变规律解释工艺 1 没有发生二次再结晶的原因。在高温退火前期，主要抑制剂为 MnS 粒子，Al、N 原子此时仍固溶在基体内。随着温度的升高，MnS 粒子逐渐粗化，抑制能力不足，初次再结晶晶粒均开始长大，如图 4-13（a）所示。后续析出的 AlN 粒子不能及时接力 MnS 粒子，导致二次再结晶没有发生。

图 4-15（c）、（d）示出了工艺 2 条件下 0.23mm 初次再结晶板在进行二次再结晶退火过程中，抑制剂的演变情况。由图 4-15（c）知，在 900℃取样时，抑制剂主要以 MnS 析出为主，粒子尺寸相对较大，同时也存在一定数量的 AlN 粒子。当 950℃取样时（见图 4-14（d）），工艺 2 试样中，MnS 粒子分布密度明显减少，此时也可观察到大量的 AlN 粒子。可见，与工艺 1 相比，工艺 2 在 950℃试样中 MnS 粒子尺寸略有粗化，且存在一定量的 AlN 粒子。此时抑制能力并没有明显削弱，初次再结晶仍然很稳定，如图 4-13（b）所示。这是由于工艺 2 在铸带退火过程中，析出了一部分的 AlN 粒子，在高温退火之前就已经准备好 MnS 和 AlN 两种抑制剂；而且铸带中析出的抑制剂分布更加均匀，进一步导致初次再结晶组织均匀，最终保证 Goss 晶粒发生二次再结晶。

4.2.2 两阶段冷轧制备取向硅钢组织、织构演变与磁性能

在薄带连铸过程中，采用高过热度浇铸是最稳定，也是最符合工业化实际的生产方式，所得铸带为粗大的柱状晶组织。柱状晶铸带在冷轧及后续退火过程中容易形成不均匀组织，不利于 Goss 织构发生二次再结晶。为了消除这种组织不均匀性，本节尝试用两阶段冷轧工艺制备取向硅钢。在两次冷轧之间增加中间退火工艺，利用再结晶实现基体组织的均匀和细化。

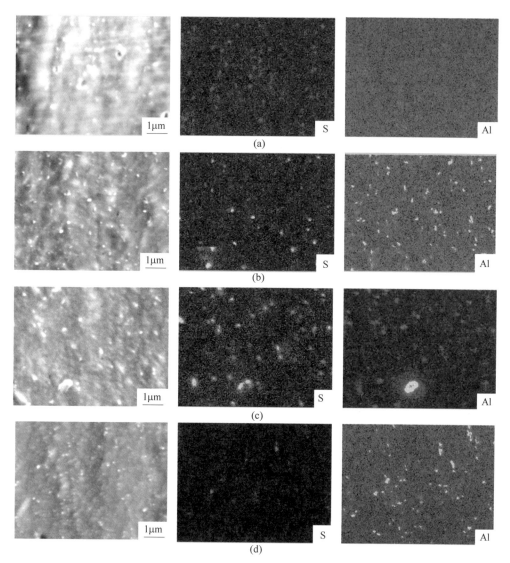

图 4-15　初次再结晶板（0.23mm）在高温退火过程中抑制剂演变
（a）工艺 1，900℃；（b）工艺 1，950℃；（c）工艺 2，900℃；（d）工艺 2，950℃

4.2.2.1　薄带连铸超低碳取向硅钢全流程组织和织构演变

本节取柱状晶铸带为实验材料，采用两阶段冷轧工艺制备取向硅钢，具体工艺如图 4-16 所示。厚度为 2mm 的铸带出辊后水冷至室温经第一阶段冷轧至 0.65mm（70%压下率），随后在氮气保护气氛中进行 1050℃保温 5min 中间退火。中间退火板经第二阶段冷轧至 0.23mm，进行 800℃保温 5min 初次再结晶退火。

初次再结晶板空冷至室温后涂覆 MgO，并在 70%H$_2$+30%N$_2$ 退火气氛下以 20℃/h 升温速率缓慢升温至 1200℃，完成二次再结晶退火。

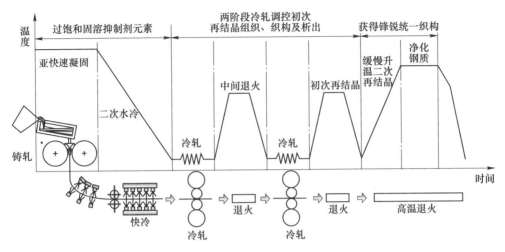

图 4-16 铸轧取向硅钢工艺流程

图 4-17 示出了取向硅钢铸带纵截面的金相组织及沿厚度方向不同层织构的恒 ODF φ_2=45° 截面图。由图 4-17（a）可知，铸带为单相铁素体组织，主要由粗大的柱状晶构成，柱状晶短轴为 50~200μm，长轴为 300~700μm。由图 4-17（b）可知，铸带的凝固织构主要以 λ 纤维织构（{100}//ND）为主，且沿厚度

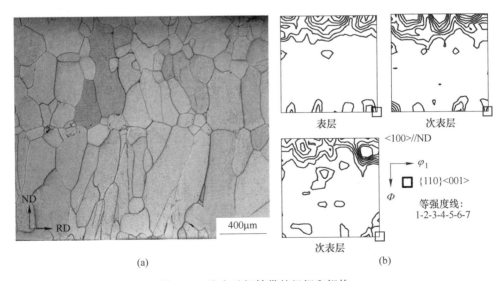

(a)   (b)

图 4-17 取向硅钢铸带的组织和织构

（a）金相组织；（b）不同层织构的恒 ODF φ_2=45° 截面图

方向织构梯度较小；次表层强点主要集中在 {100}<210>与 {100}<001>取向，其对应的取向密度分别为 $f(g) = 8.99$ 和 $f(g) = 10.96$；中心层强点主要集中在沿 Φ 方向偏离 λ 纤维织构约 10°的 {331}<013>取向上（$\varphi_1 = 78°$，$\Phi = 78°$，$\varphi_2 = 45°$），取向密度为 $f(g) = 11.5$。与常规热轧板相比，铸带沿厚度方向 Goss 织构的强度很弱，不能作为取向硅钢二次再结晶的有效晶核。

图 4-18 示出了薄带连铸超低碳取向硅钢全流程条件下的组织演变。由图 4-18（a）可知，一阶段冷轧板的组织显著不均匀，这种不均匀组织主要由两类变形晶粒构成：腐蚀较深且内部包含大量剪切带的变形晶粒（如 A、B、D）；腐蚀较浅且内部较干净的亮白色拉长晶粒（如 C、E）。这种不均匀组织主要是由变形前初始凝固晶粒的取向不同造成的。晶粒取向不同，其对应的加工硬化能力也不相同[16]。加工硬化能力强的晶粒取向，如 {100}<001>，该取向的晶粒在冷轧变形过程中，变形程度较剧烈，容易在晶粒内部形成剪切带，应变储能较高，容易被酸性试剂腐蚀，金相颜色较暗。相对而言，加工硬化能力较弱的晶粒取向，如 {100}<011>，该取向的晶粒在冷轧变形过程中，变形程度较弱，晶粒

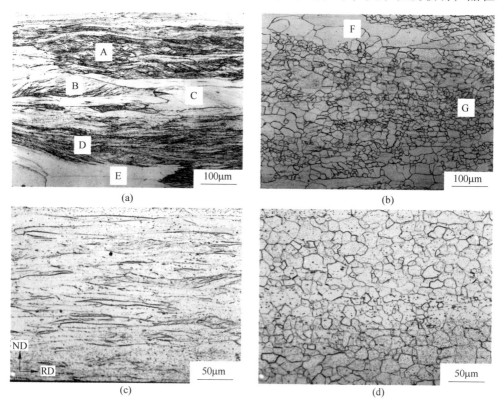

图 4-18 取向硅钢全流程组织演变

（a）一阶段冷轧板组织；（b）中间退火板组织；（c）两阶段冷轧板组织；（d）初次再结晶退火板组织

内部较干净，应变储能较低，不易被酸性试剂腐蚀，金相颜色较亮。冷变形晶粒的应变储能不同，在后续退火过程中，再结晶驱动力也不相同。图4-18（b）示出了一阶段冷轧板经1050℃退火5min后的金相组织。由图4-18（b）知，退火后的再结晶晶粒显著不均匀：小晶粒的尺寸为8~15μm（如G），大晶粒的尺寸为100~250μm（如F），这种组织的不均匀是由一阶段冷轧板遗传造成的。高储能的冷变形晶粒（如A、B、D）再结晶驱动力较大，在退火过程中优先再结晶，且晶粒内部剪切带密度较高，可以为新晶粒提供更多的形核位置，形核率较高，晶粒尺寸较小（如G）；而低储能的变形晶粒（如C、E）再结晶驱动力较小，其至在退火过程中仅回复而不发生再结晶，仍保留拉长的变形晶粒形貌，变形晶粒内部无剪切带，形核率较低，新形成的再结晶晶粒尺寸较大（如F）。

细小均匀的初次再结晶组织是Goss晶粒发生二次再结晶的必要条件，而以粗大的柱状晶铸带为原料制备取向硅钢时，容易造成退火后的再结晶组织不均匀。研究发现，采用两阶段冷轧工艺可以消除这种由粗大柱状晶引起的组织不均匀性。如图4-18（c）所示，以中间退火板为原料继续进行第二阶段冷轧时，冷轧板的均匀性显著提高，沿轧制方向拉长的变形带宽度为8~20μm。第二阶段冷轧板经850℃退火5min后，初次再结晶组织明显均匀，晶粒尺寸为10~20μm（见图4-18（d））。因此，采用两阶段冷轧工艺制备薄带连铸取向硅钢在组织控制上明显优于一阶段冷轧工艺。

图4-19示出了一阶段冷轧板1050℃退火5min后，中间退火板不同层织构的恒ODF $\varphi_2 = 45°$ 截面图。由图4-19知，在中间退火板表层及次表层 {001}<110> 织构均为最强点，其取向密度分别为 $f(g) = 5.52$、$f(g) = 7.49$。该晶粒取向对应于中间退火板中回复的粗大的低储能组织（见图4-18（b）中的F区）。值得注意的是，在中间退火板中观察到较强的Goss织构，且沿厚度方向织构分布较均匀，取向密度分别为 $f(g) = 3.45$、$f(g) = 4.05$ 和 $f(g) = 4.25$，这与常规板坯连铸工艺的Goss织构仅仅分布在热轧板的次表层显著不同。

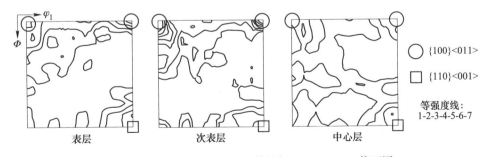

图4-19 中间退火板不同层织构的恒ODF $\varphi_2 = 45°$ 截面图

图4-20示出了两阶段冷轧板850℃退火5min后，初次再结晶退火板不同层

织构的恒 ODF $\varphi_2 = 45°$ 截面图。由图 4-20 知，再结晶退火织构主要以 γ 纤维织构（{111}//ND）为主，织构最强点为中心层的 {111}<112>取向，取向密度 $f(g) = 6.84$。表层 Goss 织构为次强点，取向密度 $f(g) = 4.14$。已有研究表明[17]：Goss 织构与 {111}<112>织构存在 35°<110>的特殊取向关系，晶界迁移性强，在高温退火过程中 Goss 晶粒易于吞并 {111}<112>晶粒，进而发生二次再结晶。因此，与常规流程相比，采用两阶段工艺制备铸轧超低碳取向硅钢也能够提供理想的初次再结晶织构。

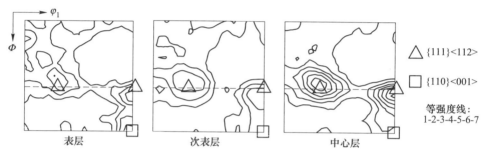

△ {111}<112>

□ {110}<001>

等强度线：
1-2-3-4-5-6-7

表层　　　　　　次表层　　　　　　中心层

图 4-20　初次再结晶板不同层织构的恒 ODF $\varphi_2 = 45°$ 截面图

图 4-21 示出了高温退火后 Goss 织构二次再结晶的宏观形貌。由图 4-21 知，Goss 晶粒二次再结晶发展完善，二次 Goss 晶粒尺寸为 30~80mm，其对应的磁感应强度 B_8 达到 1.94T，铁损 $P_{1.7/50} \leqslant 1.3W/kg$。综合磁性能达到高磁感取向硅钢（Hi-B 钢）水平。

图 4-21　高温退火板的二次再结晶宏观组织

4.2.2.2　热处理工艺对取向硅钢组织、织构和磁性能的影响

本节主要研究常化工艺与中间退火温度对取向硅钢组织、织构和磁性能的影

响规律。铸带冷轧前采用常化（1050℃保温5min，记为"CH"）和不常化（记为"BCH"）两种工艺，第一阶段冷轧至0.7mm，然后进行中间退火。中间退火采用缓慢升温和快速升温两种加热制度，分别模拟板坯罩式退火（记为"ZT"）和连续退火（记为"LT"）；ZT工艺加热速率为60℃/h，保温10min。LT工艺加热速率大于或等于20℃/s，保温5min。中间退火温度分别为750℃、850℃、950℃、1050℃，且均在惰性保护气氛下完成。中间退火板经酸洗后冷轧至0.2mm厚。初次再结晶退火温度为830℃，保温时间为10min。初次再结晶板涂覆MgO后在70%H_2+30%N_2退火气氛下以20℃/h速率缓慢升温至1150℃，完成二次再结晶退火，并在纯氢气气氛中于1150℃保温1h进行净化退火。

图4-22示出了取向硅钢铸带及常化板的组织和析出物。由图4-22可知，铸带组织在厚度方向存在一定的差异，表层和次表层以柱状晶为主，同时存在少量细小等轴晶，中心层是较为粗大的等轴晶，平均晶粒尺寸为140μm，如图4-22（a）所示。铸带中析出物较少，晶界上分布粗大的MnS，晶内析出物较少。

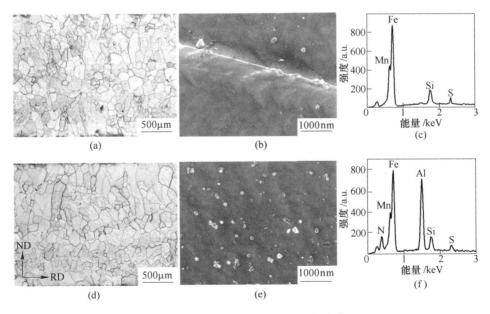

图4-22 铸带及常化板的组织和析出物

（a）铸带的金相图；（b）铸带的析出物形貌；（c）铸带的典型析出物能谱；
（d）常化板的金相图；（e）常化板的析出物形貌；（f）常化板的典型析出物能谱

在亚快速凝固和后续快速冷却过程中，第二相析出行为被抑制。利用Thermal-Calc计算可得该钢种凝固温度为1495℃，MnS开始析出温度约为1340℃，AlN开始析出温度较低，约为1266℃。在本实验过程中，钢液浇铸过热度较高（45℃），铸带凝固终了点较低，导致铸带出铸辊之前承受高温变形有限，使得铸带中的位错密度较低。因此析出温度较高的 MnS 占据了主要的析出位置，主要分布在晶界及亚晶界，而析出温度较低的 AlN 由于形核位置不够而固溶在基体中。

铸带经过常化热处理后，基体组织变化不大，如图 4-22（d）所示。第二相析出更充分，在晶粒内部观察到大量析出物，主要为 MnS、AlN 及其复合析出物，平均尺寸为 100nm 左右。在 1050℃ 常化退火时，铸带中过饱和固溶元素有强烈的沉淀析出倾向，MnS 和 AlN 均发生大量的沉淀析出，分布较为均匀且尺寸较小。因此，合适温度的常化热处理，可促进第二相均匀沉淀析出。

薄带连铸取向硅钢制备过程中，两阶段冷轧工艺是获得细小均匀再结晶组织的关键，其中中间退火工艺会直接影响组织、织构和抑制剂演变行为。铸带直接冷轧至中间厚度并进行不同工艺中间退火后的显微组织和织构如图 4-23 和图 4-24 所示，不同工艺条件下中间退火板晶粒尺寸、组织均匀性和织构强度均表现出明显的差异。

ZT 工艺下，低温退火再结晶晶粒相对均匀细小，850℃ 退火时平均晶粒尺寸为 23.8μm，如图 4-22（c）所示。随着退火温度升高，晶粒尺寸逐渐变大，但是并不明显，1050℃ 退火时平均晶粒尺寸为 30μm。相比较而言，LT 工艺条件下，低温退火时，组织均匀性较差，再结晶晶粒长大并不充分，850℃ 退火时平均晶粒尺寸为 27μm；而在较高温度退火，组织相对均匀，1050℃ 退火时平均晶粒尺寸为 46μm。

不同退火工艺对应的微观组织如图 4-23、图 4-24 所示，再结晶织构主要以 γ 和 Goss 织构为主。低温退火（750~850℃）时，存在部分 λ 织构，且主要是 Cube 和 {100}<110>织构，图 4-23（b）和图 4-24（b）所示。较高温度（950~1050℃）时，形成了较强的 Goss 和 {111}<112>织构。其中在 ZT 工艺条件下形成很强的 Goss 织构，850℃ 退火对应的 Goss 织构强度为 4.2，950℃ 退火对应的 Goss 和 {111}<112>织构强度分别为 5.2 和 4.0，如图 4-23（d）和图 4.23（f）所示。在 LT 工艺条件下，950℃ 退火得到较为理想的织构类型，Goss 和 {111}<112>织构强度分别为 3.9 和 2.7，如图 4-23（f）所示。

退火时间和温度是影响再结晶行为的两个关键因素，从而决定了再结晶组织和织构。从冷轧变形储能驱动再结晶形核和长大方面考虑，ZT 工艺加热速率较小，在缓慢升温过程中变形储能被充分释放，晶粒长大驱动力不足，同时高温热激励时间较长，原子扩散和晶界迁移更充分，容易出现组织粗化；相反，LT 工艺由于加热速率较快，大量冷轧储能被保留至高温，在高储能的晶界或者剪切带位置形成再结晶晶核并快速迁移吞并变形基体，形成较为粗大晶粒。结果表明，在 950~1050℃ 温度区间退火时，再结晶晶粒尺寸相差不大，ZT 工艺组织中容易

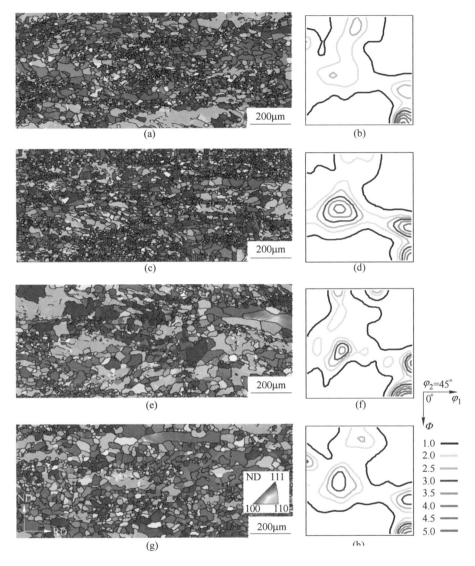

图 4-23 模拟罩式退火工艺对应的中间退火板组织和织构（无常化处理）

（a）750℃时取向成像图；（b）750℃时 ODF $\varphi_2 = 45°$图；（c）850℃时取向成像图；

（d）850℃时 ODF $\varphi_2 = 45°$图；（e）950℃时取向成像图；（f）950℃时 ODF $\varphi_2 = 45°$图；

（g）1050℃时取向成像图；（h）1050℃时 ODF $\varphi_2 = 45°$图

出现部分尺寸相差较大的混晶。LT 工艺中再结晶形核和长大温度区间较为集中，因而再结晶组织相对均匀。

低温退火和高温退火时再结晶行为存在一定差异。低温退火时部分拉长晶粒容易被保留下来，低储能变形基体再结晶形核率较低，同时发生应变诱导晶界迁

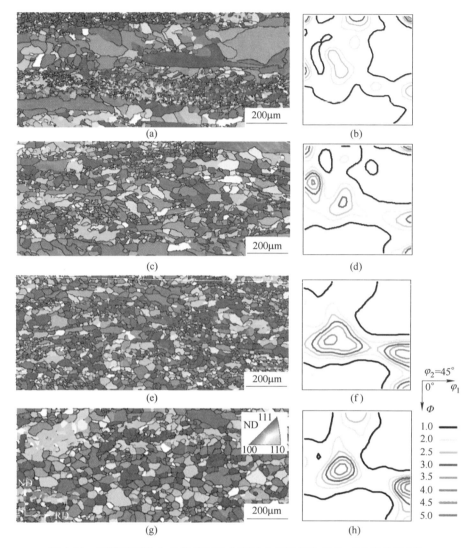

图 4-24　模拟连续退火工艺对应的中间退火板组织和织构（无常化处理）

（a）750℃时取向成像图；（b）750℃时 ODF $\varphi_2=45°$图；（c）850℃时取向成像图；

（d）850℃时 ODF $\varphi_2=45°$图；（e）950℃时取向成像图；（f）950℃时 ODF $\varphi_2=45°$图；

（g）1050℃时取向成像图；（h）1050℃时 ODF $\varphi_2=45°$图

移较为困难，这将导致再结晶组织不均匀或形成"带状"组织。在高温退火时（1050℃），再结晶形核较快完成，同时在系统进一步降低界面能的驱动下，再结晶晶粒长大趋势明显，容易导致组织粗化。ZT 工艺下不同温度退火板均形成了较强的 Goss 织构，说明 Goss 晶粒长大趋势明显，这与二次再结晶过程中 Goss 晶粒异常长大现象是一致的；而在 LT 工艺中，只有 950℃形成较强的 Goss，低温时（750℃）基体主要通过回复和原位形核形成较强 λ 织构，较高温度退火时，再结晶形核完成后，Goss 和 γ 等取向晶粒快速迁移长大从而形成强度优势。统计不同退火工艺的平均晶粒尺寸，如图 4-25 所示。与不常化处理工艺相比，铸带常化处理对应的中间退火组织更细小，而且常化工艺对再结晶组织的影响在 LT 工艺中更为明显。根据前文讨论结果，铸带常化处理后组织变化不大而析出物明显增多，这说明常化处理对中间退火组织的影响主要与析出物差异性有关。

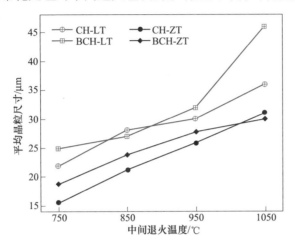

图 4-25　不同中间退火工艺再结晶平均晶粒尺寸变化

　　不常化和常化对应的中间退火板析出物分布分别如图 4-26 和图 4-27 所示，中间退火板析出物密度大于铸带或常化退火板，这说明中间退火板中第二相粒子进一步析出。在不常化工艺中（见图 4-26），750~950℃ ZT 工艺中，析出物较为丰富且尺寸较小；1050℃中间退火时析出物发生明显聚集粗化，平均尺寸达到 80nm，且析出密度明显低于低温退火。LT 工艺中，低温退火时析出物分布密度较高，同时析出物尺寸较大；850~1050℃温度退火时，能够获得大量析出物，且温度升高，析出尺寸反而减小，特别是在 1050℃退火时，析出物细小且均匀，平均尺寸为 53nm，如图 4-26（h）所示。在常化系列中（图 4-27），低温 ZT 工艺中，析出物变化不大，最优温度为 850℃；而高温退火析出物存在明显粗化且尺寸相差较大，ZT-1050℃析出物平均尺寸达到 85nm。高温 LT 工艺中，析出物尺寸较为均匀，最优温度为 1050℃，平均尺寸为 58nm。

　　常化是调控析出的重要工艺窗口。铸带不常化直接冷轧后进行中间退火时，析出物尺寸相对较小且分布较为集中；而在常化系列中间退火板中，析出物存在一定程度的粗化，尺寸相差较大。这部分在常化过程形成的析出物对再结晶组织有明显影响，析出物会在冷轧过程中阻碍位错运动而引起位错塞积，增加了基体冷轧储能，从而提高了再结晶形核率。同时在再结晶形核和长大过程中，高密度

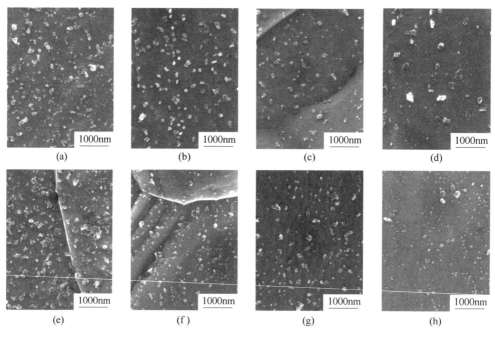

图 4-26　不常化处理工艺对应的不同中间退火板析出物

（a）BCH-ZT-750℃；（b）BCH-ZT-850℃；（c）BCH-ZT-950℃；（d）BCH-ZT-1050℃；

（e）BCH-LT-750℃；（f）BCH-LT-850℃；（g）BCH-LT-950℃；（h）BCH-LT-1050℃

的析出物会阻碍再结晶过程晶界迁移，在一定程度上避免组织粗化，因此经过常化处理后的中间退火组织相对细小。

　　中间退火板析出物尺寸统计结果如图 4-28（a）所示。对比常化和不常化工艺可知，常化处理对应的中间退火板析出物平均尺寸较大，且在高温中间退火时更为明显。这是由于在中间退火过程中，析出物为降低沉淀析出物临界形核壁垒，沉淀析出物优先在已经存在的析出物上附着形核和长大，从而导致析出物密度降低且尺寸增加。但是，在 750~850℃ 罩式退火时析出行为存在一定特殊性，由于退火温度低且时间长，析出较为充分且无明显粗化。常化析出的第二相可提高冷轧变形储能，增加析出物形核位置，使得析出物尺寸减小，而不常化工艺对应的低温中间退火板中析出物尺寸稍有增加。

　　根据析出动力学计算，该成分体系下 MnS 和 AlN 最大形核率的温度区间为 970~1070℃，快速加热至该温度区间并短时间保温，可促进 MnS 和 AlN 细小析出，因此析出物密度提高且平均尺寸降低。缓慢加热至高温时，析出物发生了明显的粗化现象，即 Ostwald 熟化。基于 Gibbs-Thomson 理论，小尺寸第二相周围溶质原子浓度高于大尺寸第二相周围溶质的浓度，溶质原子将由小尺寸第二相周围向大尺寸第二相周围扩散，这种持续扩散的结果是小颗粒的溶解和大颗粒的长

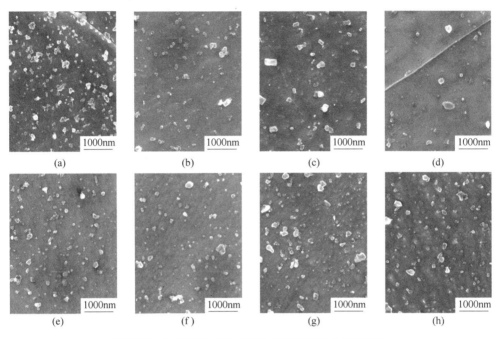

图 4-27　常化处理工艺对应的不同中间退火板析出物

（a）CH-ZT-750℃；（b）CH-ZT-850℃；（c）CH-ZT-950℃；（d）CH-ZT-1050℃；

（e）CH-LT-750℃；（f）CH-LT-850℃；（g）CH-LT-950℃；（h）CH-LT-1050℃

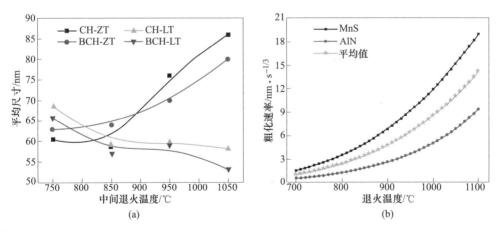

图 4-28　中间退火板析出物尺寸变化和析出物粗化速率

（a）中间退火板析出物尺寸变化；（b）计算得到的析出物粗化速率

大，使得颗粒的平均尺寸增加[18]。本实验中控制 Ostwald 熟化反应速率的关键因素是置换固溶元素 Mn 和 Al 扩散速率，由于位错密度有限，主要为体扩散，可以认为属于扩散控制的熟化过程。基于经典 LSW 理论，基体内均匀沉淀的球形第二相 Ostwald 熟化规律计算公式为[18,19]：

$$d_t^3 = d_0^3 + \frac{64D\sigma V_s^2 C_0}{9RTV_m C_p}t = d_0^3 + m^3 t \tag{4-1}$$

式中　d_t，d_0——热处理之后和初始析出物尺寸；

　　　D ——控制元素在基体中的扩散系数；

　　　σ——析出物与基体之间的界面能；

　　V_s，V_m——析出物和基体的摩尔体积；

　　C_0，C_p——控制元素在基体和析出物中的平衡原子浓度；

　　　R——摩尔气体常数；

　　　T——热力学温度。

　　为方便理解，引入粗化速率 m，定义为：

$$m = \left(\frac{64D\sigma V_s^2 C_0}{9RTV_m C_p}\right)^{1/3} \tag{4-2}$$

式中　m——粗化速率，$nm \cdot s^{-1/3}$，其数值的大小可反映析出物粗化的快慢程度。

　　MnS 和 AlN 粗化速率随温度变化如图 4-28（b）所示。低温退火时，析出物熟化速率较小，850℃ 时析出物平均熟化速率仅为 $4.01nm \cdot s^{-1/3}$，950℃ 时为 $7.52nm \cdot s^{-1/3}$，说明在较低温度长时间保温并不会导致析出物明显粗化。1050℃ 时析出物平均熟化速率为 $13.16nm \cdot s^{-1/3}$，是 850℃ 熟化速率的 3 倍，说明高温退火析出物会急剧粗化。这是由于温度越高，原子热激活能量越大，元素扩散速率会显著提高。该结果表明，低温罩式退火过程析出物稳定性较高，不会发生明显粗化；而高温退火时需缩短退火时间以避免析出物粗化，适合于高温连续退火工艺。该计算结果所体现的析出物粗化趋势与实验结果一致，可用于指导析出物控制工艺优化。

　　结合第二相热力学和动力学分析可知，快速加热工艺中析出较快完成，同时由于析出行为集中在某一温度区间，析出驱动力维持在类似水平，因此析出物相对细小且均匀。缓慢加热至低温退火工艺中，元素扩散速率有限，析出物没有发生明显粗化，同时由于退火时间较长，析出较为充分。再结晶组织实验结果表明，这两种工艺得到的析出物均能阻碍晶界迁移，达到稳定基体作用。因此，低温罩式退火工艺和高温连续退火工艺均能满足析出物调控要求。此外，连续退火工艺中退火时间较短导致析出不充分，需要通过常化处理促进基体析出行为；而罩式退火工艺可将析出过程集中在中间退火阶段，即不依赖于常化处理即可获得大量的细小析出物。这说明中间退火采用低温罩式退火可降低析出物调控对常化工序的依赖性，有利于降低析出物调控难度并简化工艺。

　　图 4-29 示出了不同中间退火工艺对应的初次再结晶特征取向图及相应的恒 ODF $\varphi_2 = 45°$ 截面图。由图 4-29 可知，850℃ 罩退工艺和 1050℃ 连退工艺试样经

过第二阶段冷轧和初次再结晶退火后均形成了细小均匀的再结晶组织，平均晶粒尺寸分别为 11.6μm 和 12μm。而 1050℃ 罩退工艺得到的初次再结晶组织较为粗大，晶粒尺寸达到 15.8μm，850℃ 连退工艺中组织较为细小但不均匀，如图 4-29（e）所示。

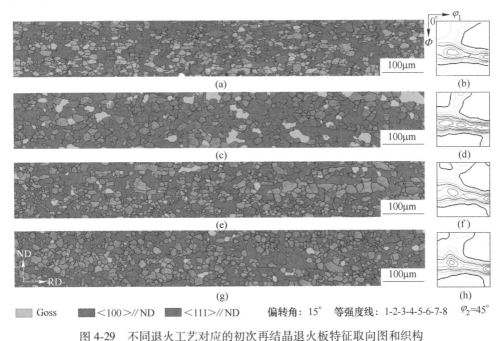

图 4-29 不同退火工艺对应的初次再结晶退火板特征取向图和织构

（a）（b）BCH-ZT-850℃；（c）（d）BCH-ZT-1050℃；（e）（f）BCH-LT-850℃；（g）（h）BCH-LT-1050℃

均匀的中间退火组织经过第二阶段冷轧和初次再结晶退火后会形成细小的再结晶组织。同时，初次再结晶织构以 γ 织构为主，同时存在较弱的 λ 和 Goss 织构。850℃ 罩退工艺的 γ 织构和 Goss 织构面积分数分别约为 40% 和 2%；1050℃ 罩退工艺得到的 γ 和 Goss 织构较强，面积分数分别达到 48% 和 4.9%。高温罩式退火工艺对应的初次再结晶退火组织较为粗大，Goss 织构较强，这是由于高温罩式退火过程中部分 Goss 晶粒明显长大，并最终遗传到初次再结晶退火板；低温连续退火工艺对应的粗大 λ 取向组织在经过第二阶段冷轧和再结晶退火后并没有完全消除。以上结果说明，低温罩式退火和高温连续中间退火工艺对应的初次再结晶组织和织构均较为理想，而高温罩式退火和低温连续退火均不能得到有利于二次再结晶的初次再结晶组织。

不同工艺制度对应的磁性能如图 4-30 所示，CH-ZT-950℃ 和 BCH-ZT-850℃ 工艺均达到 Hi-B 钢水平，分别为 1.94T、1.93T。ZT 工艺在低温段（850～950℃）展现了良好的磁感应强度，而 LT 工艺最优工艺为 1050℃，这与中间退火组织和析出物状态一致。LT 工艺下最高磁感值为 1.87T，对应的工艺为 CH-LT-1050℃，而 BCH-LT 最高磁感值仅为 1.82T，说明 LT 工艺对常化工序的依赖性较强，明显区别于 ZT 工艺。图 4-30（b）为不同热处理工艺铁损值变化，由于本实验中高温退火温度且净化时间均低于常规生产流程，因此铁损值高于同类常规产品。ZT 工艺铁损值随退火温度变化并不大，这是由于中间退火析出较为充分，在高温退火中失效行为较为统一。CH-LT-1050℃工艺对应铁损值最低，为 1.3 W/kg。整体而言，ZT 工艺在较低的中间退火温度区间（750~950℃）能够获得较高的磁感值，而 LT 工艺磁性能受常化工艺影响较大，最优中间退火温度区间为 950~1050℃。以上实验结果说明，中间退火阶段缓慢加热至低温退火工艺和快速加热至高温退火工艺均能获得细小均匀的初次再结晶组织和良好的磁性能。

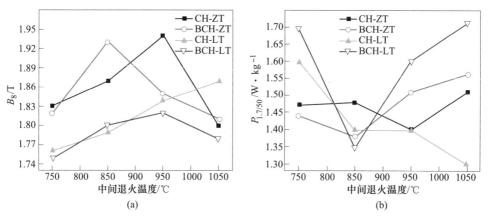

图 4-30　不同热处理工艺对应的磁性能
(a) 磁感值；(b) 铁损值

　　取向硅钢常规制备流程的抑制剂析出过程主要集中在热轧和常化阶段，区别于常规流程，薄带连铸取向硅钢在常化、中间退火和初次再结晶退火过程中抑制剂会持续析出，这为取向硅钢抑制剂控制提供更多的工艺选择。实验结果表明，薄带连铸制备取向硅钢的中间退火阶段是调控抑制剂的有效环节，长时间低温退火和短时间高温退火均能获得相对细小的析出物和均匀的再结晶组织，即在热力学和动力学上能达到类似的效果，分别适合低温罩式退火和高温连续退火工艺。对比两种工艺可发现，LT 工艺最优化工艺需要达到 950~1050℃，而 ZT 工艺最优化中间退火温度较 LT 工艺可降低 100~200℃，且最终磁性能提高。同时 ZT 工艺中抑制剂析出充分，降低了析出调控对常化工序的依赖性，可进一步简化工艺。基于此，可取消常化工序，并在中间退火过程中用低温罩式退火取代连续退火，实现高磁感取向硅钢制备。虽然目前取向硅钢中间退火常采用连续退火工艺，但是考虑到小批量高磁感取向硅钢生产需求，可综合考虑最终产品定位、产量、投资成本和生产节奏等因素，合理选择中间退火制度，这为薄带连铸取向硅钢产线的个性化需求设计提供了指导。

4.2.2.2 轧制温度对取向硅钢组织、织构和磁性能的影响

高浇铸过热度条件下，薄带连铸取向硅钢铸带中易形成粗大 {100} 组织，不利于获得细小均匀再结晶组织和强 γ 再结晶织构。同时，在无热轧条件下能否形成足够数量 Goss "种子"仍存在疑问。从轧制工艺方面考虑，由于铸后仅保留单道次热轧工序（甚至完全取消热轧工序）且冷轧压下率受限，通过大压下率热轧和冷轧压下率分配并不能满足组织和织构调控要求，本节提出通过温轧变形优化薄带连铸取向硅钢组织和织构。

图 4-31 示出了取向硅钢铸带及常化退火板的 EBSD 取向成像图和 ODF φ_2 = 45°截面图。由图 4-31 可知，取向硅钢铸带和常化退火板的平均晶粒尺寸分别为 185μm、190μm，{100} 织构的面积分数分别达到 23.8% 和 20.2%。由图 4-31（a）、（c）知，铸带和常化退火板中粗大的晶粒大多为 {100} 取向（对应红颜色区域）。{100} 晶粒 Taylor 因子较低，在冷轧过程中承受的变形量较小，容易在冷

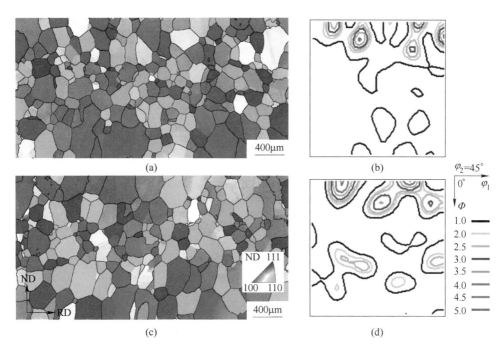

图 4-31 取向硅钢铸带及常化板的组织和织构

（a）铸带的取向成像图；（b）铸带的 ODF φ_2 = 45°图；（c）常化退火板的取向成像图；

（d）常化退火板的 ODF φ_2 = 45° 图

轧和再结晶退火过程形成拉长的带状组织并遗传至最终组织中。粗大组织的铸带经过常化、两阶段冷轧、初次再结晶退火和高温退火后，典型的二次再结晶微观组织如图 4-32 所示。由图 4-32 可知，基体组织发生明显 Goss 晶粒异常长大，且 Goss 取向度较高。沿轧制方向分布着少量尺寸为 200μm 的晶粒，该晶粒主要为偏离一定角度的 {100} 取向，如图 4-32（d）所示，这部分沿轧向分布的条带状组织在宏观上就是常见的"线晶"组织。粗大 {100} 晶粒（图 4-32（c）中 A 区域）和偏差较大的 Goss 晶粒（图 4-32（c）中 B 区域）均会阻碍 Goss 晶粒异常长大，从而造成二次再结晶不完善且磁性能较差。因而，初始粗大柱状晶的遗传性和准确 Goss 织构的形成是薄带连铸制备取向硅钢在织构控制方面的两个关键难题。

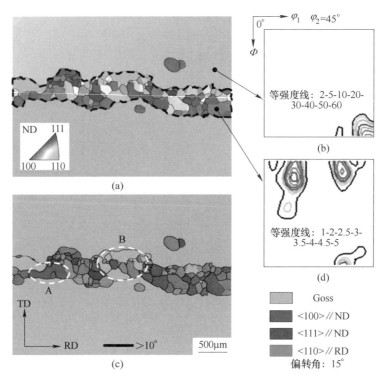

图 4-32　薄带连铸取向硅钢二次再结晶组织和织构
（a）取向成像图；（b）异常长大晶粒的 ODF $\varphi_2 = 45°$ 图；
（c）特征取向分布图；（d）未异常长大晶粒的 ODF $\varphi_2 = 45°$ 图

针对以上薄带连铸取向硅钢织构控制难题，本实验采用温轧变形调控组织和织构。图 4-33 示出了取向硅钢铸带经第一阶段轧制后的变形组织。典型的变形组织为拉长的变形晶粒，内部分布着较多与轧向成一定角度的微观变形带。不同取向晶粒抵抗变形能力不同，造成了变形基体不同区域的变形储能差异。由于变形程度会影响基体耐蚀程度，因而可简单根据金相组织腐蚀深浅程度判断变形程度。如图 4-33 所示，冷轧变形组织均匀性较差，变形带密度较低，仅在少量晶粒中形成了密度较高的剪切带。200～400℃温轧变形组织中，不同晶粒内部均存在较高密度的变形带（见图 4-33（b）、（c）、（d）），且组织腐蚀程度更深，而500～600℃温轧变形组织内部变形带密度降低。以上结果说明，轧制温度对薄带连铸取向硅钢变形行为有较大影响，其中取向硅钢在 200～400℃温轧变形时，基体变形更为剧烈，不同取向晶粒内均形成了较高密度变形带。

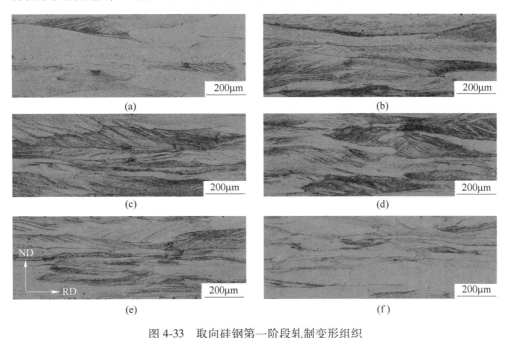

图 4-33 取向硅钢第一阶段轧制变形组织

（a）冷轧；（b）200℃温轧；（c）300℃温轧；（d）400℃温轧；（e）500℃温轧；（f）600℃温轧

图 4-34 示出了薄带连铸取向硅钢经过第一阶段轧制后的变形织构。典型铁素体中等压下率变形织构为 α 和 γ 织构，同时存在部分 λ 织构。影响轧制织构类型和强度的因素很多，包括初始织构、压下率、轧制规程和轧制温度等，本实验主要讨论轧制温度对变形织构的影响规律。由图 4-34 可知，冷轧织构为较强的 α 和 γ 织构，其中 α 织构强点为 $\{115\}<110>$，强度为 12.2；γ 织构强点为 $\{111\}$ $<110>$，强度为 3.9。200 温轧和 300 温轧变形织构类似，主要为强的 $\{111\}$ $<110>$织构和稍弱的 α 织构，200℃温轧试样中 $\{111\}<110>$最强，强度为 4.7；300℃温轧试样中最强织构强度仅为 6.3，如图 4-34（b）、（c）所示。可知，在200～300℃温轧变形时，λ 和 α 等平面变形织构弱化，而 γ 织构强度提高。随着轧制温度的升高，α 织构成为主要织构组成而 γ 织构不断减弱，同时整体织构强度有一定程度降低。以上结果表明，轧制温度对变形组织和织构有显著而复杂的影响，不同温度区间有不同影响。

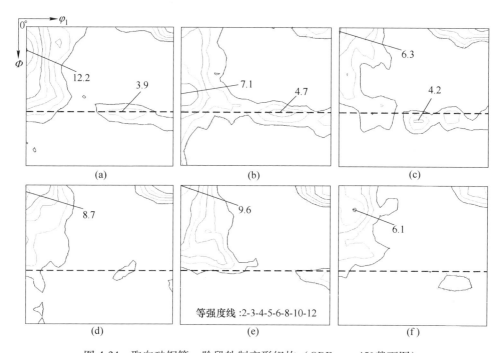

图 4-34 取向硅钢第一阶段轧制变形织构（ODF $\varphi_2 = 45°$ 截面图）

（a）冷轧；（b）200℃温轧；（c）300℃温轧；（d）400℃温轧；（e）500℃温轧；（f）600℃温轧

一般认为在特定温度区间温轧变形时，应力应变曲线上会出现锯齿屈服现象（PLC 效应），其本质为可动位错与溶质原子通过反复的钉扎和脱钉而产生动态应变时效（DSA）[20~22]。结合本实验显微变形组织和织构特征可知，200~400℃温轧变形，会发生明显的动态应变时效，该温度区间即为 DSA 敏感区间。在高于 DSA 敏感温度区间变形时，动态应变时效减弱。温轧变形主要通过改变位错运动和导致晶粒破碎两种形式影响变形织构[22]。C 和 N 等间隙原子容易在滑移面上钉扎位错，阻碍该滑移系开动，但是不同滑移系被阻碍或者开动对织构的影响并没有形成明确认识。Raphanel 等[23]通过织构模拟技术发现，当 {110}<111>滑移系被阻碍时，容易形成 {001}<110>和 {112}<110>织构，导致 {111}<112>等 γ 织构强度降低，这在 IF 钢中得到验证[20]。硅钢中由于 Si 元素的添加，塑性变形过程中位错运动以 {110}<111>滑移系为主[24]，而且温轧变形由于钉扎和脱钉过程的不连续性而不能完全抑制 {110}<111>滑移系的开动，因此能够形成较强的 γ 织构强度。温轧变形引起的局部应变集中会导致剪切变形的增强，如图 4-33 所示。可知，剪切变形可有效地破碎粗大晶粒，但是同时可消耗微观应变，晶体转动减弱，最终弱化织构。本实验中宏观织构结果并没有检测到明显的剪切织构，这与初始较强的 {100} 织构有关。

　　温轧过程中的动态应变时效会显著影响变形组织和织构，其作用方式受到间隙原子量、变形温度和初始组织状态等因素的影响，因此有必要进一步表征本实验条件下动态应变时效行为。由于动态应变时效涉及位错和溶质原子等微观尺度，且属于局部动态行为，直接观察较为困难。本实验利用电子探针表征300℃温轧试样中 C 和 N 原子的偏聚情况，如图 4-35 所示。由图 4-35 可知，在剪切带位置形成了 C 和 N 原子的局部偏聚，这也进一步说明在温轧过程中发生了间隙原子与位错之间的相互作用。虽然实验钢中 C、N 元素质量分数较低，由于亚快速凝固过程中大部分抑制剂元素处于固溶状态，且该间隙基体中扩散速率较快，因此能够很快地与可动位错发生钉扎和脱钉反应，即发生明显的动态应变时效。根据上文分析，这种效应会影响变形过程中晶体转动和位错运动，导致不同取向晶粒变形储能存在差异。

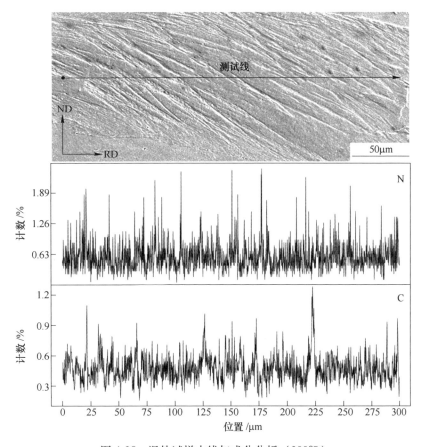

图 4-35　温轧试样中线扫成分分析（300℃）

　　利用 X 射线衍射法可有效测量和计算变形储能，X 射线衍射峰宽化是由于试样不完善晶体结构造成的，一般表现在晶粒细化和晶格畸变等方面。本实验采用相同实验条件，排除仪器自身误差和晶粒细化的影响，因此只考虑晶格畸变造成的衍射峰宽化。衍射峰归一化处理后，其半宽高（full width at half maximum，FWHM）可用于计算变形储能。基于 Stibitz 模型，储能 E_{hkl}^s 根据晶格畸变计算公式如下[22]：

$$E_{hkl}^s = \frac{3}{2} \cdot E_{hkl} \cdot \frac{1}{1 + 2 \cdot v_{hkl}^2} \cdot \left(\frac{\Delta d}{d_0}\right)^2 \tag{4-3}$$

式中　E_{hkl}——晶体 {hkl} 面的杨氏模量，具体数值参考相关文献资料[25,26]；

　　　v_{hkl}——泊松比，本实验选用 0.3。

晶格畸变（$\Delta d/d_0$）可根据以下公式计算[22]：

$$\frac{\Delta d}{d_0} = \frac{\sqrt{B_r^2 - B_a^2}}{2 \cdot \tan\theta_B^{hkl}} \tag{4-4}$$

式中　B_r，B_a——{hkl} 晶面变形状态和完全退火状态下衍射峰半宽高（FWHM）；

　　　θ_B^{hkl}——{hkl} 晶面衍射角。

实验测得的衍射曲线和根据衍射峰宽化计算得到的变形储能如图 4-36 所示。本实验采用常化处理板作为完全退火态，不同温度轧制试样为变形态。衍射峰曲线经过精修后得到各衍射峰半宽高，计算得到的基体常见晶面变形储能如图 4-36 (b) 所示。结果表明，200℃和 300℃温轧基体的变形储能高于冷轧板，特别是 {222} 和 {211} 晶面。结合电子探针线扫结果，说明在该温度区间内发生了明显的动态应变时效。由于间隙原子与位错的反复钉扎-脱钉作用，软取向晶体率先滑移的位错运动暂时受阻，这将导致部分硬取向晶粒内部位错也能发生滑移，使得基体整体变形储能更高。此外，不同取向晶粒内部间隙原子偏聚程度相差不大且间隙原子迁移速率较高，使得由晶体取向差异导致的变形不均匀程度降低，

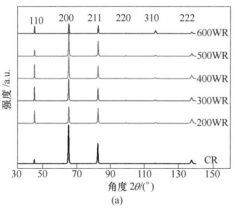
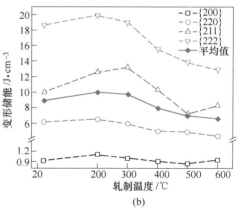

图 4-36　X 射线衍射曲线及计算的变形储能

(a) X 射线衍射结果；(b) 变形储能计算结果

因此基体塑性变形更为均匀。当轧制温度进一步升高时，变形储能降低，且各取向组织中储能差异性降低，这与较高温度温轧得到的变形组织是一致的。较高温度变形过程中，一方面各取向晶粒发生变形的临界分切应力降低，同时间隙原子迁移速率更高，位错运动更充分，导致动态应变时效减弱，甚至发生部分动态回复，最终基体变形储能明显降低。

不同晶面基体变形储能结果存在差异，从大到小的顺序为：$E_{222}^{s} > E_{211}^{s} > E_{220}^{s} > E_{200}^{s}$。该结果与无取向硅钢中研究结果类似[20]。变形储能可有效反映基体变形程度，不同取向晶粒的变形能力主要取决于滑移系数量和临界分切应力大小，晶体抵抗塑性变形能力可通过 Taylor 因子分析。平面变形条件下，{110} 纤维织构中{110}<110>织构的 Taylor 因子较高，{111} 和 {211} 纤维织构次之，{100}最小[20]。这说明 {110} 取向晶粒滑移系容易开动且承担较大的微观变形，而{100} 取向晶粒则与之相反。同时，体心立方材料塑性变形时位错滑移主要集中在 {110}、{112} 和 {123} 三组密排面，因此变形基体中 {110}、{111} 和{112} 取向晶粒变形较为剧烈，最终变形储能较高。本实验中由于初始织构中{100} 强度较高而 {110} 较弱，塑性变形过程中晶体转动导致取向变化，{100} 位向逐渐转向 {112}<110>和 {111}<110>，从而导致基体中 {211} 取向基体发生较剧烈塑性变形并保留较高的变形储能，如图 4-36（b）所示。

温轧变形会显著影响变形组织和织构，这种影响会遗传至再结晶组织和织构中，图 4-37 示出了中间退火板显微组织和特征取向分布。由图 4-37 可知，冷轧工艺对应的再结晶组织不均匀，粗大晶粒区域主要为拉长的 α 和 λ 取向（分别用粉色和红色表示），细小晶粒区域主要为 λ 和 Goss 取向（用绿色表示）。200~400℃温轧试样中形成了细小均匀的再结晶组织，主要为 γ（用蓝色表示）和 Goss 取向，结果表明该温度轧制变形可有效破碎粗大铸态组织，形成均匀的再结晶组织。当轧制温度继续升高时，中间退火板再结晶晶粒有一定粗化，尺寸分布不均匀，且主要为较强的 α 和 λ 取向。

图 4-38 示出了不同轧制工艺对应的中间退火板宏观织构。冷轧工艺对应的中间退火板主要以 α、γ、Goss 织构为主，其中 α 织构强点为 {118}<110>，强度为 5.5；γ 织构强点为 {111}<112>，强度为 3.2；Goss 织构强度为 3.3。200~300℃温轧工艺对应的再结晶织构主要为 {111}<112>和 Goss，200 温轧工艺中{111}<112>强度达到 3.9，300 温轧工艺中 Goss 织构强度达到 5.2，α 织构强度明显减低。400 温轧工艺对应的再结晶织构中 Goss 织构强度降低至 4.2，形成了较强的 Cube 织构，其强度达到 3.4。随着变形温度的升高，α 织构强度提高，主要集中在 {115}<110>~{112}<110>，同时 Goss 织构强度减低，λ 织构强度提高。500 温轧工艺中 {100}<140>织构强度达到 3.6，600 温轧工艺中 Goss 织构强度降低至 3.1，而 {115}<110>织构强度提高至 3.4。可见，在 DSA 敏感区域

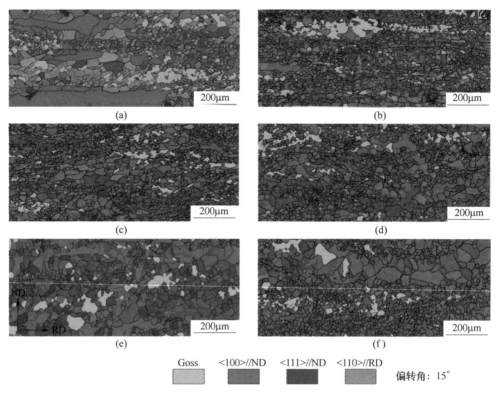

图 4-37 取向硅钢中间退火板特征取向分布图
（a）冷轧；（b）200 温轧；（c）300 温轧；（d）400 温轧；（e）500 温轧；（f）600 温轧

温轧可以提高 Goss 等剪切织构强度而降低 α 等平面变形织构强度。

　　根据上述实验结果和分析，不同温度变形对取向硅钢组织和织构演变的影响规律如图 4-39 所示。基于 Talylor 塑性变形理论，冷轧过程中不同取向晶粒抵抗变形的能力不同，导致基体承受变形量的差异，最终变形组织中剪切带分布不均匀。低 Taylor 因子取向晶粒变形储能极低[20]，形成的剪切带有限，特别是 {100} 取向晶粒。再结晶初期，在储能较高的区域形成了大量的再结晶晶核，而低储能晶粒通过回复而被保留下来。最终形成的组织不均匀，且 λ 和 α 织构较强。在 200~400℃温轧变形时，发生了明显的动态应变时效，可有效破碎粗大铸态组织且变形储能更高，不同取向变形基体中均形成了更高密度的剪切带，同时形成了较强的 γ 变形织构。再结晶初期，大量剪切带为再结晶形核提供更多的位置。根据定向形核理论，Goss 取向优先在 γ 和 α 取向变形基体中剪切带位置形核，{111}<112>晶核在 {111}<110>基体上形核，{111}<110>晶核在 {111}<112>基体上形核[27]。因此，在冷轧 γ 织构较强且剪切带密度较高的条件下，再结晶退火后形成较强的 γ 和 Goss 织构，且组织均匀细小。这种再结晶组织和织

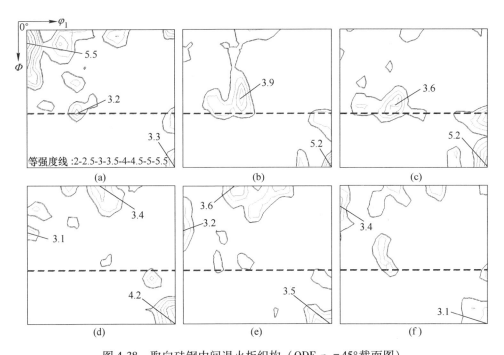

图 4-38 取向硅钢中间退火板织构（ODF $\varphi_2 = 45°$ 截面图）

(a) 冷轧；(b) 200 温轧；(c) 300 温轧；(d) 400 温轧；(e) 500 温轧；(f) 600 温轧

构状态有利于获得完善的二次再结晶组织。当变形温度继续升高时（500～600℃），由于可动位错数量提高且间隙原子扩散速率提高，间隙原子不能有效钉扎位错，使得动态应变时效明显减弱；变形均匀且程度更低，基体变形储能较低，初始较强的 λ 织构转向亚稳态的 α 织构，而 γ 织构较弱。再结晶过程中基体储能较低，且形核位置有限，除了少量在剪切带位置形核，此时基体主要形核机制为应变诱导晶界迁移。低储能的 {100}<110>～{112}<110>晶核向其他取向基体方向迁移，最终再结晶织构主要为 {115}<110>～{112}<110>织构，Goss 和 γ 织构强度明显减弱，同时再结晶晶粒相对粗化。

轧制工艺对组织和织构的影响会进一步在取向硅钢二次再结晶组织和磁性能中体现。图 4-40 示出了不同轧制工艺条件下的高温退火板宏观组织，最终二次再结晶组织存在较为明显的差异。由图 4-40 可知，冷轧工艺条件下，二次再结晶组织并不完善，形成了部分较大的二次晶粒，尺寸达到 10～20mm，但是在二次晶粒边界处存在部分细小晶粒，如图 4-40（a）中虚线区域所示。这部分细小晶粒主要为正常长大的近 {100} 取向晶粒和取向差较大的 Goss 晶粒，如图 4-40（a）所示。由于与异常长大 Goss 晶粒之间存在特殊取向关系且已粗化，因此很难被异常长大的 Goss 晶粒吞并。而在 200～400℃温轧试样中形成了完善的二次再结晶组织，异常长大晶粒尺寸为 20～40mm。这说明在动态应变时效敏感区域温轧，

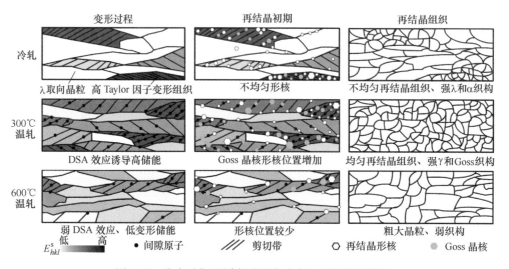

图 4-39　取向硅钢不同变形温度对应组织演变示意图

图 4-40　不同轧制工艺对应的二次再结晶宏观组织

（a）冷轧；（b）200 温轧；（c）300 温轧；（d）400 温轧；（e）500 温轧；（f）600 温轧

能够有效解决粗大铸态组织遗传导致的初次再结晶组织不均匀问题，最终实现二次再结晶组织优化。当轧制温度超过动态应变时效敏感温度区间时，高温退火板中二次再结晶组织不均匀，二次晶粒长大不充分且存在部分细小晶粒，这与中间退火组织和织构状态有关。

　　图 4-41 示出了不同轧制工艺条件下取向硅钢的磁性能。由图 4-41 可知，轧制温度对取向硅钢的磁感值和铁损值有明显影响。冷轧工艺对应的磁感值 B_8 仅为 1.76T，铁损值 $P_{1.7/50}$ 高达 1.82W/kg。当轧制温度升高至 300℃，磁感值提高至 1.88T，铁损值降低至 1.39W/kg，较冷轧工艺有了明显的优化。高温温轧（600℃）时，磁性能较差，磁感值仅为 1.72T，铁损值为 1.69W/kg。磁感值可以反映异常长大 Goss 晶粒的取向度。冷轧工艺和高温温轧工艺对应的磁感较低，是由于最终二次再结晶不完善，同时与部分偏差角较大的 Goss 晶粒发生异常长大有关。以上结果表明，在 200~400℃ 温轧可提高 Goss 织构强度和取向度，实现磁性能的提升，而高温温轧则会恶化磁性能。

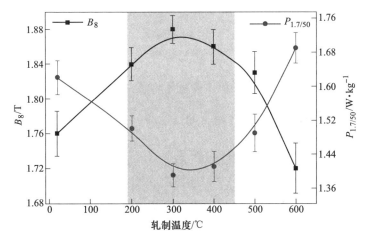

图 4-41　不同轧制工艺对应的磁性能

　　在薄带连铸条件下，取向硅钢组织和织构演变行为与常规流程存在明显差异，这为其调控提出了更高的要求。目前，薄带连铸取向硅钢组织和织构优化手段有限。通过降低浇铸过热度细化铸态组织在现阶段的可行性受限，而较高浇铸过热度浇铸时获得的铸带组织粗大，难以通过常规的两阶段冷轧工艺获得均匀的再结晶组织。本节实验结果表明，适当温度范围内温轧过程中明显的动态应变时效能够提高基体变形储能，获得了细小均匀的再结晶组织，并提高了有利 Goss 和 γ 织构强度。基于此，可有效地解决初始粗大铸态组织遗传与二次再结晶对再结晶组织严苛要求之间的问题，最终实现二次再结晶组织优化和磁性能的提升。同时，该结果表明温轧变形不仅适用于难变形金属的加工过程，而且可用于高磁感取向硅钢的制备工艺。特别是在薄带连铸取向硅钢织构调控方法受限条件下，为组织-织构优化和磁性能提升提供了新方法，丰富了薄带连铸制备高磁感取向硅钢调控机制。

4.2.3 新型抑制剂取向硅钢组织、织构和抑制剂演变规律

本节基于超低碳成分体系，设计了三种取向硅钢抑制剂成分，实验钢成分见表 4-3。实验钢 A 以 MnS 和 AlN 为抑制剂，实验钢 B 在实验钢 A 基础上添加 Nb 元素，实验钢 C 在实验钢 A 基础上添加 Bi 元素，作为辅助抑制剂形成元素。部分钢种检测到微量 Cu 和 V 等元素，由于含量极低且作用有限，不作为主要抑制剂进行讨论。

表 4-3 实验钢的主要化学成分（质量分数） (%)

编号	C	Si	Mn	S	N	Al_s	Nb	Bi
A	≤0.005	2.90	0.263	0.022	0.010	0.020	—	—
B	≤0.005	3.85	0.252	0.021	0.018	0.013	0.05	—
C	≤0.005	3.80	0.207	0.027	0.010	0.027	—	0.007

4.2.3.1 铸轧取向硅钢组织、织构及析出物

由于凝固过程的复杂性，不同铸轧条件下获得的铸带中等轴晶比例和宏观织构有明显区别。浇铸过热度、铸速和铸辊水冷强度等工艺参数被认为会明显影响凝固过程，构成调控铸带组织和织构的主要工艺手段。图 4-42 示出了三种实验钢铸带组织及宏观织构（恒 $\varphi_2 = 45°$ ODF 截面图）。由图 4-42 可知，铸带组织主要为粗大等轴晶，同时存在少量柱状晶，其中表层和中心层等轴晶相对细小，而中间层为粗大等轴晶或柱状晶。铸带宏观织构主要为偏离的 {100} 织构，同时存在较弱的 {110}，明显区别于常规凝固织构。

以 MnS 和 AlN 为主要抑制剂的铸带 A 中平均晶粒尺寸约 240μm，偏离的 {100} 织构较为明显，且在中间层形成强度为 2.7 的 Goss 织构，如图 4-42（b）所示。含 Nb 铸带 B 中等轴晶更发达，平均晶粒尺寸约 210μm，同时铸带 B 中没有形成明显的准确 Goss 织构，如图 4-42（d）所示。含 Bi 铸带 C 中平均晶粒尺寸约 198μm，晶粒尺寸较铸带 A 和 B 有明显细化。同时在中间层（$H/4$）形成了强度为 3.7 的 Goss 织构，而在中心层（$H/2$）形成了强度为 6.2 的 Cube 织构，如图 4-42（f）所示。

本实验中由于浇铸过热度相对较低（30~40℃），会直接减少铸辊所需传导的总热量。钢液内形核率的提高，使凝固组织细化。温度梯度降低，导致柱状晶开始向等轴晶转变，而且在柱状晶发展阶段，枝晶择优生长的选择作用减弱，因此形成了较粗大的等轴晶且 {100} 织构强度降低。偏离 {100} 织构的形成，一方面是由于熔池内钢液流动造成枝晶择优生长的<001>方向与温度梯度方向存在一定的偏差角[28]；另一方面是铸带离开铸辊之前，中间粗大等轴晶或柱状晶

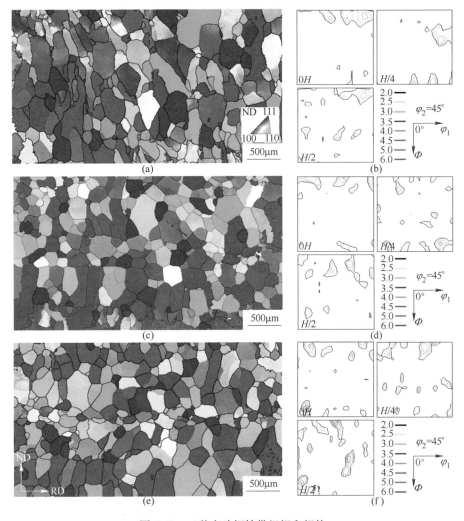

图 4-42 三种实验钢铸带组织和织构

(a) 铸带 A 的取向成像图；(b) 铸带 A 的 ODF $\varphi_2 = 45°$ 图；(c) 铸带 B 的取向成像图；

(d) 铸带 B 的 ODF $\varphi_2 = 45°$ 图；(e) 铸带 C 的取向成像图；(f) 铸带 C 的 ODF $\varphi_2 = 45°$ 图

承受较大的高温变形，因此宏观织构中 {100} 织构存在一定的偏差角。

薄带连铸过程中形成的较弱 {110} 织构，这与亚快速凝固过程中晶粒择优长大的特殊选择性有关。凝固过程中钢液中原子的迁移及排列方式总是倾向于降低系统能量。体心立方金属以 {110} 密排面作为表面时不饱和键数少，表面能低。<100>枝晶表面有 4 个密排面（{110} 晶面），这种原子排布有利于快速降低系统能量，是比较理想的择优长大方式。而<110>枝晶表面存在 2 个密排面，这种原子排列方式的总界面能仅高于<100>枝晶，也能够较快降低系统能量。因此，在晶体择优生长选择作用减弱的亚快速凝固过程中，{110} 织构能够稳定地存在，前期研究已进行系统分析[29]。另外，铸带高温变形也会明显影响铸带织构，较低的浇铸过热度会使得铸带高温变形明显，因此在铸带中间层形成了少量的 Goss 等剪切织构。

综合以上分析可知，铸带中组织和织构相比于常规铸锭和热轧板带具有一定的特殊性，且主要受到浇铸过热度等薄带连铸工艺参数的影响。薄带连铸流程中组织和织构的可控性是该流程的特点，在制备电工钢方面存在明显优势。铸带中 {100} 织构是理想的无取向硅钢织构，可加以利用；而对取向硅钢而言，这种 {100} 柱状晶是不利织构，应该尽量降低 {100} 织构比例。铸带中 {110} 织构主要组分为 Goss 和 {110}<110>，两者对取向硅钢和无取向硅钢组织、织构的影响不尽相同。其中 Goss 织构是取向硅钢所需织构类型，但是，铸带中形成的 Goss 织构强度较低且偏差角较大，能否作为二次再结晶"种子"仍存在较大争议。通过降低浇铸过热度或者增大铸轧力可提高铸带中 Goss 织构强度，但这会增加薄带连铸工艺的控制难度，工业化实施可行性较低。

本实验中的三种实验钢铸带组织和织构存在一定区别，铸带 B、C 晶粒尺寸较铸带 A 有一定细化，而且织构强度稍高。在控制铸轧工艺参数相同条件下，钢种本身凝固特性的不同会导致组织和织构的明显差异，实验观察到的组织差异主要与析出行为有关。图 4-43 示出了三种实验钢铸带中的析出物形貌、能谱和尺寸分布。在铸带 A 中析出物较少，数量密度为 3.8×10^8 个/cm^2，析出物主要为分布在晶界上的 MnS，很少检测到 AlN；析出物尺寸主要分布在 40～140nm 范围内，平均尺寸为 87nm。铸带 B 中的晶界上存在较多 MnS 和 NbN 复合析出物，晶内主要为 NbN 析出物；析出物密度为 7.3×10^8 个/cm^2，析出物平均尺寸为 65nm，且并没有检测到 AlN。在铸带 C 中析出物密度进一步增加，如图 4-43（c）所示，在晶界上主要为 MnS 和 AlN 复合析出，而在晶内析出了较多单独的 MnS 和 AlN，平均析出物尺寸为 62nm，密度为 1.1×10^9 个/cm^2。

不同实验钢中第二相粒子固溶-析出行为对组织有一定影响。铸带 A 中主要为高温析出的粗大 MnS，而在后续水冷以及空冷过程中并没有形成 AlN，因此析出物对低温段晶界迁移的阻碍作用有限，得到的初始组织相对粗大。铸带 B 中形成的析出物密度增加且尺寸减小，对晶界迁移产生较大的钉扎作用。此外，有研究表明[30]，以固溶形式存在的 Nb 元素对晶界迁移存在较强的溶质拖曳效应，且在铁素体中更为明显。因此，在含 Nb 析出物钉扎晶界和溶质拖曳效应的共同作用下，铸带 B 初始组织相对细小。含 Bi 铸带 C 中 MnS 和 AlN 析出明显，析出物密度进一步提高，初始组织最为细小。

薄带连铸凝固和冷却过程中析出物行为与常规流程明显不同，薄带连铸制备的取向硅钢铸带中抑制剂形成元素大多处于固溶状态，只有少量在晶界处析出。

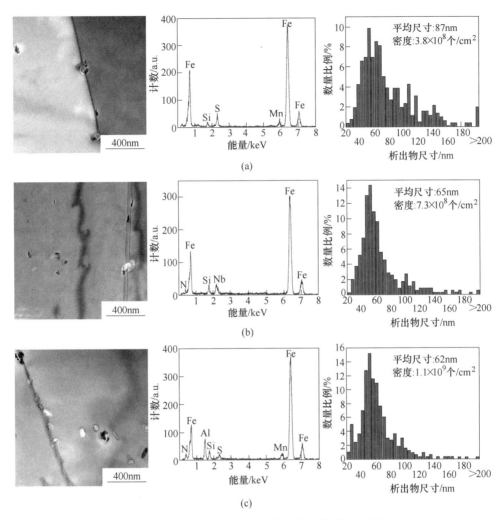

图 4-43 三种实验钢铸带的析出物形貌、能谱和尺寸分布

(a) 铸带 A；(b) 铸带 B；(c) 铸带 C

二次冷却段是控制 NbN 等低温析出物的关键工艺窗口，含 Nb 和含 Bi 取向硅钢铸带中析出物密度相对较高，且尺寸细小。因此，进一步明确不同抑制剂析出特点并合理制定热处理工艺是制备高性能取向硅钢的关键。

第二相粒子析出行为与析出热力学-动力学特征均和热处理工艺有关，根据实验钢检测的化学成分，采用 Thermal-Calc 软件计算不同第二相粒子析出顺序及析出温度。图 4-44 示出了不同钢种中析出物、固相和液相摩尔比例随温度变化关系。三种实验钢开始凝固点较为接近，分别为 1497℃、1497℃、1498℃，该温度受 Nb 和 Bi 等微量元素影响不大。钢种 A、B、C 中 MnS 开始析出温度较高，分别为 1414℃、1404℃、1411℃，其次是析出温度在 1200℃左右的 AlN。钢种 B 中 Nb(C，N) 析出温度为 1187℃，比 AlN 析出温度低。不同铸带中第二相粒子析出温度相差不大，这主要受到抑制剂元素添加量以及化合物元素之间的比例影响。平衡态热力学计算结果表明，MnS 会优先析出，其次是 AlN，最后是 NbN。由于薄带连铸过程是偏离平衡态的亚快速凝固，析出物的顺序以及析出量与平衡态结果不完全一致，同时析出动力学特征与薄带连铸过程也有密切关系。

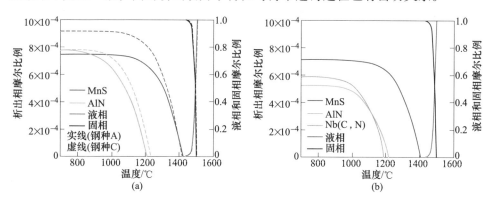

图 4-44　实验钢平衡相比例分布

(a) 钢种 A 和 C；(b) 钢种 B

热力学计算可分析析出温度区间，而具体沉淀析出的快慢由析出动力学决定。第二相粒子析出是典型的扩散型一级相变，主要由形核和长大过程组成。新相和母相自由能之差是相变的驱动力，第二相粒子均匀形核时自由能（ΔG）由单位体积相变自由能（ΔG_V）、弹性应变能（ΔG_{EV}）和比界面能（σ）三部分组成，表达式为[18]：

$$\Delta G = \frac{1}{6}\pi d^3 \Delta G_V + \frac{1}{6}\pi d^3 \Delta G_{EV} + \pi d^2 \sigma \qquad (4\text{-}5)$$

由于硅钢中第二相粒子在沉淀析出中较为稳定，弹性应变能较小，且会出现弹性应变能松弛现象，因此在定量计算时可以忽略弹性应变能的影响。令 $\frac{\partial \Delta G}{\partial d} = 0$，可得临界形核尺寸 d^* 和临界形核功 ΔG^*，表达式为：

$$d^* = -\frac{4\sigma}{\Delta G_V} \qquad (4\text{-}6)$$

$$\Delta G^* = \frac{16\pi\sigma^3}{3\Delta G_V^2} \qquad (4\text{-}7)$$

第二相粒子沉淀析出相变自由能取决于第二相形成元素在基体中的过饱和程度，即偏离平衡固溶度的程度。稀溶体中单位体积相变自由能可由下式计算[31]：

$$\Delta G_V = [\ln 10 \cdot R \cdot T(A - B/T) - \ln 10 \cdot R \cdot T \cdot \lg(M \cdot C)]/V_P \qquad (4\text{-}8)$$

式中　R——摩尔气体常数，取 $8.314 J \cdot K^{-1} \cdot mol^{-1}$；

　　　T——体系温度，K；

　A，B——析出相固溶度积公式中的常数；

　　　V_P——析出相摩尔体积。

基于 Avrami 提出的相变动力学经验方程，计算可得到相变转变量表达式。若认为 5% 为析出开始，则其表达式为：

$$\lg \frac{t_{0.05}}{t_0} = \frac{2}{3}\left(-1.28994 - 2\lg d^* + \frac{1}{\ln10} \cdot \frac{\Delta G^* + 2.5Q}{k \cdot T}\right) \tag{4-9}$$

式中　k——玻尔兹曼常数，取 $1.38 \times 10^{-23} J \cdot K^{-1}$；

　　　Q——控制性元素扩散激活能，J。

以上表达式为新相晶核在母相中均匀形核的相变动力学方程。实际固态沉淀析出过程中，析出物依附基体中的晶体缺陷形核会显著降低临界形核功，从而提高形核率，因此非均匀形核是固态沉淀析出的主要形核方式。本节主要讨论界面形核和位错线形核。由热力学结果可知，MnS 为高温析出物，而铸带高温凝固时基体位错密度较低。同时根据计算可知，均匀形核时的临界形核功最大，而晶界形核最小，因此薄带连铸过程中 MnS 以晶界形核为主。当新核在晶界处形核时，界面能量可提供给新相，因此临界形核功显著减低，而降低的程度取决于母相晶界的比晶界能（σ_B）和新相与母相的界面能（σ）的比值。晶界形核时的临界形核功与均匀形核功的比值为 A_1，其表达式为[32]：

$$A_1 = 0.5 \cdot [2 - 1.5 \cdot \sigma_B/\sigma + (\sigma_B/\sigma)^3] \tag{4-10}$$

其中，σ_B 取 $0.73 J \cdot m^{-3}$。

晶界形核的相变动力学方程为：

$$\lg \frac{t_{0.05}}{t_0} = 2\left(-1.28994 - 2\lg d^* + \frac{1}{\ln10} \cdot \frac{A_1 \cdot \Delta G^* + Q}{k \cdot T}\right) \tag{4-11}$$

凝固组织粗大，晶界形核位置有限，而且薄带连铸过程中的高温变形和快速冷却过程均会造成基体位错密度升高，因此低温析出相 AlN 和 NbN 主要在位错线上析出。基于 Cahn 位错理论[33]，单位长度晶核的自由能变化为[18]：

$$\Delta G = \frac{1}{6}\pi \cdot d^3 \cdot \Delta G_V + \pi \cdot d^2 \cdot \sigma - A \cdot d \tag{4-12}$$

式中　A——单位长度晶核的位错能量。

由于刃型位错能量较高，故认为以刃型位错形核为主。此时，单位长度晶核的位错能量表达式为：

$$A = G \cdot b^2/[4 \cdot \pi \cdot (1 - \nu)] \tag{4-13}$$

式中　ν——泊松比，选用 0.291；

　　　b——伯格斯矢量，选用 0.3111nm；

G——铁素体切变弹性模量，$G = 89334 - 29.688T^{[34]}$。

令 $\dfrac{\partial \Delta G}{\partial d} = 0$，可得临界形核尺寸 d_d^* 及临界形核功 ΔG_d^*：

$$d_d^* = -\frac{2\sigma}{\Delta G_V}\left[1 + (1+\beta)^{\frac{1}{2}}\right] \tag{4-14}$$

$$\Delta G_d^* = \frac{16 \cdot \pi \cdot \sigma^3}{3 \cdot \Delta G_V^2}(1+\beta)^{\frac{3}{2}} \tag{4-15}$$

其中，$\beta = \dfrac{A\Delta G_V}{2\pi\sigma^2}$。

因此，可得到位错线形核条件下相变动力学方程：

$$\lg\frac{t_{0.05}}{t_0} = -1.28994 - 2\lg d_d^* + \frac{1}{\ln 10} \cdot \frac{(1+\beta)^{1.5}\Delta G_d^* + 5/3 \cdot Q}{k \cdot T} \tag{4-16}$$

若认为 95% 为析出结束时间，将上式常数（ -1.28994 ）替换为 $\lg\left[\ln\left(\dfrac{1}{1-0.95}\right)\right] = 0.4765$ 即可。计算三种实验钢中不同析出相的相对 PTT(Precipitation-Temperature-Time) 曲线和相变体积自由能，计算所用到的关键参数见表 4-4。

表 4-4　计算参数

参量名称	MnS	AlN	NbN
固溶度积公式	$\lg\{[Mn][S]\} =$ $6.82 - 14855/T^{[35]}$	$\lg\{[Al][N]\} =$ $3.56 - 11900/T^{[36]}$	$\lg\{[Nb][N]\} =$ $5.2 - 13700/T^{[13]}$
比界面能/J	$\sigma = 0.7938 - 0.2842 \times 10^{-3}T^{[18]}$	$\sigma = 0.7938 - 0.2842 \times 10^{-3}T^{[34]}$	$\sigma = 1.17 - 0.3888 \times 10^{-3}T^{[18]}$
摩尔体积 /m³·mol⁻¹	$2.145 \times 10^{-5[18]}$	$1.33 \times 10^{-5[37]}$	$1.277 \times 10^{-5[18]}$
扩散激活能/J	Mn：$3.653 \times 10^{-19[31]}$	Al：$3.887 \times 10^{-19[18]}$	Nb：$4.185 \times 10^{-19[18]}$

计算结果如图 4-45 所示，三种析出相的 PTT 曲线呈典型的 C 曲线形式。由于目前不能定量计算有效形核时间 t_0，因此不同形核机制条件下的理论计算 PTT 曲线不能进行相互比较，但是与准确的 PTT 曲线之间仅相差某一固定时间，因此可用于分析沉淀析出形核最快温度点，即 PTT 曲线"鼻子点"温度。三种实验钢析出相鼻子点温度相差不大，根据计算结果，MnS 在晶界形核时"鼻子点"温度为 1305℃，AlN 和 NbN 在位错线形核时"鼻子点"温度较为接近，为 1080℃左右。

由以上热力学和动力学分析结果可知，MnS 开始析出温度和析出最快时温度均较高，且高温时 Mn 元素扩散速率较高，使得 MnS 晶核长大速率较大，最终容易在晶界上形成粗大的 MnS 析出物，这与实验观察结果是一致的。本实验计算

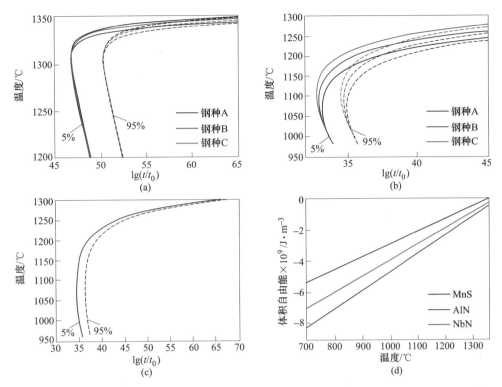

图 4-45　三种实验钢中不同析出相的相对 PTT 曲线和钢种 B 析出相变体积自由能

（a）MnS 在晶界上析出的 PTT 曲线；（b）AlN 在位错线上析出的 PTT 曲线；

（c）NbN 在位错线上析出的 PTT 曲线；（d）钢种 B 中不同析出相相变体积自由能

得到的 MnS 析出最快温度较部分研究结果要高[38]，这是由于本实验中 Mn 和 S 元素添加量均较高。尽管添加量较多，部分 Mn 和 S 仍处于固溶状态，并没有完全析出，这也说明了薄带连铸流程在固溶抑制剂元素方面的优势。关于 AlN 析出物的动力学计算，不同实验结果相差较大，韩国 Oh 等[39]采用应力松弛实验得到 AlN 最快析出温度为 1000℃，本实验中采用超低碳成分设计，在整个固相温度区间均以铁素体为基体，基体固溶能力不如含有一定量奥氏体的取向硅钢，因此 AlN 析出温度较高。结果表明：在本成分体系下，AlN 和 NbN 全固溶温度和析出最快温度均较为接近，因此两者之间存在一定的竞争关系，实际观察到的 AlN 析出物较少，而 NbN 析出物较多。进一步计算三种析出物的相变自由能，如图 4-45（d）所示。结果表明，NbN 析出相变自由能更小（绝对值更大），即析出驱动力越大，这将使得 NbN 析出更快。

　　以上热力学和动力学结果可用于指导热处理工艺的制定。取向硅钢在析出最快温度保温得到的析出物尺寸并非最小，而在最大形核率温度热处理才可能得到更为细小析出物，一般认为形核率最大温度比析出最快温度低 100~200℃[18]，因此为获得细小均匀的析出物，热处理温度优先选择最大形核率温度，同时避免低温析出物粗化。综合考虑三种析出物动力学特征，后续热处理温度选择在950~1050℃区间。

为对比凝固过程中冷却速率对凝固组织和析出行为的影响，本节设计了一组对比实验。将铸带 B 重新加热至 1540℃，待试样完全熔化后控制冷速，冷却至 400℃以下，观察组织和析出物状态，图 4-46 示出了取向硅钢不同冷速下的微观组织。

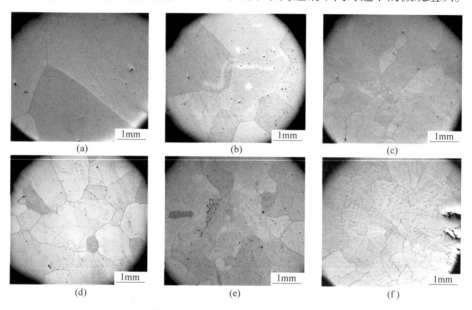

图 4-46　铸带 B 加热熔化后不同冷速条件下的微观组织
(a) 0.5℃/s；(b) 1℃/s；(c) 5℃/s；(d) 10℃/s；(e) 20℃/s；(f) 30℃/s

由图 4-46 可知，冷却速率对晶粒尺寸影响显著，冷速由 0.5℃/s 提高到 30℃/s 时，晶粒尺寸由毫米级别细化到约 480μm，但是仍比铸带组织粗大。决定凝固组织的关键因素是初始凝固速率，薄带连铸亚快速凝固速率高达 10^2 ~ 10^5℃/s，使得钢液获得较大的过冷度，能够明显降低临界形核尺寸而提高形核率，有利于获得细晶组织。

图 4-47 示出了取向硅钢不同冷速下析出物形貌。冷速为 0.5~1℃/s 时，析出物较少且明显粗化，达到微米级别，这与常规流程取向硅钢板坯中析出物尺寸相当。随着冷速的升高，析出物密度增加，平均尺寸降低。当冷速升高至 30℃/s，析出物相对细小弥散，结果表明：在空冷或较低冷速下析出行为无法被完全抑制，凝固和冷却速率会显著影响析出行为，这是常规板坯连铸过程中析出物易粗化的主要原因。与冷速为 30℃/s 试样相比，铸带 B 中析出物密度增加且尺寸明显减小。该结果说明，薄带连铸过程凝固和冷却速率明显高于常规板坯连铸工艺，这将导致薄带连铸取向硅钢铸态组织细化和析出行为被抑制。

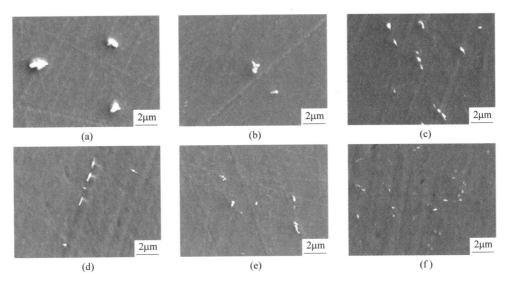

图 4-47 铸带 B 加热熔化后不同冷速条件下的析出物形貌

(a) 0.5℃/s; (b) 1℃/s; (c) 5℃/s; (d) 10℃/s; (e) 20℃/s; (f) 30℃/s

薄带连铸凝固-冷却过程中析出行为是一个连续过程，亚快速凝固、高温变形和二次冷却三个阶段均会对析出行为产生较大影响。成分起伏和能量起伏是第二相粒子突破能量壁垒并完成沉淀析出的前提条件。凝固过程由于液固两相在固溶能力方面的差异，溶质原子会在枝晶间隙或界面处富集，常规薄板坯连铸过程中凝固速率较慢（$10^{-2} \sim 10^{1}$℃/s），钢水凝固过程中元素偏析严重，第二相粗化明显。而薄带连铸过程凝固速率（$10^{2} \sim 10^{5}$℃/s）比板坯连铸凝固速率高出 2 个数量级以上，钢水结晶过程在更短的时间内完成。在此过程中，固液界面移动速率接近或者达到原子间扩散速率，溶质原子长距离迁移扩散受到限制，因此能够有效降低元素偏析程度并使得抑制剂元素大部分处于过饱和固溶状态，这是薄带连铸过程亚快速凝固的特性之一。

完成凝固的稳定坯壳在出铸辊之前发生轻微高温变形，可在一定程度上提高基体位错密度。较高密度的位错一方面为元素扩散提供了快速迁移通道，另一方面能够提供析出形核位置，因此将显著促进析出行为。高温塑性变形阶段对 NbN 低温析出影响尤为明显，铸带中析出物密度较 30℃/s 对应的试样要高，这与高温变形促进析出有关。同时，铸带中析出物更为细小，这说明二次冷却段采用水冷可明显抑制第二相的粗化。

初始凝固组织粗大，晶界密度低，MnS 形核位置有限，少量 MnS 在晶界上析出，可阻碍高温阶段晶界迁移。实验钢 A、B 铸带中很少检测到 AlN 析出物，这是由于 AlN 析出温度比 MnS 低，同时，AlN 析出的孕育时间比 MnS 长，因此 AlN 析出相对困难[40]。而 Nb(N，C) 在铁素体析出时能在较宽温度区间保持较短析出孕育时间[41]，因而 NbN 析出会较快。AlN 和 NbN 之间的竞争关系还体现在两者对 N 原子的占用。析出相变体积自由能计算结果表明，在开始析出温度以下，NbN 的沉淀析出体积自由能比 AlN 要低，考虑到两者临界形核功在相同数量级，因而 NbN 沉淀析出驱动能更大，而且这种差距随着温度的降低而增大，如图 4-45（d）所示。因此 NbN 会优先在有限的形核位置上形核，而 AlN 析出则会被抑制。实验结果表明，薄带连铸过程中的亚快速凝固、高温变形以及二次冷却段方式均会影响铸带中析出物分布状态，因此可根据这三个阶段的特点，合理设计抑制剂，实现抑制剂种类和添加量的拓展。

钢种 C 的铸带中形成了较多的 AlN 析出，典型 TEM 明暗场像及选区电子衍射花样如图 4-48 所示。长棒状 AlN 长轴约为 240nm，短轴约为 45nm。图 4-48（c）表明，该 AlN 析出物为面心立方结构，计算得到其晶格常数约为 0.41nm，与其他实验结果接近。常见由 γ→α 相变得到的 AlN 为密排六方结构，并且与体心立方基体保持着一定的析出位向关系[41~44]。面心立方结构的 AlN 在低碳钢和硅钢中均被观察到，且与基体也存在一定的位向关系。这种与基体的共格或半共格的关系使得 AlN 处于稳定状态，因此高温退火过程中 AlN 较为稳定。同时，由于 AlN 与母相基体之间存在特殊位向关系，会对晶界迁移产生选择性抑制作用，从而对异常长大晶粒的位向具有一定的调控作用[45]，因此本实验中的典型析出物 AlN 同样会发挥抑制剂作用。

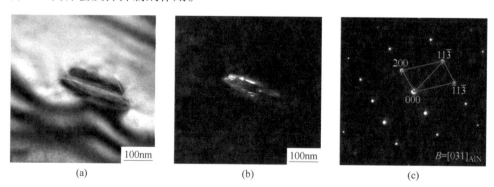

图 4-48　实验钢 C 铸带中 AlN 析出相的 TEM 明暗场像和选区电子衍射花样
(a) 明场像；(b) 暗场像；(c) 选区电子衍射花样及其标定

钢种 C 中 AlN 的析出与添加的少量 Bi 元素有关。由于 Bi 元素含量较低，其对析出行为的作用无法通过热力学和动力学计算体现。利用 EPMA 详细表征钢种 C 中析出物，其结果如图 4-49 所示。由图 4-49 可知，在晶界上形成 500~750nm 的粗大析出物，主要为 Mn、Al、S 和 N 等元素，同时在部分析出物上存在 Bi 元素富集，这说明铸带容易形成粗大 MnS 和 AlN 复合析出物。由于铸带中析出形核位置有限，借助复合析出的方式能够有效降低临界形核功，从而促进析出过

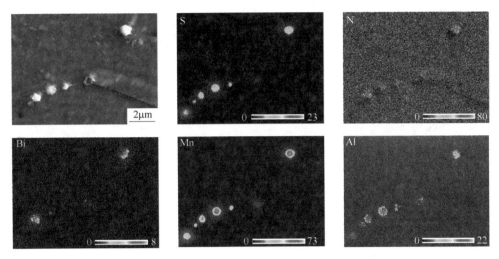

图 4-49 实验钢 C 中析出相 EPMA 面扫结果

程。由于 Bi 为低熔点金属，富 Bi 微区域在凝固和冷却过程中一直处于高能状态，这为析出所需的能量起伏提供条件，因此促进了 MnS 和 AlN 的析出，特别是析出过程被抑制的低温析出物。一般认为 Bi 为强化抑制剂元素，添加少量 Bi 能促进 MnS 和 AlN 细小析出[46]，本实验添加的微量 Bi 达到了类似效果。目前，含 Bi 钢冶炼成分控制难度大且收得率低、微细分散析出 Bi 颗粒困难和含 Bi 钢热轧边裂等技术难题严重阻碍含 Bi 取向硅钢的开发。薄带连铸流程中钢水熔炼工艺与常规相同，只能将 Bi 元素添加量控制在溶解度以下。而钢液在钢包、中间包、布流包和熔池内的流动能在一定程度上促进 Bi 元素在钢液中的均匀分布，而且亚快速凝固过程能够减轻偏析程度，这些都有利于获得弥散分布的 Bi 颗粒。同时，由于可省去冗长的热轧和相关加热过程，可有效减轻因 Bi 元素在晶界偏聚而导致的热轧边裂，这是利用薄带连铸近终成形特点开发含 Bi 取向硅钢的优势。

　　亚快速凝固易形成亚稳相或过渡相。亚稳相的形成取决于合金成分等内部因素和温度、压力等外部环境条件。亚快速凝固过程中，过冷熔体的温度较低并同时满足稳定相和亚稳相的形核条件，而最终能否形成亚稳相实质上是两者的竞争形核过程[47]，目前对亚快速凝固过程中亚稳相的研究并不深入。图 4-50 示出了钢种 B 中含 Nb 析出物的扫描透射（STEM）结果。该析出物尺寸为 30~38nm，富 Nb 和 S 元素，同时该析出物贫 N 和 Si，可知该析出物主要为含 Nb 的硫化物。Nb 的电负性很强，配位倾向强，可以和 30 多个元素作用生成具有金属性质中间相，常见的中间相为碳化物、氮化物和硼化物。含 Nb 的硫化物并不常见，其中 NbS_2 需通过硫蒸气与金属 Nb 在 500~600℃反应生成或利用常压化学气相沉积反

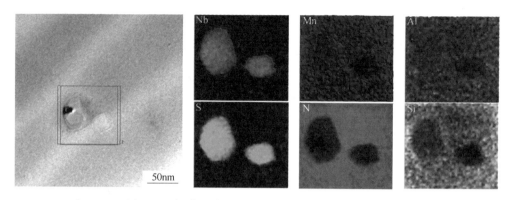

图 4-50 钢种 B 中含 Nb 析出物扫描透射元素分布

应制备[48,49]。本实验钢中观察到的含 Nb 的硫化物属于亚快速凝固过程中形成的亚稳相，由于实验钢添加的 S 元素含量较高，亚快速凝固过程中局部区域成分波动可能会导致形成含 Nb 的硫化物。由于亚稳相可以借助材料系统内部出现的能量起伏自发转变成稳定相或者自由能更低的亚稳相，铸带中形成的少量含 Nb 的硫化物会在后续的热处理过程发生转变，并不会影响其抑制效果。同时，这种成分复杂的含 Nb 的硫化物被认为能改善析出物高温稳定性，从而保证 Goss 织构充分发展。

4.2.3.2 新型抑制剂取向硅钢组织织构演变

区别于常规流程中的"动态应变诱导析出"或"相变诱导析出"，基于薄带连铸流程中"过饱和固溶"的特点，可利用常化和中间退火过程中的沉淀析出方式控制抑制剂。根据热力学平衡，抑制剂形成元素处于过饱和固溶状态的基体在热激活过程中具有强烈的析出倾向，常化和中间退火过程是控制抑制剂的关键工艺。图 4-51 示出了三种实验钢铸带在常化处理、中间退火和初次再结晶退火过程中的析出物演变，图 4-52 示出了不同阶段析出物平均尺寸和数量密度的变化。由图 4-52 可知，铸带经 1050℃保温 5min 常化处理后，抑制剂在晶界沉淀析出明显，析出物密度均有明显提高，同时平均尺寸减小。三种实验钢常化板中析出物数量分布密度分别为 6.5×10^8 个/cm^2、9.6×10^8 个/cm^2、1.3×10^9 个/cm^2。钢种 A 中部分 MnS 在晶内析出，钢种 B 中细小 NbN 析出明显，钢种 C 中多以复合析出物为主，析出物尺寸变化不大。常化退火板经过 70% 冷轧和中间退火后，抑制剂进一步细小析出。三种实验钢常化板中析出物数量分布密度分别为 7.8×10^8 个/cm^2、1.6×10^9 个/cm^2、1.5×10^9 个/cm^2。冷轧过程中形成了较高的位错密度，为析出物提供更多的形核位置。少量 AlN 在钢种 A 中发生晶内析出，析出物平均尺寸为 59nm；钢种 B 中析出物密度增加明显，这说明了应变诱导 NbN 析出

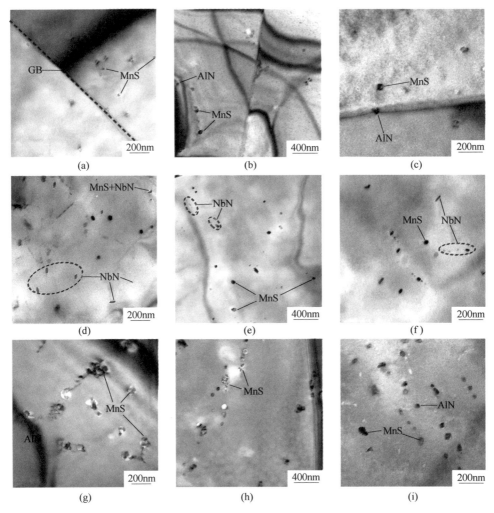

图 4-51 三种实验钢常化板、中间退火板和初次再结晶退火板中析出物演变

（a）钢种 A 的常化板；（b）钢种 A 的中间退火板；（c）钢种 A 的初次再结晶退火板；

（d）钢种 B 的常化板；（e）钢种 B 的中间退火板；（f）钢种 B 的初次再结晶退火板；

（g）钢种 C 的常化板；（h）钢种 C 的中间退火板；（i）钢种 C 的初次再结晶退火板

的重要作用；钢种 C 中析出物密度仍保持较高的水平，析出物平均尺寸为 56nm。

经过两阶段冷轧和初次再结晶退火后，三种实验钢初次再结晶退火板中析出物分布如图 4-51 所示。钢种 A 中析出物主要为 MnS，同时存在少量 AlN，析出物平均尺寸为 69nm，较中间退火板有所增大，整体密度较低，仅为 $8.3×10^8$ 个/cm^2。钢种 B 中的析出物以 NbN 和 MnS 为主，平均尺寸为 40nm，析出物尺寸最为细小。钢种 C 中析出物平均尺寸为 49nm，析出物密度较大，达到 $1.9×10^9$ 个/cm^2。由此可知，常规成分的钢种 A 的初次再结晶退火板中析出物密度较低，且尺寸较大。钢

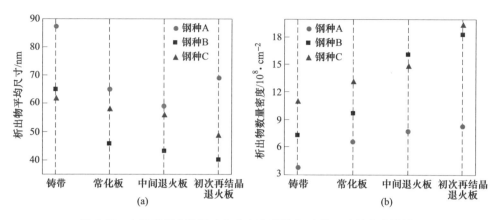

图 4-52 全流程析出物尺寸和分布密度演变（基于透射实验结果）

（a）析出物平均尺寸；（b）析出物数量密度

种 B 中析出物细小，这说明添加 Nb 元素可以获得细小均匀的析出物，这与常规结构钢中添加 Nb、V 等微合金元素得到的析出物规律类似。与钢种 A 相比，钢种 C 中析出物密度更高且平均尺寸更小，这进一步说明 Bi 元素可促进 MnS 和 AlN 细小析出。由此可知，钢种 B、C 初次再结晶退火板中获得了密度高且尺寸细小的抑制剂，可提供更强的阻碍晶粒长大的抑制能力，为二次再结晶提供基础。

由热力学可知，平衡条件下同时存在第二相粒子的析出、回溶与粗化行为。在后续热处理阶段析出物密度不断提高，这进一步说明铸带中抑制剂形成元素处于过饱和固溶状态，且在后续的热处理过程中第二相粒子以沉淀析出为主。过饱和固溶体提供较大的析出驱动力，由于退火时间较短且温度低于最快形核温度，因而析出行为明显，且避免抑制剂粗化。此外，在冷轧过程中，初始粗大第二相粒子会发生一定程度破碎，并影响其分布状态。

图 4-53 为 TEM 观察到的第二相粒子碎化现象。在第一阶段冷轧过程中，铸带中形成的粗大 MnS 和 NbN 复合析出物及部分 NbN 析出物沿特定方向发生破碎，如图 4-53（a）、（b）所示。在第二阶段冷轧过程中尺寸更小的 MnS 和 NbN 析出物发生破碎，在初次再结晶退火板中可明显地观察到析出物沿特定方向呈条带状分布，如图 4-53（e）中红色虚线所示，这与粗大析出物破碎有关。钢中 MnS 为塑性第二相，可随基体的变形而发生变形。当变形率超过第二相粒子塑性变形极限时，在变形应力和位错滑移的作用下则会发生粒子碎化[50]。这种第二相粒子破碎行为会使析出物分布密度增加且尺寸降低，有利于获得强抑制能力。

组织和织构控制是取向硅钢制备的关键技术，其主要受到初始组织、变形条件和抑制剂等因素的影响。本实验中不同抑制剂取向硅钢初始织构类似，在控制

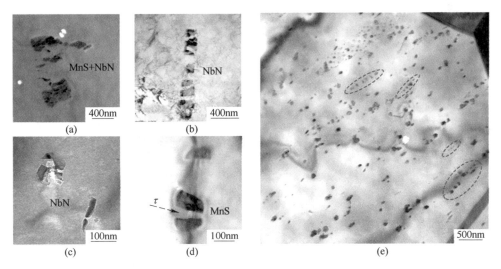

图 4-53　冷变形过程中第二相粒子碎化现象
（a），（b）第一阶段冷轧板退火初期；（c），（d）第二阶段冷轧板退火初期；（e）初次再结晶退火板

相同冷轧压下率条件下，研究不同钢种中抑制剂分布对组织和织构演变的影响。图 4-54 示出了三种实验钢常化板和中间退火板组织。常规流程中常化工艺的主要目的是促进 AlN 弥散析出、提高再结晶区比例和促进晶粒长大。由图 4-54 可知，常化板和铸带组织相差不大，晶粒并没有明显长大。铸带组织为较粗大的柱状晶或等轴晶，由于高温形成的晶界较为稳定，且晶界上析出物较为丰富，因此铸带经过常化处理后组织变化并不明显。经过 70% 压下率冷轧和中间退火后，三种实验钢平均晶粒尺寸分别为 25μm、17.6μm、21μm，如图 4-54（d）、（f）所示。

钢种 A 中间退火板中存在部分拉长的 {100} 晶粒，组织均匀性较差，这是常规抑制剂取向硅钢容易出现的组织特征。钢种 B 中间退火板的组织细小均匀，说明 NbN 析出物和固溶态 Nb 可明显细化再结晶组织。钢种 C 的中间退火板组织较钢种 A 有明显细化，同时形成较强的 Goss 织构，这与铸带和常化板中形成的大量析出物有关。冷轧过程中，第二相粒子阻碍位错滑移而导致位错塞积，进而提高基体变形储能。较高的变形储能会提高再结晶形核率，同时大量的析出物会阻碍再结晶晶粒的长大，因此组织可明显细化。此外，大量的硬质第二相粒子会提高基体剪切变形程度，有利于形成 Goss 等剪切织构。

图 4-55 示出了三种实验钢常化退火板宏观织构。由图 4-55 可知，三种实验钢常化织构和铸带织构较为类似，织构分布较为漫散，{100} 织构具有一定的优势。钢种 A、C 中织构强度稍高，这与组织中存在一定的 {100} 柱状晶有关，如图 4-54 所示。该结果表明，铸带短时间退火处理并不会明显改变初始织构类

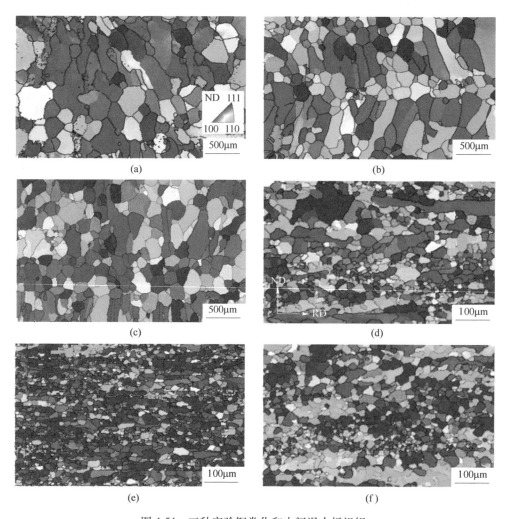

图 4-54　三种实验钢常化和中间退火板组织
（a）常化板，钢种 A；（b）常化板，钢种 B；（c）常化板，钢种 C；
（d）中间退火板，钢种 A；（e）中间退火板，钢种 B；（f）中间退火板，钢种 C

型。此外，在常化板中并没有检测到 Goss 织构，这进一步说明在本实验条件下初始组织中不存在明显的 Goss 织构。

　　常化板经过 70%压下率冷轧变形和中间退火后形成的宏观织构如图 4-56 所示。第一阶段冷轧板织构主要以典型的 α 和 γ 纤维织构为主，不同之处在于织构的强度。钢种 B 中形成了较强的 ｛111｝<110>织构，强度达到 6.5。钢种 C 中形成了较为均匀的 γ 织构，｛111｝<112>织构强度为 3.8。冷轧塑性变形过程中，体心立方基体的密排方向倾向于平行轧向，密排面倾向于平行轧面，即<110>//RD 和<111>//ND，分别对应 α 和 γ 纤维织构。根据单晶冷轧实验，初始 ｛001｝

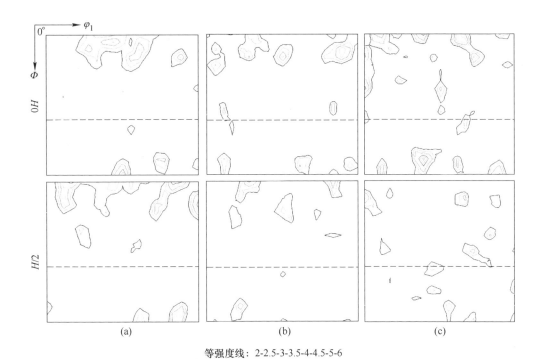

等强度线：2-2.5-3-3.5-4-4.5-5-6

图 4-55　三种实验钢常化退火板宏观织构（ODF $\varphi_2 = 45°$ 截面图）

（a）钢种 A；（b）钢种 B；（c）钢种 C

<100>取向会按照 {001}<100>→{001}<110>→{112}<110>→{223}<110>的路径演变，初始 {110}<001>取向则会按照 {110}<100>→{111}<112>→{111}<110>→{223}<110>的路径旋转，最终均会形成稳定的 {223}<110>取向。但在多晶体晶系中，不同取向晶粒临界切应力不同，这会导致多晶体变形的不均匀性，并且第二相粒子、晶界等缺陷位置也会阻碍位错运动。在冷轧过程中，铸带中的初始粗大 {100} 晶粒在冷轧和再结晶退火过程中容易形成拉长的带状组织。相对细小的初始组织在冷轧过程中变形协调性较好，变形相对均匀，晶体转动容易，形成稳定织构更快，因此在钢种 B 中形成了较强的 γ 变形织构。

　　中间退火过程发生静态再结晶，主要由回复、再结晶形核和晶粒长大三个阶段组成。冷轧变形过程产生的位错在热激活作用下借助交滑移和攀移调整位置、能量状态，以回复形式降低变形储能而稳定组织。这种通过回复保留原始取向的形式优先发生在 {100} 和 α 取向等低储能组织中，钢种 A 铸带冷轧-再结晶过程中较为明显。再结晶形核主要发生在剪切带等高密度位错区域，各取向晶粒变形储能存在差异，高 Taylor 因子晶粒变形严重，且更容易发生晶内剪切变形。

　　常见取向晶粒冷轧储能由低到高的顺序为：{001}<110>、{112}<110>、{111}<110>和 {111}<112>[51]。根据定向形核理论，具有特殊取向关系的晶界

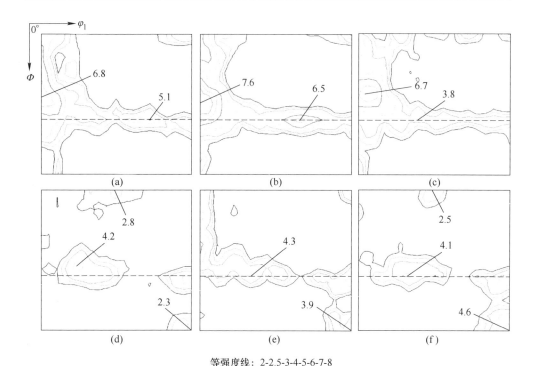

等强度线：2-2.5-3-4-5-6-7-8

图 4-56   三种实验钢第一阶段冷轧板和中间退火板宏观织构（$H/4$，ODF $\varphi_2 = 45°$ 截面图）

（a）第一阶段冷轧板，钢种 A；（b）第一阶段冷轧板，钢种 B；（c）第一阶段冷轧板，钢种 C；
（d）中间退火板，钢种 A；（e）中间退火板，钢种 B；（f）中间退火板，钢种 C

迁移速率更高。｛111｝<110> 与 ｛111｝<112> 之间具有 30°<111> 的取向关系，因而 ｛111｝<112> 晶核在 ｛111｝<110> 变形基体内形核，｛111｝<110> 晶核在 ｛111｝<112> 变形基体内形核。因此当冷轧 γ 织构较强时，退火过程中会形成较强的 γ 再结晶织构。粗大的初始组织在冷轧过程中容易形成高密度剪切带，有利于再结晶初期形成 Goss 和 Cube 等取向晶核。同时基体中分布的第二相粒子会增加基体剪切变形比例，进一步促进 Goss 晶粒形核，这种作用在钢种 C 中更为明显。由于钢种 C 的常化板中析出物尺寸较大且密度高，在冷轧过程中粗大晶粒能够有效破碎，在一定程度上避免了 ｛100｝ 织构的遗传作用，同时促进基体的剪切变形行为，从而提高了 Goss 再结晶织构强度。

图 4-57 示出了第二阶段冷轧板和初次再结晶退火板的宏观织构。由图 4-57 可知，钢种 A 中 α 和 γ 织构的强点分别为 ｛118｝<110> 和 ｛111｝<112>，对应强度分别为 6.8 和 7.4；钢种 B 中 α 和 γ 织构的强点分别为 ｛223｝<110> 和 ｛111｝<112>，对应强度分别为 9.2 和 7.0。钢种 C 中 α 织构较弱，γ 织构的强点为 ｛111｝<112>，对应强度为 9.0。钢种 A 中 ｛100｝ 和 α 织构存在较强的遗传性；

钢种 B 中由于组织细小，因此更容易转动到稳定织构。钢种 C 中间退火板中较强的 {111}<112> 向稳定的 {111}<110> 和 {223}<110> 取向转动，Goss 向 {111}<112>，其至 {111}<110> 转动；由于中间退火板组织粗大，且第二相粒子会阻碍晶体转动，因此并没有形成 {223}<110>，而是仍保持较强的 {111}<112> 织构。

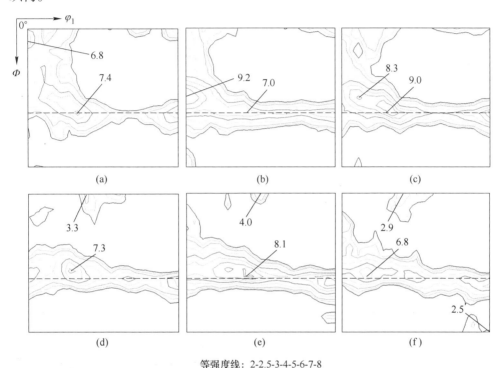

等强度线：2-2.5-3-4-5-6-7-8

图 4-57 三种实验钢第二阶段冷轧板和初次再结晶退火板宏观织构（$H/4$，ODF $\varphi_2 = 45°$ 截面图）

（a）第二阶段冷轧板，钢种 A；（b）第二阶段冷轧板，钢种 B；（c）第二阶段冷轧板，钢种 C；
（d）初次再结晶退火板，钢种 A；（e）初次再结晶退火板，钢种 B；（f）初次再结晶退火板，钢种 C

初次再结晶织构与中间退火板组织、织构有直接关系。细小中间退火组织在冷轧过程积累较高变形储能，使得退火过程中再结晶形核率升高，新晶核会快速吞并变形基体，导致 α 织构遗传性降低。此外，细小晶粒组织中晶界比例更高，这将有利于 γ 取向晶粒的形核。因而，初次再结晶退火板中 α 织构明显减弱而形成了较强的 γ 织构。γ 织构由于与 Goss 有特殊取向关系，被认为是一种较为理想的初次再结晶织构组分。钢种 C 的初次再结晶组织中形成了较强的 Goss 织构，强度为 2.5，这与中间退火板中强的 Goss 织构有关。此外部分初次再结晶组织中形成了一定强度的 Cube 织构，这与 γ 取向基体中剪切变形、初始织构遗传等因素有关。

　　细小均匀的初次再结晶组织和有利的织构是形成完善二次再结晶的前提条件，三种实验钢初次再结晶组织和特征取向分布如图 4-58 所示。由图 4-58 可知，钢种 B 得到的初次再结晶组织最细，平均晶粒尺寸为 10.1μm；其次是钢种 C，平均尺寸为 11.6μm；钢种 A 初次再结晶组织相对粗大，平均尺寸为 13.8μm。微观取向分析可知，在钢种 C 中形成了较强的 Goss 织构，面积分数达到 3.15%；而钢种 B 中 Goss 最弱，面积分数为 1.3%。γ 织构中典型组分 {111}<112>在三种实验钢中的面积分数分别为 19%、22% 和 13.9%，可见钢种 B 在获得有利 γ 织构方面的优势，这与宏观织构结果是一致的。钢种 A 中初次再结晶组织均匀性较差，形成了少量 {111}<112>和 Cube 取向带状组织；这种组织不均匀性问题容易在初始组织粗大和冷轧压下率较小条件下出现，最终可能会导致成品板中出现“混晶”或者“线晶”。这是薄带连铸取向硅钢组织和织构调控仍存在的难题，通过降低浇铸过热度、细化初始组织或提高冷轧压下率等方法解决该难题存在一定局限性。钢种 B、C 的初次再结晶实验结果表明，可通过成分设计在一定程度上实现组织优化，添加 Nb 可明显细化再结晶组织并提高 γ 织构强度，添加 Bi 可提高再结晶组织均匀性和 Goss 织构强度。

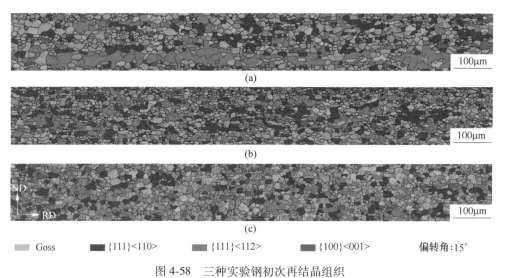

图 4-58　三种实验钢初次再结晶组织
(a) 钢种 A；(b) 钢种 B；(c) 钢种 C

4.2.3.3　基于抑制剂演变行为的工艺设计

　　取向硅钢生产的核心是控制 Goss 晶粒发生完善的二次再结晶，形成单一的 Goss 织构，从而获得良好的磁性能。二次再结晶组织和磁性能可直接反映取向硅钢制备工艺是否可行。图 4-59 示出了三种实验钢二次再结晶宏观组织，含 Bi 和含 Nb 取向硅钢均发生了较为完善的二次再结晶，而常规抑制剂取向硅钢二次再结晶相对较差。钢种 A 的二次晶粒尺寸为 10~40mm，同时存在少量 2~5mm 小晶粒；钢种 B 的二次晶粒尺寸为 30~80mm；钢种 C 的二次晶粒达到 40~100mm，少数晶粒尺寸为 15mm 左右，且各晶粒晶界并不明显。

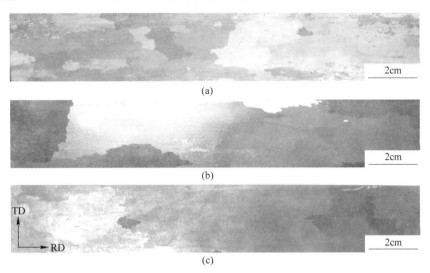

图 4-59　三种实验钢二次再结晶宏观组织
（a）钢种 A；（b）钢种 B；（c）钢种 C

图 4-60 示出了三种实验钢的磁性能。实验结果表明，三种实验钢磁感值均达到 CGO 钢磁感值要求（B_8 大于 1.82T）。钢种 C 磁感值最高，B_8 达到 1.91T，接近 Hi-B 水平；钢种 B 其次，B_8 达到 1.88T；钢种 A 磁感值最差，B_8 仅为 1.84T。影响磁感值的主要因素是 Goss 织构的强度和取向度，钢种 C 的初次再结晶退火板组织相对细小，Goss 织构较强，析出物细小且密度较大，这些均有利于高温退火过程中准确 Goss 发生完善二次再结晶。而钢种 B 的初次再结晶基体组织存在较强的有利 γ 织构，且析出物尺寸更小，尽管 Goss 织构相对较弱，但并不影响 Goss 晶粒发生完善的二次再结晶。钢种 A 中部分已粗化的"混晶"与初次再结晶组织中的带状组织有关，同时由于析出物尺寸较大且密度较低，因此二次再结晶组织相对较差，磁感值较低。

铁损值是电工钢的重要技术指标，是作为划分产品牌号的依据，降低铁损值可有效节省电能。三种实验钢的铁损值 $P_{1.7/50}$ 分别为 1.5W/kg、1.6W/kg、1.44W/kg，如图 4-60 所示。织构状态、未回溶的第二相粒子、晶粒尺寸以及钢板表面状态等因素均会影响铁损值。钢种 B 的铁损最高，一方面与较大的二次晶粒有关；另一方面由于 NbN 全固溶温度明显高于 MnS 和 AlN，本实验条件下 NbN 并不能完全回溶，部分粗化的第二相粒子会阻碍磁畴壁移动，从而使得铁损

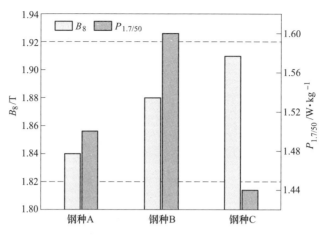

图 4-60   三种实验钢的磁性能

值增大。钢种 C 形成了较强且偏差小的 Goss 织构，因而铁损值较低。钢种 A 中二次晶粒较小，有利于降低铁损值。本实验得到的铁损值高于常规流程，这与本实验条件下高温净化时间不够有关，可通过延长高温净化时间、减小二次晶粒尺寸和提高钢板表面质量等措施降低铁损值。

本节基于薄带连铸亚快速凝固和近终成形工艺特点，设计了新型抑制剂取向硅钢成分，分析了新型抑制剂对组织和织构演变的影响。实验结果表明，在薄带连铸流程中，抑制剂种类和添加量均可拓展，且抑制剂调控难度降低。添加 Nb和 Bi 元素作为辅助抑制剂可明显提高抑制力，从而均匀再结晶组织和提高 Goss织构强度，实现磁性能提升。同时，根据新型抑制剂作用方式和组织织构特点可合理优化薄带连铸取向硅钢制备工艺。

（1）常规 MnS+AlN 抑制剂取向硅钢。由于初始组织粗大，需要采用常化和两阶段冷轧工艺，常化可促进过饱和固溶体的析出行为，两阶段冷轧可有效细化组织并在一定程度上避免 {100} 取向晶粒的遗传。最终取向硅钢磁感值达到CGO 钢水平，进一步提升性能或者简化工艺的前提在于细化初始组织或促进凝固冷却过程中的析出行为。在铸轧工艺方面，可降低浇铸过热度、提高铸辊冷却水强度和铸轧力；在后续热处理和轧制工艺方面，控制最优热处理工艺从而促进MnS 和 AlN 析出，采用温轧变形破坏 {100} 织构遗传。

（2）基于薄带连铸取向硅钢超低碳成分体系，添加 Nb 可形成有效辅助抑制剂。Nb 元素的固溶态和析出态均能有效细化组织，且提高初次再结晶退火板 γ织构强度，实现组织优化。初次再结晶退火板中 NbN 尺寸细小且分布密度较高，可提供较强阻碍晶界迁移的能力。但是对常规厚度取向硅钢而言，该类型抑制剂粗化和回溶较为困难，这是本实验中含 Nb 取向硅钢的铁损值较高的原因之一。

可考虑在保证二次再结晶必须抑制力的基础上，减小 Nb 或者 Al 元素添加量，一方面降低第二相粒子全固溶温度，从而减小铁损值；另一方面可降低冶炼成本。值得注意的是，该抑制剂强度可完全匹配极薄取向硅钢的要求，有望实现抑制剂诱发二次再结晶制备极薄取向硅钢，并且极薄取向硅钢高温退火阶段显著的表面效应可加速 NbN 等第二相粒子粗化和回溶。

（3）以 MnS+AlN 为主要抑制剂，添加低熔点 Bi 元素的取向硅钢。添加 Bi 元素可有效促进 MnS 和 AlN 析出，明显增强了抑制力，从而达到细化组织和提高 Goss 织构强度的效果，最终取向硅钢磁感值接近 Hi-B 钢水平。由于铸带中已经存在较多的 MnS 和 AlN 析出物，可考虑省去常化工艺。实验研究表明，含 Bi 取向硅钢铸带不经过常化而直接采用两阶段冷轧工艺，高温退火后取向硅钢发生了较为完善的二次再结晶，磁感值比常化工艺稍有较低。因此，添加 Bi 元素可用于薄带连铸高磁感取向硅钢制备。

4.3 薄带铸轧取向硅钢 Goss 织构起源与二次再结晶原理分析

4.3.1 薄带铸轧取向硅钢 Goss 织构起源

在常规生产流程中 Goss 织构（｛110｝<001>）主要起源于热轧板的次表层。Goss 织构是一种典型的剪切变形织构，在热轧过程中，轧辊与轧件表面强烈的摩擦作用是 Goss 织构形成的主要原因，表层虽然剪切变形最大，由于发生了动态再结晶削弱了形变织构的强度，而次表层仅发生了回复，形变的 Goss 织构被保留下来。热轧板中心层剪切变形最弱，主要以平面变形为主，典型织构为 α 织构（<110>//RD）。研究表明[52]，常规热轧板沿厚度方向的组织和织构的梯度，对后续二次再结晶有重大影响。而在薄带连铸条件下，铸带的典型织构为强的 λ 织构（｛100｝//ND），如何获得足够数量的 Goss 种子，这是薄带连铸制备取向硅钢面临的最关键的难题。

4.3.1.1 铸轧过程 Goss 织构的形成

通过薄带连铸本身工艺参数的调整，直接在铸带中获得足够数量的 Goss 织构，是最为理想的一种情况。双辊薄带连铸工艺实际上是将传统工艺过程中的浇铸与轧制过程合二为一，因此该工艺也被称为铸轧工艺。从熔池液面到凝固终止的 Kiss 点可以被认为属于凝固的部分，从凝固终止的 Kiss 点到两个铸辊咬合的 Nip 点可视为轧制塑性变形的部分。想要在铸带中获得足够数量的 Goss 织构，需尽可能地提高薄带连铸工艺中轧制的部分。其中，熔池内钢液过热度是最为关键的参数之一。

图 4-61 示出了不同过热度条件下铸带的凝固组织与织构图。由图 4-61（a）可知，当高过热度浇铸时，钢液在熔池内凝固的 Kiss 点较低，离 Nip 点较近，两

点之间的距离 h_1 短。铸带变形温度较高，铸轧力较小，铸带组织多为粗大的柱状晶，为典型的凝固 λ 织构（见图 4-61（b）、（c））。当低过热度浇铸时，钢液凝固的 Kiss 点较高，离 Nip 点较远，两点之间的距离 h_2 长（见图 4-61（d））。铸带变形温度较低，铸轧力较大，铸带的组织、织构与高过热度浇铸时明显不同。表层为倾斜的柱状晶，且 Goss 织构较强；中心层为细小的再结晶的等轴晶粒，织构强度较弱（见图 4-61（e））。然而由 ODF 图可知，通过调整铸轧工艺参数获得的 Goss 织构并不准确，沿 φ_1 偏转约 10°（见图 4-61（f）），而且凝固末端轧制过程十分短暂，很难通过后续工艺修正。

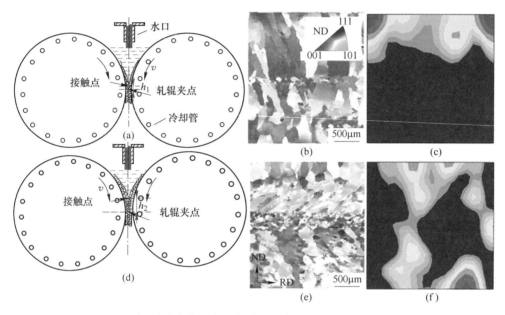

图 4-61　不同过热度条件下凝固与变形示意图和相应铸带的组织织构图
（a）高过热度，铸轧过程示意图；（b）高过热度，取向成像图；（c）高过热度，ODF $\varphi_2=45°$图；
（d）低过热度，铸轧过程示意图；（e）低过热度，取向成像图；（f）低过热度，ODF $\varphi_2=45°$图

上述实验结果与 Park[53,54] 和 Liu[1] 的研究结果均有差异。Park 认为通过降低过热度可在铸带次表层获得较强且取向精准的 Goss 织构；而 Liu 认为低过热度浇铸时，铸带多由细小等轴晶构成，Goss 织构很弱，整体织构随机漫散。这可能是由于实验过程中铸带实际承受的轧制力不同引起的。在 Park 报道的文献中发现，铸带中的凝固晶粒沿铸带法线方向偏转严重，这表明铸带在凝固终止到脱离铸辊之前承受了较强的塑性变形。日本新日铁[55,56] 也强调了铸辊压力在薄带连铸制备取向硅钢过程中的重要性，他们认为当铸辊压力大于 490MPa 时，可取消热轧工艺，采用一阶段冷轧工艺制备高磁感取向硅钢。但是，张建光等人[57] 认为薄带连铸取向硅钢时，硅钢的高温热塑性较差很难成带；其可能的原因是他们想通

过铸轧工艺的调整在铸带中形成较强的 Goss 织构，因此选择较大轧制力，导致断带。为了提高铸轧实验的成功率，本实验及 Liu 报道的试验中均没有额外增加铸轧力，实际铸轧力仅为铸带凝固后被动撑起辊缝所产生的反作用力。因此，本实验及 Liu 的研究结果均未在铸带中获得合适的 Goss 织构。可见，由于铸带本身热塑性的限制，在铸轧过程中通过降低过热度，提高铸轧力促进 Goss 织构的形成是不合适的。

4.3.1.2 冷轧剪切带 Goss 织构的形成

由于单道次热轧压下率有限，铸带热轧后并不能形成与常规热轧板相媲美的 Goss 织构。但是，在经过冷轧及初次再结晶退火后，Goss 织构的数量有所提高并与常规工艺的初次再结晶板基本相当，可以推断在薄带连铸条件下冷轧及后续退火也可产生一定数量的 Goss 织构。取向硅钢铸带直接进行冷轧，完全取消热轧工艺时，Goss 晶粒也可发生二次再结晶，只是二次再结晶不完善。本章中，也在中间退火板中观察到较强的 Goss 织构，且 Goss 织构在板厚方向分布均匀（见图 4-19）。可见，薄带连铸工艺条件下，Goss 织构的起源与常规热轧工艺显著不同。

图 4-62 示出了第一阶段冷板在 850℃ 条件下退火 20s 后部分再结晶试样纵截面的晶体取向图。由图 4-62 知，绿色的 Goss 织构主要起源于暗蓝色的 {111}<110> 织构和蓝色 {111}<112> 织构变形晶粒内部的剪切带上。未再结晶的拉长的晶粒为红色的 {001}<210> 织构和粉色的 {112}<110> 织构。这是由于 γ（{111}//ND）变形晶粒的应变储能远高于 α（{110}//RD）与 λ（{100}//ND）变形晶粒。因此，在再结晶开始阶段，蓝色的 γ 晶粒优先发生再结晶，而红色的 {001}<210> 晶粒和粉色的 {112}<110> 晶粒未发生再结晶仍保留拉长的变形形貌。

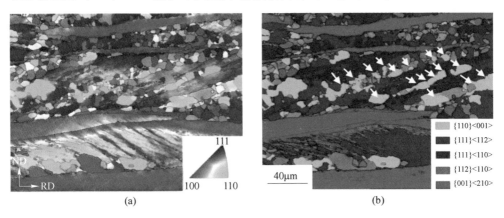

图 4-62 一阶段冷板在 850℃ 条件下退火 20s 后织构分布

(a) 取向成像图；(b) 特征取向图，取向偏差角≤15°

在常规工艺条件下，Park[51]也观察到 Goss 晶粒在冷轧剪切带上的形核。然而，由于常规热轧板的晶粒尺寸较小，为 30~80μm，在冷轧过程中形成的剪切带密度很低，Goss 晶粒的面积分数很低。因此，Dorner[58,59]认为冷轧剪切带上形成的 Goss 种子不能作为二次再结晶的有效晶核。在薄带连铸条件下，铸带的晶粒尺寸较大，为 300~500μm，在冷变形过程中，晶粒的变形协调能力较差，晶粒变形不均匀，容易形成剪切带。因此，后续退火过程中可在剪切带上形核的 Goss 晶粒数量较多，能够作为有效的二次晶核。此外，由图 4-18（a）可知，冷轧剪切带贯穿第一阶段冷轧板的整个厚度方向。因此，退火后的 Goss 织构沿厚度方向分布均匀。与常规流程仅分布在次表层的 Goss 织构相比，均匀分布的 Goss 晶粒在高温退火过程中，更容易穿透整个板厚，有利于二次再结晶的发展。

4.3.1.3　不同冷轧条件下 Goss 织构的发展

图 4-63 示出了不同第一阶段冷轧工艺条件下，1050℃保温 5min 中间退火后的取向成像图、Goss 取向分布及相应 ODF $\varphi_2 = 45°$ 截面图。由图 4-63 可知，中间退火板的组织十分不均匀，这与图 4-18（b）所示的结果相符。随着冷轧压下率的提高，平均晶粒初次逐渐减小，一方面第一阶段冷轧压下率为 20%、40% 和 60% 时，其对应的平均晶粒尺寸分别为 100μm、60μm、30μm，且 Goss 取向晶粒的面积分数也逐渐增大，分别为 1.3%、2.7%、4.5%；另一方面，中间退火板的织构类型也明显不同，随着冷轧压下率的升高，α 纤维织构上的 {114}<110>~{112}<110>组分逐渐下降，并出现较弱的 γ 纤维织构。可见，一阶段冷轧压下率在 20%~60% 范围内，随着冷轧压下率的提高，利于 Goss 织构形核的剪切带密度逐渐升高，冷轧前粗大的初始凝固晶粒更易破碎，进而显著改善了中间退火板的组织均匀性及织构分布。

与常规热轧工艺形成的二次 Goss 种子相比，薄带连铸流程起源于冷轧剪切带上的二次 Goss 种子具有更强的生命力，这一观点可通过交叉轧制法验证。交叉轧制的具体工艺：钢带首先沿轧向冷轧至一定厚度，而后旋转 90° 沿横向继续冷轧至最终厚度。Hayakawa 等[60~64]研究发现，对于常规取向硅钢热轧板采用交叉轧制法冷轧时，高温退火后二次再结晶不完善，且异常长大的晶粒为立方取向。这主要是由于起源于热轧工艺的 Goss 种子在交叉轧制过程中没有保留下来。而在薄带连铸条件下，即使采用交叉轧制工艺，仍能保证 Goss 晶粒发生完善的二次再结晶（见图 4-64）。

图 4-64 示出了在中间退火后的第二阶段冷轧过程中采用交叉轧制工艺时，取向硅钢初次再结晶及二次再结晶的 EBSD 取向成像图、特征取向图及相应的恒 $\varphi_2 = 45°$ODF 截面图。由图 4-64（a）可知，初次再结晶退火的组织、织构与正常

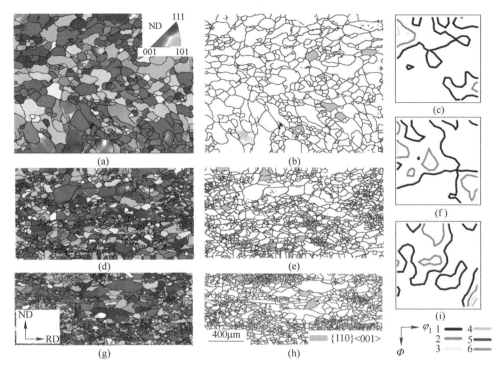

图 4-63　不同一阶段冷轧工艺条件下中间退火板的组织和织构

（a）20%，取向成像图；（b）20%，Goss 晶粒分布图，偏差角≤15°；（c）20%，ODF φ_2 =45°图；

（d）40%，取向成像图；（e）40%，Goss 晶粒分布图，偏差角≤15°；（f）40%，ODF φ_2 =45°图；

（g）60%，取向成像图；（h）60%，Goss 晶粒分布图，偏差角≤15°；（i）60%，ODF φ_2 =45°图

轧制时相似，晶粒平均尺寸为 16.7μm，主要织构类型为 Goss 织构及 γ 纤维织构上的 {111}<112>组分，相应的面积分数为 4.75% 和 5.45%。而常规热轧板交叉轧制后，形成较强 {100}<110>冷轧组分，在初次再结晶退火后形成 {112}<124>织构[11]，该织构与立方织构呈 Σ7 重位点阵关系，进而在高温退火过程中促进立方织构异常长大。薄带连铸条件下，中间退火形成的 Goss 织构较强，即使在交叉轧制过程中也可保留下来。此外，中间退火过程中某些粗大回复组织在第二次冷轧过程中也可形成一定数量新的剪切带，故而初次再结晶过程中仍可形成有利的 Goss 及 {111}<112>织构。高温退火后，Goss 织构依然可以发生二次再结晶（见图 4-64（d）、（e）、（f））。

4.3.1.4　冷轧形成的 Goss 种子有效性验证

为进一步分析这部分 Goss 织构的遗传性以及第二阶段冷轧过程中 Goss 织构形成规律，本实验设计将中间退火板沿板面法向分别转动 0°、30°、45° 和 90° 后进行第二阶段冷轧，以改变冷轧初始织构状态。在破坏中间退火 Goss 织构遗传

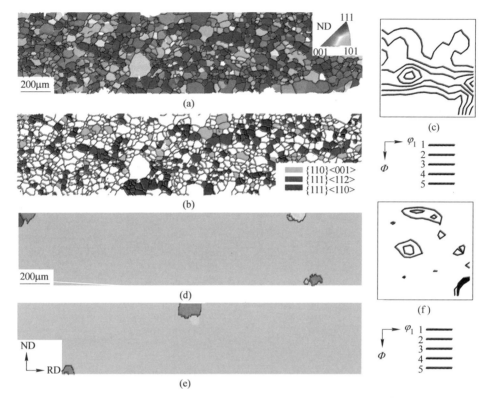

图 4-64　交叉轧制条件下取向硅钢初次再结晶板及二次再结晶板的组织和织构

（a）初次再结晶板，取向成像图；（b）初次再结晶板，特征取向分布图，偏差角≤15°；

（c）初次再结晶板，ODF $\varphi_2=45°$图；（d）（e）二次再结晶板，取向成像图；

（f）二次再结晶板，ODF $\varphi_2=45°$图

作用基础上，系统分析不同试样中 Goss 织构的起源问题。

　　图 4-65 示出了第二阶段正常轧制的冷轧板不完全再结晶退火组织。与铸带组织相比，中间退火组织相对细小均匀，变形更为均匀，因而第二阶段冷轧形成了较强的 γ 织构，同时在 γ 取向变形基体边界保留部分拉长的 {100} 基体，如图 4-65（a）所示。{111}<112>和 {111}<110>变形基体内部形成了较高密度的与轧向呈 20°~36°剪切带，这部分剪切带成为再结晶初期形核的主要位置。此外，在 {111}<112>、{111}<110>和 {112}<110>等变形基体的边界上发生原位形核和 Goss 取向形核，但是晶界形核量较晶内形核要少。同时在剪切带位置形成了少量 Cube 取向晶核，如图 4-65（b）中椭圆区域所示。由局部取向差分布图 4-65（c）可知，再结晶晶核位置取向差明显减低，{100} 和 α 取向变形基体的取向差要比 γ 取向变形基体低，这也进一步说明 γ 取向变形基体变形储能更高。

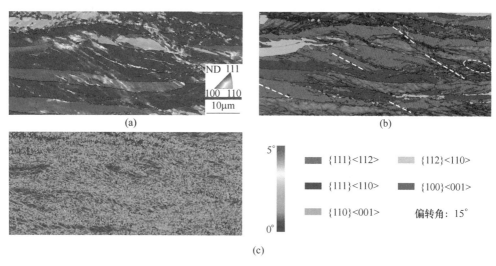

图 4-65　第二阶段正常冷轧板经 830℃保温 15s 退火的微观组织

（a）取向成像图；（b）特征取向图；（c）局部取向差分布图

　　图 4-66 示出了第二阶段转动不同角度轧制的冷轧板不完全再结晶退火组织。由图 4-66 可知，在不同试样中均形成了一定量的 Goss 取向晶核。取向硅钢中间退火织构主要为 γ 和 Goss 织构，其中 γ 织构强点为 {111}<112>。中间退火板转动 30°轧制后织构转为 {111}<110>和 {110}<112>，冷轧过程中会转向稳定的 {111}<110>和 {223}<110>。再结晶初期主要发生晶界形核，再结晶后期 Goss 晶粒已开始长大，并形成一定的优势，如图 4-66（a）、（c）中箭头所示。中间退火板转动 45°轧制后，初始织构转为 {111}<134>和 {110}<223>。该织构在冷轧

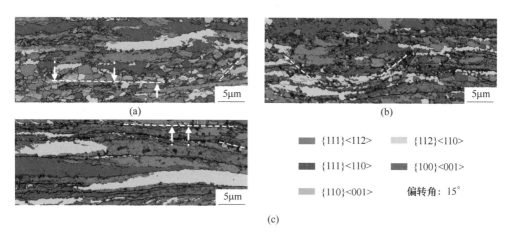

图 4-66　第二阶段转动不同角度冷轧板的不完全再结晶退火组织

（a）30°；（b）45°；（c）90°

过程并不稳定，会向稳定织构 {223}<110>转动。由于 {223}<110>取向变形基体中剪切带密度较低，因此 Goss 形核量较低，且主要为剪切带位置形核。中间退火板转动 90°轧制后，初始 γ 保持不变而 Goss 织构转向 {110}<110>。冷轧过程中，{110}<110>会沿着 RD 轴转向 {111}<110>，因而 γ 变形织构会进一步增强。再结晶初期 Goss 晶粒主要在 γ 取向变形基体晶界形核，少量在 {111}<112>变形基体内剪切带位置形核，如图 4-66（c）所示。综上所述，转动不同角度轧制会破坏初始织构的遗传作用，但是冷轧过程仍会形成稳定的 γ 变形织构，这为 Goss 晶粒在晶内和晶界位置形核提供了条件。

　　由于冷轧前初始织构类型和强度的差异，转动不同角度冷轧试样再结晶初期形核位置存在差异，这会直接影响再结晶织构强度。为进一步分析冷轧织构对 Goss 形核位置及取向度的影响，本实验统计了转动不同角度轧制对应的初次再结晶织构中 Goss 的变化，如图 4-67 所示。由图 4-67 可知，转动角度轧制的试样中形成的 Goss 织构面积分数更高，主要为偏差角较大的 Goss 织构，而在正常轧制的试样中偏差角小的 Goss 织构面积分数更高，这说明正常轧制和再结晶退火可以形成取向度较高的 Goss 织构。

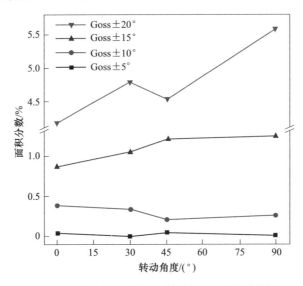

图 4-67　转动角度冷轧对再结晶 Goss 织构的影响

　　导致再结晶 Goss 织构强度和取向度差异的主要原因是再结晶初期 Goss 形核位置和变形基体环境不同。与正常轧制试样相比，转动角度轧制试样中晶界位置形核更为明显。晶界形核较为复杂，通常形成 Goss、{111}<112>、{111}<110>、{112}<110>和 Cube 等取向晶核。其中 Goss 晶粒在晶界形核没有明显优势，而且晶界形成的 Goss 晶核取向差较大。同时转动角度轧制会细化组织并提高 γ 变形织构强度，有利于 Goss 晶核的发展。在正常轧制试样中，Goss 晶核主要在 {111}<112>变形基体内剪切带位置形成，这种形核方式可有效提供取向度高的 Goss 晶核，这与上节所述的特殊剪切带取向有关，且在单晶冷轧实验中被证实。

以上实验结果表明，冷轧和再结晶退火过程 Goss 取向晶粒可在 γ 变形基体内部剪切带和部分晶界位置形核，并且在再结晶初期具有一定的形核优势。由于 γ 织构是一种稳定的轧制织构，在中等冷轧压下率条件下即可形成，因此薄带连铸条件下 Goss 织构可起源于冷轧过程，而不完全依赖于铸带或热轧板中的初始 Goss 织构。同时，由于特殊剪切带取向关系，{111}<112>取向基体剪切带上形成的 Goss 晶核取向度更高，这部分 Goss 晶核可作为二次再结晶所需的有效"种子"。

4.3.2　取向硅钢二次再结晶原理分析

4.3.2.1　二次再结晶过程原位观察

取向硅钢的二次再结晶过程受初次再结晶组织、织构、抑制剂强度、高温退火升温速度、退火气氛等综合因素影响，采用常规金相方法很难捕捉二次再结晶形核及长大的过程。而高温共聚焦扫描显微镜可实现在高温过程中原位观察组织演变情况，有助于取向硅钢二次再结晶过程的研究。

图 4-68 示出了 20h 保温的中间退火板经第二阶段冷轧至 0.2mm 后，在高温共聚焦扫描显微镜下以 300℃/min 升温速率快速升温至 1050℃并保温 20min 的组织演化。由图 4-68（a）可知，当时间为 348s、温度为 977℃时，试样中隐约可见晶界，可近似认为此时已开始发生初次再结晶。由图 4-68（b）可知，当时间延长至 370s、温度升高至 1050℃时，试样中晶界清晰可见，为完全再结晶组织，再结晶晶粒的平均尺寸约 20μm。由图 4-68（c）可知，当时间为 392s、温度为 1050℃时，试样中可观察到明显异常长大的晶粒，二次晶粒尺寸约 500μm，二次晶粒内部隐约可见原始的初次再结晶晶界，未发生异常长大的初次再结晶晶粒并没有明显粗化，平均晶粒尺寸约 20.8μm。由图 4-68（d）可知，当时间为 514s、温度为 1050℃时，已经发生异常长大的晶粒继续长大，二次晶粒尺寸约 1600μm，二次晶粒内部的初次再结晶晶界已经全部消失，但是在晶粒内部可观察到尺寸明显粗化的孤岛晶粒，晶粒尺寸在 20~80μm 范围内。由图 4-68（e）可知，当时间为 1055s、温度为 1050℃时，二次晶粒继续长大，晶粒尺寸约 3000μm，二次再结晶率超过 80%，二次晶粒周围的初次晶粒并没有完全粗化，随着时间的延长，可继续被二次晶粒吞并。而二次再结晶内部的孤岛晶粒明显粗化，随着时间的延长很难被吞并。

高温原位观察实验过程中有两个问题需要特别说明：其一，高温原位观察实

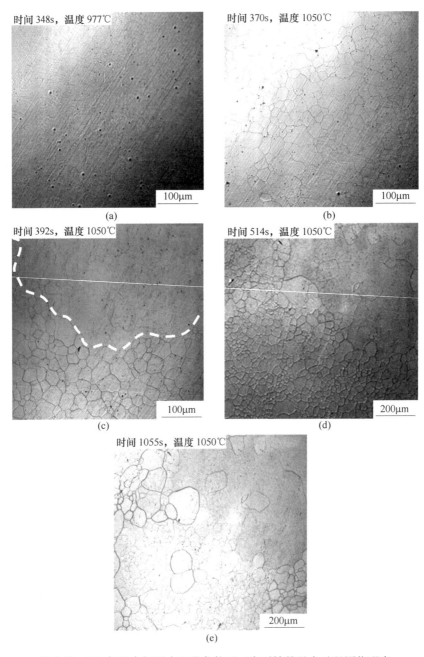

图 4-68　20h 保温中间退火工艺条件下二次再结晶退火过程原位观察

(a) 348s；(b) 370s；(c) 392s；(d) 514s；(e) 1055s

验升温过程中显示的温度与实际温度并不完全相符，这是由于原位观察实验所测温度为坩锅温度，试样的实际温度要比在坩埚底部热电偶测量的温度低，因此本实验中所得的初次再结晶开始温度及完成温度较高；其二，取向硅钢正常二次再结晶退火过程中有氢气气氛参与，而在高温观察时，由于设备本身的限制，只能采用氩气作为保护气氛。已有研究结果表明[61]，不同退火气氛也会显著影响二次再结晶的发展。因此，高温观察实验中并未获得完全的二次再结晶组织。

由二次再结晶原位观察实验可知，当取向硅钢抑制剂抑制晶粒长大的能力适当降低时，二次再结晶可迅速完成，而且二次晶粒的晶界迁移速率在二次再结晶不同阶段有明显变化。由图 4-68（b）、（c）可知，试样完成初次再结晶后，继续保温 20s 即可发生二次再结晶，二次晶界的迁移速率约为 1400μm/min。随着二次再结晶的进行，二次晶粒吞并周围基体的速度逐渐减慢。由图 4-68（d）、（e）可知，二次晶界的迁移速率约为 40μm/min。此外，在二次再结晶初期，二次晶粒内部可观察到明显的初次再结晶晶界，这可能与二次晶核起源的位置有关。在原位观察实验中，初次再结晶表层的 Goss 晶粒在氩气保护气氛下退火，表面能优势不明显，不易优先长大。与表层 Goss 晶粒相比，次表层及中心层的二次 Goss 晶粒更容易优先形核长大。这是由于初次再结晶板内部存在大量以 {111}<112>为强点的 γ 纤维织构，该织构可与 Goss 织构构成迁移性高的特殊晶界（CSL 或 HE）。当二次 Goss 织构在初次再结晶板表层以下形核长大时，表层仍为细小的初次再结晶组织。随着二次 Goss 晶粒进一步发展，可首先在表层观察到二次晶粒的晶界轮廓，此时二次晶粒轮廓内的小晶粒尚未被吞并，初次再结晶晶界清晰可见（见图 4-68（c））。当二次 Goss 晶粒沿轧向长大到一定程度并开始沿法向发展时，可完成吞并表层的小晶粒，二次晶粒内部的初始晶界完全消失（见图 4-68（d））。

图 4-69 示出了 2h 保温的中间退火板经第二阶段冷轧至 0.2mm 后，在高温共聚焦扫描显微镜下以 300℃/min 升温速率快速升温至 1100℃并保温 20min 的组织演化。由图 4-69（a）可知，当时间为 371s、温度为 1053℃时，冷轧板已经完成初次再结晶，平均晶粒尺寸为 14.62μm。由图 4-69（b）可知，当时间为 530s、温度为 1100℃时，初次再结晶基体中突然出现异常长大的二次晶粒轮廓，轮廓内仍然包含大量初次再结晶的小晶粒，在 1100℃继续保温 100s 后（见图 4-69（c）），二次晶粒的晶界逐渐清晰，大晶粒内部小晶粒的晶界逐渐消失。此时，可明确判定初次再结晶基体发生了二次再结晶。当时间延长至 745s、温度为 1100℃时，二次再结晶率超过 70%，二次晶粒尺寸约 3000μm，可认为二次再结晶晶粒已经基本完成。

上述实验结果表明，与弱抑制剂取向硅钢相比（20h 保温中间退火工艺），强抑制剂条件下（2h 保温中间退火工艺），初次再结晶晶粒尺寸明显细化。此外，二次再结晶开始相对较晚（约在 540s 时开始），但是二次再结晶晶粒长大速度较快（约在 745s 时结束），共耗时 205s。可见，即使在强抑制剂条件下二次再

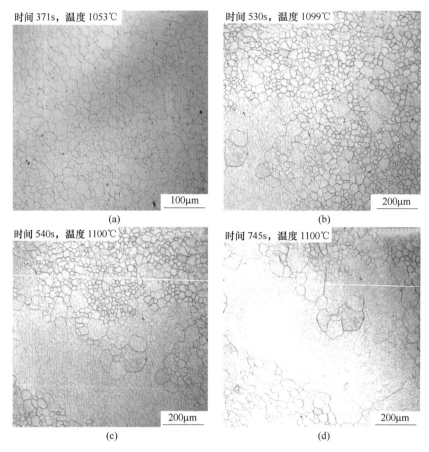

图 4-69　2h 保温中间退火条件下二次再结晶退火过程原位观察

（a）371s；（b）530s；（c）540s；（d）745s

结晶仍能在较短时间内发生。

　　在二次再结晶退火过程中，可经常发现两种阻碍二次再结晶进行的组织：一种为分布在二次晶粒晶界处的明显粗化的初次再结晶晶粒，另一种为二次晶粒内部的孤岛晶粒。本节在利用高温共聚焦显微镜进行原位组织观察的基础上，利用 EBSD 进一步观察退火结束后同一区域的微观取向（见图 4-70）。由图 4-70（a）可知，异常长大的晶粒均为 Goss 晶粒或沿 Goss 偏转的晶粒，如晶粒 {310}<001>。由图 4-70（b）可知，在二次再结晶刚开始时，晶粒 A 和 B 均快速发生异常长大，EBSD 结果表明均为 Goss 晶粒，而在晶粒 A 和 B 的晶界上存在一系列的初次再结晶晶粒（见图 4-70（a）、（b）中箭头），晶粒尺寸为 20~80μm。随着退火实验的进行，晶界上的小尺寸的晶粒已经被二次 Goss 晶粒所吞并，而初始较大初次再结晶的晶粒 C 被保留下来，始终无法被二次晶粒吞并。后续 EBSD 表明，此晶

粒为 γ 取向。从二次再结晶理论（CSL 和 HE 晶界理论）来说，这一晶粒是容易被 Goss 晶粒吞并的，由于其在初次再结晶基体中尺寸过大，最终没有被二次再结晶晶粒吞并。可见，细化初次再结晶晶粒是提高二次再结晶速率的一个重要方面。在高温退火之后存在一系列的孤岛晶粒（见图 4-70（c）），孤岛晶粒与二次晶粒晶界角度分别为 50° 和 60°。高能晶界理论认为，取向硅钢中 20°~45° 晶界为高能晶界，退火过程中迁移性高，而大于 45° 晶界迁移性低故而被保留下来，形成孤岛晶粒。此外，实验发现，孤岛晶粒也与二次晶粒形成某些特定的 CSL 晶界，如 ∑15，17b。

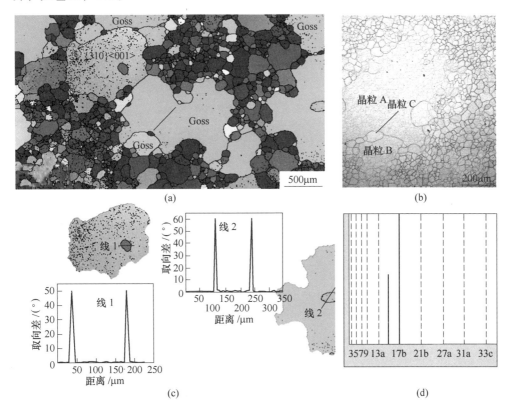

图 4-70　中间退火保温 20h 条件下二次再结晶微观取向原位观察

（a）二次再结晶后期取向成像图；（b）二次再结晶初期金相组织；

（c）孤岛晶粒周围晶界取向差；（d）孤岛晶粒周围 CSL 晶界

综上所述，取向硅钢抑制剂强度能够显著影响二次再结晶形核的孕育期与二次晶粒的迁移速率。由二次再结晶原位观察实验可知，二次再结晶异常长大前期发展十分迅速，而后吞并周围基体长大的速率较为缓慢。可见，如果显著提高初次再结晶过程中 Goss 晶粒的体积分数，保证尽可能多的 Goss 晶粒发生二次再结晶，充分利用二次再结晶开始阶段的高速率，缩短每个 Goss 晶粒需要长大迁移的距离，则可有利于快速获得完善的二次再结晶。

4.3.2.2　抑制剂强度对二次再结晶过程的影响

本节中对三种成分体系铸轧取向硅钢的二次再结晶机理进行讨论，通过对比相同的轧制和变形工艺条件下二次再结晶过程，研究不同抑制剂成分体系对 Goss 晶粒异常长大的影响。铸带 A 抑制力适当能够得到完整的二次再结晶组织；铸带 B 以 MnS 为单一抑制剂，在本实验条件下抑制力不足，无法获得完善的二次再结晶组织；铸带 C 通过铸轧条件固溶相当数量的铝和氮元素，并且在后续高温退火中以 $30\%H_2+70\%N_2$ 为保护气氛，氮元素持续渗入，造成抑制力过强。三种铸带具体化学成分见表 4-5。

表 4-5　铸轧取向硅钢成分设计（质量分数）　　　　　　（%）

编号	C	Si	Mn	S	Al$_s$	N	Fe
A		3.05	0.22	0.021	0.027	0.0092	
B	≤0.003	2.98	0.20	0.024	—	—	余量
C		2.89	0.195	0.026	0.23	0.0095	

A　适当抑制力条件下 Goss 二次再结晶过程

二次再结晶发生的前提条件是基体稳定，初次晶粒处于合适的尺寸，尤其是对于铸轧取向硅钢而言，铸带晶粒较之热轧板晶粒更加粗大，形核位置更少，不容易获得理想的初次再结晶组织，这就要求铸轧流程对于抑制剂的调控达到更高的水平。对二次再结晶升温过程中各个取向晶粒演化进行跟踪，统计了基体晶粒在升温过程中的长大情况和几种主要组分随着温度升高的变化情况，结果如图 4-71 与图 4-72 所示。

高温退火过程中，在发生晶粒异常长大之前初次再结晶晶粒平均尺寸由 800℃时的 14.14μm 增至 1030℃时的 17.97μm，增加幅度不大。但是二次再结晶发生后，基体晶粒长大速度提高：一方面，由于抑制剂的开始粗化，释放一部分抑制能力；另一方面，细小均匀的基体晶粒更加容易被二次晶粒吞并，造成统计上初次晶粒尺寸增加，如图 4-71 所示。而织构上的变化则更有特点，初次晶粒中的 Goss 在发生异常长大之前随温度升高而增加，但是二次再结晶发生后，初次晶粒中的 Goss 分数反而下降，这是因为在二次晶粒生长过程中位向准确的 Goss 初次晶粒由于和二次晶粒位向差极小，非常容易被吞并，所以基体中 Goss 组分会略有下降。而 γ 组分由于和 Goss 晶粒存在 Σ9 晶界或者 35°的高能晶界，也非常容易被吞并，所以在异常长大发生后其基体中组分会明显下降，如图 4-71 所示。

通常认为两阶段冷轧过程中 Goss 异常长大的原因是相当部分 Goss 初次晶粒

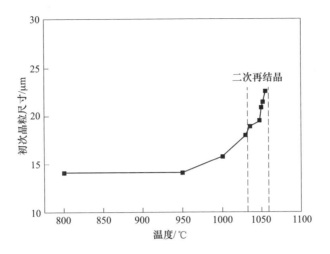

图 4-71　升温过程中初次晶粒尺寸变化

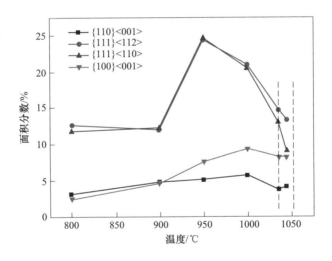

图 4-72　升温过程中基体不同取向晶粒面积分数

具有尺寸优势[62]，而 Hi-B 取向硅钢的二次晶粒异常长大机制解释至今尚有高能晶界（HE）和重位点阵晶界（CSL）两种理论的争论[63~65]，在本节实验中铸带经过两次冷轧，但是得到的组织属于 Hi-B 取向硅钢的范畴，二次晶粒长大过程如图 4-73 所示。初次晶粒中 Goss 晶粒的尺寸并不占优势，甚至与基体尺寸没有任何区别，那些较大尺寸的晶粒是形变储能低的 α 取向晶粒，如"A"晶粒如图4-73（a）所示。而二次再结晶发展非常迅速，在 1000℃基体处于稳定状态，而1035℃时已经可以观察到明显的异常长大过程，如图 4-73（c）所示。

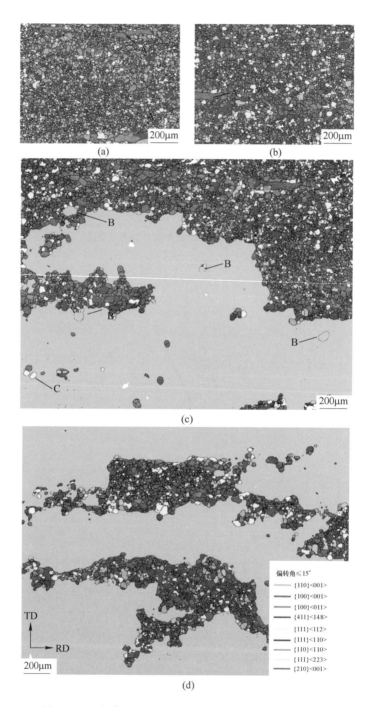

图 4-73 A 钢高温退火过程中再结晶晶粒主要取向演化

(a) 800℃；(b) 950℃；(c) 1035℃；(d) 1055℃

位向准确且已经具有相当尺寸的二次 Goss 晶粒具有生长优势，可以迅速吞并那些尺寸稳定的基体初次晶粒。而那些已经开始长大的 Goss 晶粒则会被包围并最终吞并，如 "B" 类晶粒组织。有的刚刚在基体中开始长大，而有的已经被吞并形成 "孤岛" 晶粒，通过微观取向分析发现这类晶粒与异常长大 Goss 晶粒存在 6°~12° 的取向差，只有经过连续升温过程，这些晶粒才会被吞并。如图 4-73（d）中，大晶粒内部的孤岛被完全吞并。

值得一提的是，尽管 {111}<112> 取向晶粒和 Goss 晶粒之间存在特殊位向关系，但是当前者尺寸达到一定值后，Goss 晶粒也不能非常快地吞并该位向晶粒，如 "C" 类晶粒。温度达到 1055℃ 时，二次再结晶进入最后阶段，基体中剩余晶粒尺寸基本稳定，但是部分 {210}<001> 位向晶粒开始出现，这是由于在此阶段部分抑制剂开始回溶，抑制力开始下降，一些具有生长优势的取向（如 {210}<001>）晶粒开始长大，由于基体中存在已经形成优势的 Goss 晶粒，其长大并不充分，最终被 Goss 晶粒吞并，如图 4-73（d）所示。

二次再结晶发展过程中晶体织构如图 4-74 所示。升温至 950℃ 时，再结晶织构与初次再结晶织构类似，证明升温过程中抑制力的稳定性，随着温度的升高 {111}<112> 组分逐渐被消耗，这与升温过程中 Goss 晶粒的增殖过程有关。1035℃ 时，Goss 晶粒异常长大，此时 {111}<112> 组分显著降低，如图 4-74（c）所示。

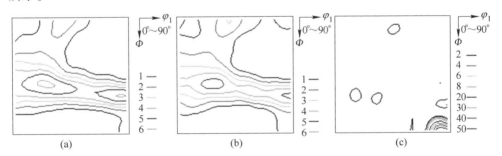

图 4-74　A 钢高温退火过程中不同温度的再结晶 ODF $\varphi_2 = 45°$ 截面图
(a) 950℃；(b) 1000℃；(c) 1035℃

再结晶完善的基体中极小的晶粒很难进行正常长大，观察面上 Goss 晶粒数量增加极有可能来自其他层 Goss 晶粒的长大。观察高温退火升温至 1000℃ 时带钢 RD-ND 截面图并分析主要晶粒取向图（偏差角在 10° 以内），发现局部存在 Goss 聚集长大趋势，由中心层开始向 H/4 发展，如图 4-75（a）、（b）所示，这与常规流程中起源于次表层的结果并不一致[66]，这是由于铸轧过程中并没有使铸带形成强烈的热轧剪切织构，Goss 晶粒绝大部分来源于某些取向晶粒的晶内剪切带，可以看到部分 Goss 晶粒团仍然与轧向保持 30° 的角度，说明了其遗传关

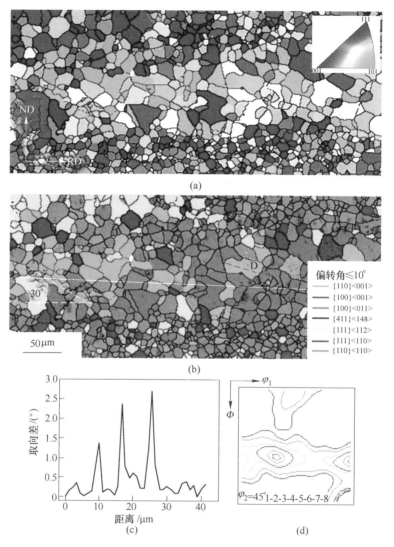

图 4-75　A 钢升温至 1000℃局部 Goss 聚集长大趋势

（a）IPF；（b）主要组分分布；（c）晶内微观取向差；（d）ODF $\varphi_2 = 45°$ 截面图

系，如图 4-75（b）所示。

　　铸带中能够发生剪切变形并且产生 Goss 晶核的位置并不均匀，所以 Goss 聚集的位置并不固定。某些 Goss 晶粒团之间存在 5°～10°的角度偏差，导致其聚合较为困难，这类晶粒发生二次再结晶的概率较低，而已经开始长大的 Goss 晶粒内部也存在一些 0.4°～2.5°的小角晶界，如图 4-75（b）中"D"晶粒。这类晶粒位向准确，而且已经具备一定的尺寸优势，只要周围基体晶粒尺寸适合，在抑制力稍稍降低时，这类晶粒能够以系统自由能降低的自发过程作为驱动力发生异常长大。

高温退火进行至 1035℃时，Goss 晶粒二次再结晶已经开始并迅速扩展。观察了 Goss 晶粒和基体晶粒中的第二相粒子析出如图 4-76 所示。在此温度下，500nm 以上的粒子基本为 MnS，而 100nm 以下的粒子为 AlN，说明了基体中固溶的铝结合铸带在固溶和升温过程中通过保护气氛获得的氮开始充分析出。通过放大 Goss 晶粒与基体的晶界发现，异常长大晶粒的一侧粒子明显粗化，说明异常长大时晶界迁移过程对第二相粒子的分解和元素迁移有非常重要的影响。

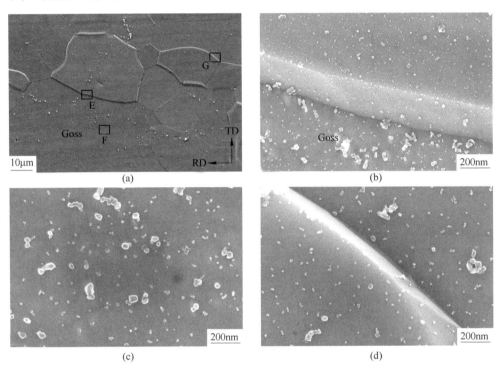

图 4-76 A 钢升温至 1035℃第二相粒子析出
(a) Goss+基体晶粒；(b) E 区域；(c) F 区域；(d) G 区域

在解释 Goss 晶粒二次再结晶机制时，第二相粒子的熟化是一个非常重要的因素。目前，高能晶界理论和固态润湿理论都考虑了晶界或者亚晶界对抑制剂粒子的影响，而 CSL 理论则主要解释 Goss 晶粒异常长大初期的作用机制，在本节实验中的结果认为 Goss 晶粒聚集长大形成尺寸优势后通过高能晶界快速长大。基体与 Goss 晶粒晶界分析如图 4-77 所示。

A 钢冷轧板高温退火升温至 1000℃时，Goss 晶粒周围的 CSL 晶界中，Σ5 和 Σ9 晶界相对基体分布和 {111}<112>晶粒周围此类晶界稍多，但是并没有占据明显优势，而 20°~45°的高能晶界则明显高于基体平均水平，如图 4-77 所示。高

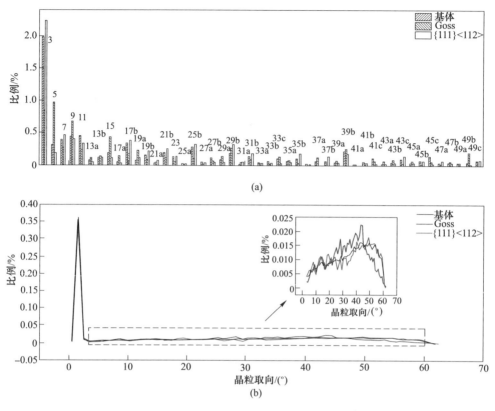

图 4-77   A 钢升温至 1000℃时晶界分析

(a) CSL 晶界；(b) 高能晶界

能晶界理论认为，20°~45°晶界混乱无序程度较大，适合第二相粒子的分解和粗化行为，因而可以提高晶界迁移速率，异常长大 Goss 晶粒内部的第二相粒子粗化的同时密度降低是该理论的直接证据之一。

B   抑制剂过早熟化对二次再结晶的影响

B 钢以单一的 MnS 为抑制剂，常规流程中通过碳元素参与热轧过程细化热轧板组织和两阶段冷轧可以得到 CGO 组织，但是在铸轧条件下抑制力不足，基体晶粒在抑制力迅速降低的阶段会明显长大，阻碍了 Goss 晶粒的异常长大过程。B钢初次再结晶组织，微观/宏观织构分析如图 4-78 所示。

B 钢在经过与 A 钢相同的轧制与退火工艺后，二者组织和织构类型类似，可以看到初次晶粒也较为均匀，平均晶粒尺寸为 17.5μm，如图 4-78（a）所示。它们的主要织构为相对较强的 {111}<112>组分，另外 Goss 和 Cube 取向也比较明显，如图 4-78（b）所示。

升温过程中抑制力的变化是造成二者最终组织和织构差异的原因。升温过程

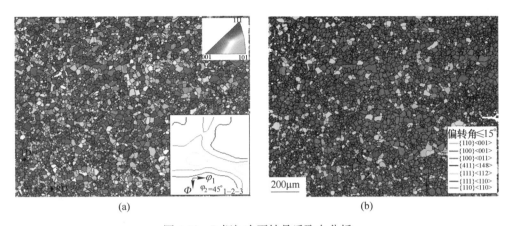

图 4-78　B 钢初次再结晶后取向分析

(a) 晶粒取向分析；(b) 主要取向组分分析

中铸带平均晶粒尺寸如图 4-79 所示。基体晶粒尺寸在 900℃之前是基本稳定的，这是 MnS 起作用的温度区间，温度升高过程中 MnS 晶粒不断粗化，没有额外的第二相粒子出现，钉扎力下降，初次晶粒开始长大；当温度升高到 1035℃时有异常长大的现象发生；当温度升高到 1090℃时，异常长大已经非常明显了，而且异常长大的晶粒比较多，平均晶粒尺寸增大。基体晶粒尺寸在异常长大发生的同时也在增大，表明单一 MnS 抑制剂的控制能力较为有限，较难实现较大温度范围内的抑制能力。

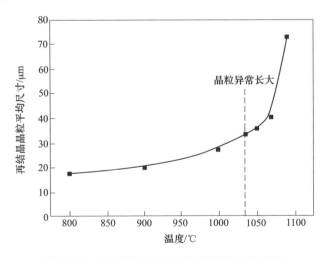

图 4-79　B 钢升温过程对平均晶粒尺寸的影响

以 MnS 为单一抑制剂的 B 钢取向硅钢高温退火中主要取向演化如图 4-80 所示。升温至 1000℃时，晶粒尺寸已经明显增加，且沿轧向伸长，这部分组织与铸

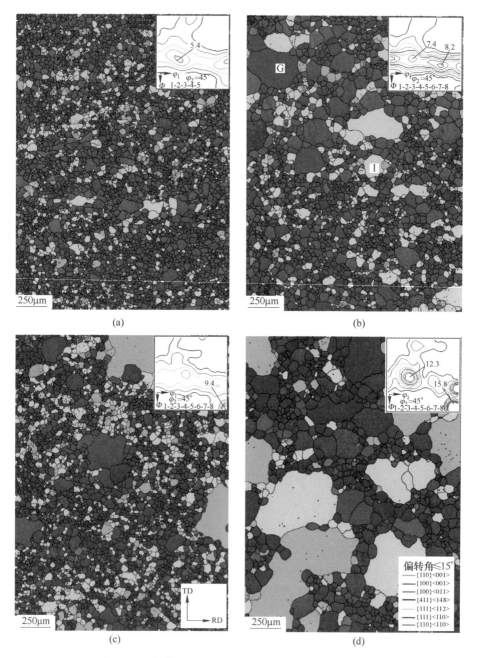

图 4-80　B 钢高温退火过程中再结晶晶粒主要取向演化
（a）1000℃；（b）1035℃；（c）1050℃；（d）1090℃

带中较大晶粒的遗传有关，而细晶区中部分非 Goss 取向晶粒尺寸明显升高则属
于正常长大，如图 4-80（a）所示。升温过程中，显著长大晶粒并非 Goss 取向，

而是 {111}<110>和 {111}<112>取向晶粒，其尺寸明显超过相邻晶粒，具有异常长大的特征，如图 4-80（b）所示。值得注意的是，具有尺寸优势的 {111}<110>和 {111}<112>取向晶粒甚至已经开始吞并 Goss 初次晶粒，如图 4-80（b）中 "G" 区域和 "I" 区域。温度上升至 1035℃时，Goss 晶粒已经开始异常长大，但是在基体晶粒已经开始长大的情况下，其长大受到非常强烈的阻碍。继续升温至 1090℃，异常长大继续进行，Goss 二次晶粒分数增加，如图 4-80（c）（d）所示。

杨平等人[66]也观察到非 Goss 取向晶粒的异常长大现象，并且认为这种异常长大仅存在于织构组分极为复杂的次表层处，这类晶粒凭借大角度晶界的迁移速率优势快速长大。本节实验中观察到 {111}<110>和 {111}<112>取向晶粒的异常长大发生位置在 H/4 层，并且在后续升温过程中同样较为发达，这说明抑制力开始降低的时候晶界迁移机制非常复杂。在抑制力快速释放的条件下，Goss 晶粒的长大并不占优势，甚至不能在短时间内进行异常长大，所以在二次再结晶孕育期内，Goss 晶粒的长大方式可能并不像 CSL 晶界理论认为的那样具有迁移优势。其晶界迁移在抑制力稳定或者极为缓慢释放的过程中才会发生，并使得 Goss 晶粒异常长大占据优势地位。B 钢铸带经过两阶段冷轧和退火后由于抑制力过早失效，导致非 Goss 取向的其他晶粒也发生异常长大，部分基体晶粒正常长大，二次再结晶不完善。

C　抑制力过强对晶粒长大行为的影响

C 钢以 MnS+AlN 为抑制剂，为了提高抑制能力，将铝元素的添加量在 A 钢的基础上提高 10 倍。由于铸带亚快速凝固成形并且随后进行了水冷，铝和氮大部分处于固溶状态，在二次再结晶过程进行析出，不断增强析出物抑制能力，对基体晶粒长大产生了显著影响，C 钢冷轧高温退火过程中平均晶粒尺寸和晶体取向变化如图 4-81 和图 4-82 所示。对比 A 钢高温退火过程中晶粒长大趋势来看，1035℃之前二者晶粒尺寸长大过程非常类似，1000℃之前晶粒开始长大，这是抑制力在一定程度下降造成的，但是此时随着保护气氛中氮原子的不断渗入，AlN 不断析出，基体抑制力加强，各类晶粒的长大受到明显抑制。

在升温过程中组织与织构演化如图 4-82 所示。初次再结晶组织中晶粒细小均匀，与 A 钢不同，γ 织构强点为 {111}<110>位向。对比 A、B 和 C 三个成分取向硅钢，这种织构的形成可能与 Al 质量分数升高有关，Al 质量分数升高引起了基体变形时层错能的变化，从而促进了 {111}<110>组分的增加，如图 4-82（a）（e）所示。升温至 1000℃时具有尺寸优势的 Goss 晶粒已经出现，直径明显大于相邻晶粒尺寸，属于异常长大开始阶段，织构上与初次再结晶相比没有明显变化，如图 4-82（b）（f）所示。1040℃时基体晶粒仍然保持稳定，一些杂乱取向晶粒开始异常长大，如 {211} 组分，如图 4-82（c）（g）所示。升温到 1200℃时，

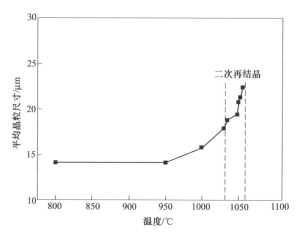

图 4-81   C 钢升温过程对平均晶粒尺寸的影响

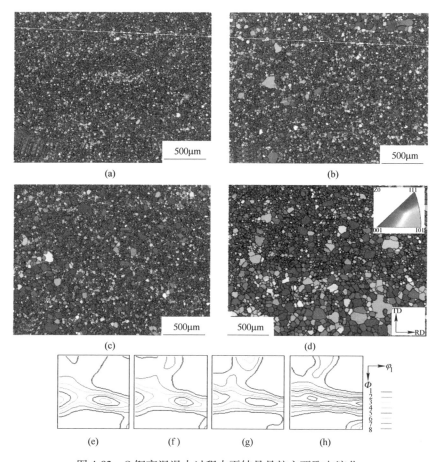

图 4-82   C 钢高温退火过程中再结晶晶粒主要取向演化

（a）（e）800℃；（b）（f）1000℃；（c）（g）1040℃；（d）（h）1200℃微观取向与 ODF $\varphi_2 = 45°$ 截面图

除了 Goss 晶粒异常长大外，{111} 组分也开始发展，如图 4-82（d）（h）所示。在前期升温过程中 {111}<110>组分较为发达，温度到 1200℃时，个别 {111}<112>取向晶粒有异常长大趋势，这与讨论 B 钢该取向晶粒异常长大情况一致，只是这种异常长大在强大的钉扎力条件下，发展极为缓慢。整个升温过程中，Goss 晶粒的异常长大发生在 1000℃之前，但是在 1200℃时仍然没有快速发展，这为观察本节实验中晶粒的异常长大孕育期晶界演化提供了稳定窗口。

　　一般情况下，二次再结晶发展是非常迅速的，大量关于 CSL 和高能晶界的研究工作通过中间取样研究高温退火中基体晶粒取向演化得到很多实验结果，都是基于 Goss 晶粒的孕育期或者 Goss 已经长大较为完善的阶段，而 C 钢中固溶过量的铝和氮元素，既可以保证前期足够的抑制力控制初次晶粒尺寸，同时在高温退火过程中获得的氮原子不断增强 AlN 析出物的抑制能力，可以保证异常长大晶粒和基体处于稳定状态。

　　对温度为 1000℃ 和 1200℃ 条件下退火样进行微观取向分析，Goss 晶粒和 {111}<112>晶粒周围的 CSL 晶界和高能晶界分布如图 4-83 和图 4-84 所示。Goss

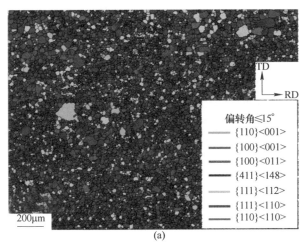

(a)

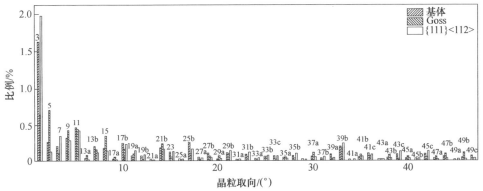

(b)

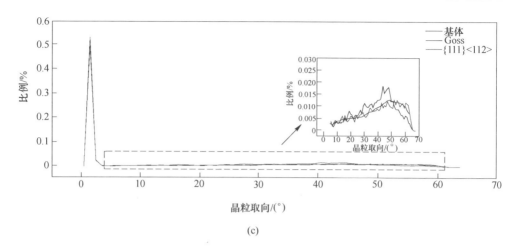

(c)

图 4-83 C 钢高温退火过程 1000℃ 主要取向晶界分析
（a）主要取向部分；（b）CSL 晶界对比；（c）高能晶界比较

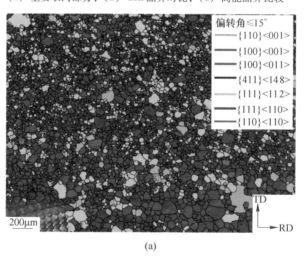

(a)

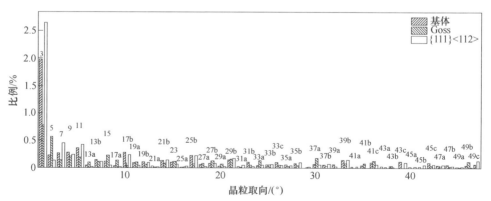

(b)

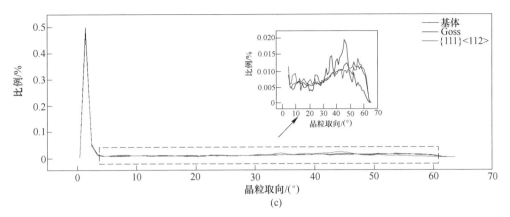

图 4-84　C 钢高温退火过程 1200℃主要取向晶界分析

(a) 主要取向部分；(b) CSL 晶界对比；(c) 高能晶界比较

周围 CSL 晶界占整个基体晶界分数不高，但是 $\Sigma5$ 和 $\Sigma9$ 晶界比基体和 {111}<112>晶粒稍强，如图 4-83 (b) 和图 4-84 (b) 所示。在 CSL 晶界理论中正是类似的差别导致 Goss 晶界迁移较快，从而形成发达的二次再结晶组织，显然在本实验中这种快速晶界迁移没有发生。

统计高能晶界发现，Goss 晶粒周围 20°~45°晶界分数确实比基体和 {111}<112>晶粒周围这类晶界要高，但是后两者周围这类晶界分数几乎没有差别。高能晶界理论可以在一定程度上解释 Goss 晶粒的异常长大过程，但是对于 {111}<112>取向晶粒的异常长大是无法解释的，如图 4-83 (c) 和图 4-84 (c) 所示。

4.3.2.3　二次再结晶过程特征晶界讨论

二次再结晶获得单一的高斯织构是制备取向硅钢的关键技术，最终成品的性能由二次再结晶后 Goss 织构强度和取向度决定，对二次再结晶机理的认识尤为重要。

图 4-85 为高温退火过程中部分特殊取向变化规律，图 4-86 为不同温度下几种特殊取向晶粒面积分数。830℃时，晶粒细小均匀，Goss 晶粒面积分数为 1.09%且尺寸也没有优势；基体中主要是 γ 取向晶粒，{111}<112>和 {111}<110>面积分数分别为 20.9%和 21%。870℃时，{111}<112>和 {111}<110>取向晶粒面积分数部分下降，γ 取向织构强度并没有减弱，这可能与选择的位置有关。870~1000℃之间，{111}<112>和 {111}<110>面积分数逐渐提高，有聚集长大的趋势，同时立方取向晶粒面积分数稍有增加，Goss 取向面积分数较为稳定。在 1005℃左右，基体组织较为细小，而 Goss 晶粒异常长大，具有明显的尺

寸优势，面积分数达到56%，此时 {111}<112>和 {111}<110>取向晶粒面积分数大幅度降低。一般认为，Goss异常长大过程容易吞并γ取向晶粒，并非所有Goss晶粒都能发生异常长大，只有部分位向准确的Goss吞并基体组织长大。继续升温过程中，细小的基体组织会逐渐被吞并，Goss取向晶粒面积分数更高，在1015℃时达到88.7%。

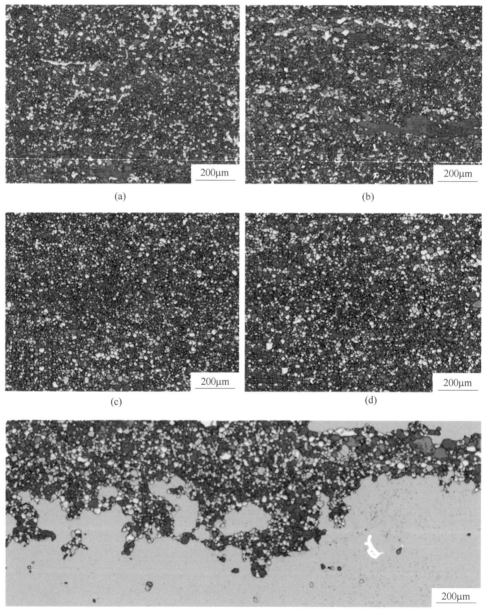

(a)

(b)

(c)

(d)

(e)

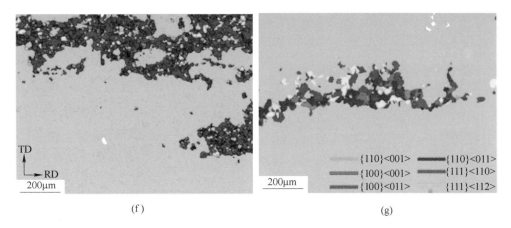

图 4-85 高温退火过程中再结晶晶粒主要取向演化
(a) 830℃；(b) 870℃；(c) 950℃；(d) 1000℃；(e) 1005℃；(f) 1008℃；(g) 1015℃

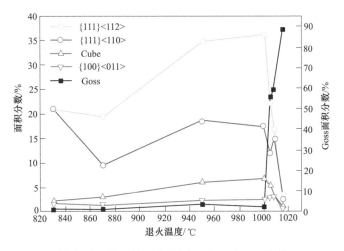

图 4-86 升温过程中不同取向晶粒面积分数

图 4-87 为高温退火过程中形成的"孤岛"晶粒取向以及 ODF $\varphi_2 = 45°$ 图。退火温度为 1060℃时，Goss 异常长大比较完善，织构强度达到 120。同时在 Goss 晶粒内部和晶界上存在部分"孤岛"晶粒，主要为 200~300μm 的 {111}<112>、{111}<110>取向晶粒，100~200μm 的 {100}<011>取向晶粒和 50~100μm 的 {100}<001>等取向，这些"孤岛"晶粒形状不规则，并且晶界呈锯齿状。关于二次再结晶过程中形成的"孤岛"晶粒已进行过广泛研究[67,68]，一般认为立方、黄铜等取向均能发生异常长大[66]，基体晶粒超过一定尺寸后很难被吞并，"孤岛"晶粒的晶界迁移速率慢，使得其从 Goss 晶粒内部分离，部分文献利用晶界润湿理论解释其形成原因[67]。这部分粗大的"孤岛"晶粒在后续升温过程可能会阻碍 Goss 晶粒的合并和长大，不利于形成强的 Goss 织

构。本实验中最终获得硅钢的磁性能良好，且二次再结晶完善，说明形成的"孤岛"晶粒能够被吞并。

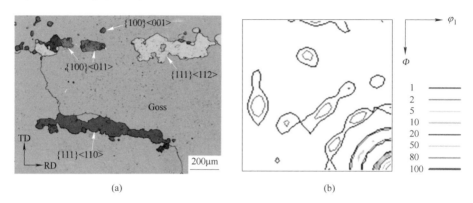

(a)　　　　　　　　　　　　　(b)

图 4-87　高温退火过程中"孤岛"晶粒取向和 ODF $\varphi_2 = 45°$ 图

（a）晶粒取向；（b）ODF $\varphi_2 = 45°$ 图

目前关于 Goss 晶粒异常长大行为的理论解释主要有尺寸优势、CSL 晶界理论、HE 晶界理论和固态润湿理论。根据实验结果，Goss 晶粒在二次再结晶开始之前并没有尺寸和面积分数的优势，说明尺寸优势并不是诱发 Goss 异常长大的原因；但是在 Goss 形成尺寸优势后，吞并细小的基体组织确实更容易，而且基体组织中超过 40μm 的晶粒会阻碍 Goss 晶粒的扩展。

图 4-88 和图 4-89 为高温退火过程中 CSL 晶界的统计比较。CSL 晶界较其他普通大角度晶界的界面能低，所以受到抑制剂钉扎作用要低于普通大角度晶界，这部分晶界能率先脱钉，从而导致 Goss 晶粒的异常长大，其中，Σ9、Σ5 和 Σ3 在 CSL 点阵中晶界快速迁移比较明显。研究表明，Σ9 界面能比其他大角度晶界界面能低 1%~5%[11]，{111}<112>和 {411}<148>均与 Goss 取向晶粒

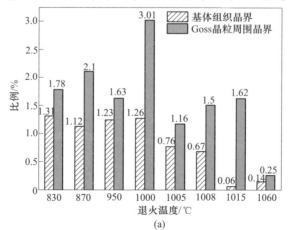

(a)

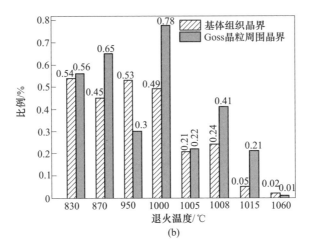

图 4-88　高温退火过程中 CSL 晶界类型分布

（a）Σ5+Σ7+Σ9；（b）Σ9

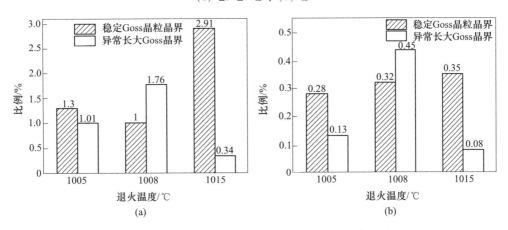

图 4-89　异常长大 Goss 和稳定 Goss 的 CSL 晶界类型对比

（a）Σ5+Σ7+Σ9；（b）Σ9

存在 Σ9 关系。

在高温退火各个阶段，Goss 晶粒晶界中 CSL（Σ5+Σ7+Σ9）晶界比例比基体组织晶界中要高，尤其是 1000℃时，Goss 晶粒晶界中 CSL 晶界比例明显超过基体组织，这些晶粒能够先于其他晶粒脱钉，从而吞并基体细小晶粒形成一定尺寸优势，同样 Σ9 也具备一定的优势。二次再结晶基本完成后，Goss 晶粒合并长大，晶界面积急剧下降，剩下基本为小角度晶界。对比二次再结晶过程中异常长大 Goss 和稳定存在的 Goss 晶界类型，可以发现，并非所有 Goss 晶粒均能异常长大，而异常长大的 Goss 晶界中 CSL 晶界比例并不存在优势，这说明 Goss 晶粒在扩张和长大过程中可能存在其他机制。

　　高能晶界理论（HE）认为，Goss 晶粒的长大是基于取向差在 20°~45°的高能晶界的物理特性，考虑到晶界结构对于析出物粒子粗化的影响，而这种结果导致高能晶界上抑制剂钉扎力容易释放，这种晶界移动更早更容易。图 4-90 为高温退火过程中高能晶界比例分析，Goss 晶粒晶界比基体组织中具有更高的高能晶界比例，这部分晶粒晶界上的粒子粗化速率较快，钉扎力降低，晶粒异常长大存在可能性。该实验结果验证了 HE 晶界理论，但是在二次再结晶开始之后，稳定 Goss 和异常长大的 Goss 晶界中高能晶界比例没有明显变化规律，无法利用高能晶界区分异常长大的 Goss 和稳定的 Goss 基体，对于 Goss 发生异常长大后吞并其他晶粒的方式无法用 HE 理论解释。固态润湿理论认为，晶粒以润湿或者渗入的

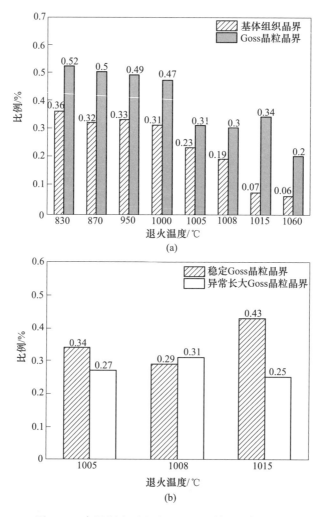

图 4-90　高温退火过程中 20°~45°晶界比例对比

（a）基体晶粒和 Goss 晶粒晶界对比；（b）异常长大 Goss 晶粒和稳定 Goss 晶粒对比

形式从相邻晶粒的三岔交点沿晶粒的晶界侵入两个晶粒之间，描述了 Goss 晶粒吞并其他晶粒的方式，本实验中没有明确观察到这类现象。

二次再结晶过程中，关于 Goss 晶粒快速异常长大机理，现有的几种二次再结晶理论均不能完全解释，对于二次再结晶过程中 Goss 晶粒择优异常长大解释有待进一步研究。CSL 和 HE 理论从界面特性分析，但是这类晶界的方向并没有考虑，尺寸优势理论从曲率半径考虑指出了晶界迁移的方向，但没有考虑 Goss 晶界的特殊性，同时实验观察到的 Goss 并不具有尺寸优势。本实验结果说明，二次再结晶之前 Goss 晶粒具有更高的 CSL 和 HE 晶界比例，但是 Goss 长大过程中的晶界类型没有规律。基于以上理论和实验结果，Goss 晶粒晶界特性决定了其晶界较早脱钉，并且具有较高的移动速率，当晶界迁移驱动力超过抑制剂钉扎力时，这类晶界能快速推进；由于 Goss 晶粒内抑制剂分布密度高，阻碍作用明显，Goss 晶粒会迅速吞并周围其他取向的晶粒，形成一定尺寸优势后，晶界的移动和 Goss 的长大就由曲率半径决定；当遇到尺寸较大的其他取向晶粒时，Goss 二次晶粒长大受到阻碍，这部分小晶粒被保留下来。

参 考 文 献

[1] Liu H T, Liu Z Y, Li C G, et al. Solidification structure and crystallographic texture of strip casting 3 wt. %Si non-oriented silicon steel [J]. Materials Characterization, 2011 (62): 463~468.

[2] Senuma T. Present status of and future prospects for precipitation research in the steel industry [J]. ISIJ International, 2001, 42 (1): 1~12.

[3] 李文达. 冷轧取向硅钢片中的抑制相系 [J]. 特殊钢, 1998, 19 (6): 1~7.

[4] Oh J H, Cho S H, Jonas J J. AlN precipitation in dual-phase 3%Si electrical steels [J]. ISIJ International, 2001, 41 (5): 484~491.

[5] 蒙肇斌, 赵宇, 何忠治, 等. 高磁感取向硅钢中微观结构与抑制剂质点的 TEM 观察 [J]. 钢铁研究学报, 1997, 9 (5): 25~28.

[6] Smith C S. Grain, Phases, and interfaces: An Interpretation of Microstructure [J]. Trans AIME, 1984, 175: 15~51.

[7] Pereloma E V, Crawford B R, Hodgson P D. Strain-induced precipitation behavior in hot rolled strip steel [J]. Materials Science & Engineering A, 2001, 299: 27~37.

[8] Park J S, Lee Y K. Nb(C,N) precipitation kinetics in the bainite region of a low-carbon Nb- micro alloyed steel [J]. Scripta Mater., 2007, 57: 109~112.

[9] Derrien J. Study of the strain reversal effect on the recrystallization and strain-induced precipitation in a Nb-microalloyed steel [J]. Acta Mater., 2004, 52: 333~341.

[10] Rainforth W M, Black M P, Higginson R L, et al. Precipitation of NbC in a modle austenitic steel [J]. Acta Mater., 2002, 50: 735~747.

［11］何忠治，赵宇，罗海文. 电工钢［M］. 北京：冶金工业出版社，2012.

［12］张颖，傅耘力，汪汝武，等. Nb(C,N) 作为取向硅钢中抑制剂的可行性［J］. 中国冶金，2008，18（7）：14~18.

［13］Hulka K，Vlad C，Doniga A. The Role of Niobiu as Microalloying Element in Electrical Sheet［J］. Steel Research，2002，73（10）：453~460.

［14］方泽民. 中国电工钢五十八年的发展与展望［C］. 2010 中国电工钢专业学术年会，2010，347~363.

［15］Inagaki H. Fundamental aspect of texture formation in low carbon steel［J］. ISIJ Int. ，1994，34（4）：313~321.

［16］Tsuji N，Tsuzaki K，Maki T. Effect of initial orientation on the cold rolling behavior of solidified columnar crystals in a 19%Cr ferritic stainless steel［J］. ISIJ Int. ，1992，32：1319~1328.

［17］Rajmohan N，Szpunar J A. Monte-Carlo simulation of Goss texture development in silicon steel in the presence of MnS particles［J］. Mater. Sci. Eng. A，2000，289：99~108.

［18］雍岐龙. 钢铁材料中的第二相［M］. 北京：冶金工业出版社，2006.

［19］康永林，傅杰，柳得橹，等. 薄板坯连铸连轧钢的组织性能控制［M］. 北京：冶金工业出版社，2006：238~241.

［20］Lee S，Cooman B C D. Effect of warm rolling on the rolling and recrystallization textures of non-oriented 3%Si steel［J］. ISIJ International，2011，51（9）：1545~1552.

［21］Atake M，Barnett M，Hutchinson B，et al. Warm deformation and annealing behavior of iron-silicon-(carbon) steel sheets［J］. Acta Materialia，2015，96：410~419.

［22］Barnett M R，Jonas J J. Influence of ferrite rolling temperature on microstructure and texture in deformed low C and IF steels［J］. ISIJ International，1997，37（7）：697~705.

［23］Raphanel J L，Houtie P V. Simulation of the rolling textures of bcc metals by means of the relaxed Taylor theory［J］. Acta Metallurgica，1995，33（8）：1481~1488.

［24］Hull D，Bacon D J. Intoduction to dislocations［M］. Oxford：Pergamon Press，1984.

［25］毛卫民，杨平. 电工钢的材料学原理［M］. 北京：高等教育出版社，2013.

［26］Borbely A，Driver J H，Ungar T. An X-ray method for the determination of stored energies in texture components of deformed metals；application to cold worked ultra high purity iron［J］. Acta Materialia，2000，48：2005~2016.

［27］Fischer O，Schneider J. Influence of deformation process on the improvement of non-oriented electrical steel［J］. Journal of Magnetism and Magnetic Materials，2003，254：302~306.

［28］Takatani H，Gandin C A，Rappaz M. EBSD characterisation and modelling of colimnar dendritic grains growth in the presence of fluid flow［J］. Acta Materialia，2000，48：675~688.

［29］方烽. 薄带连铸超低碳取向硅钢凝固、析出与再结晶行为研究［D］. 沈阳：东北大学，2015.

［30］Hutchinson C R，Zurob H S，Sinclair C W，et al. The comparative effectiveness of Nb solute and NbC precipitates at impeding grain-boundary motion in Nb steels［J］. Scripta Materialia，2008，59：635~637.

［31］董廷亮，刘锐，岳尔斌，等. 3%取向硅钢中 MnS 沉淀析出动力学的计算［J］. 钢铁研究

学报，2010，22（12）：44~47.

[32] Christian J M. The theory of transformations in metals and alloys, Part 1, Equilibrium and general kinetic theory [M]. Oxford：Pergamon press，2002.

[33] Cahn J W. Nucleation and dislocation [J]. Acta Metallurgica，1957，5（3）：169~172.

[34] 王海军，付兵，项利，等. AlN 在 Hi-B 钢铁素体相中析出的形核机制 [J]. 钢铁研究学报，2015，27（10）：40~45.

[35] Wriedt A H，Hu H. The solubility product of manganese sulfide in 3pct silicon-iron at 1270 to 1670K [J]. Metallurgical and Materials Transactions A，1976，7A：711~718.

[36] Wriedt A H. Solubility product of aluminum nitride in 3percent silicon iron [J]. Metallurgical and Materials Transactions A，1980，11A：1731~1736.

[37] Chen Y，Yan W，Zhao A. Precipitation of AlN and MnS in low carbon aluminium-killed steel [J]. Journal of Iron and Steel Research，International，2012，19（4）：51~56.

[38] 孟利，汲家骏，何承绪，等. 取向硅钢中 MnS 粒子形核析出的动力学计算与分析 [J]. 金属热处理，2015，40（3）：11~15.

[39] Oh J H，Cho S H，Jonas J J. AlN precipitation in dual-phase 3%Si electrical steels [J]. ISIJ International，2007，41（5）：484~491.

[40] Iwayama K，Haratani T. The dissolution and precipitation behavior of AlN and MnS in grain-oriented 3% silicon steel with high permeability [J]. Journal of Magnetism and Magnetic Materials，1983，19：15~17.

[41] Perrard F，Bley F，Donnadieu P，et al. A small-angle neutron scattering study of fine-scale NbC precipitation kinetics in the α-Fe-Nb-C system [J]. Journal of Applied Crystallography，2006，39：473~482.

[42] Massardier V，Guetaz V，Merlin J，et al. Kinetic and microstructural study of aluminium nitride precipitationin a low carbon aluminium-killed steel [J]. Materials Science and Engineering A，2003，355：299~310.

[43] Sennour M，Esnouf C. Contribution of advanced microscopy techniques to nanoprecipitates characterization：case of AlN precipitation in low-carbon steel [J]. Acta Materialia，2003，51：943~957.

[44] 王洋. 薄带连铸取向硅钢成分设计与组织织构调控机理的研究 [D]. 沈阳：东北大学，2017.

[45] 坂仓昭. 氮化铝在取向硅钢二次再结晶中的作用 [C] //2006 年第九届全国电工钢专业学术年会议论文集，2006，24~30.

[46] 张颖，傅耘力，汪汝武，等. 高磁感取向硅钢中的抑制剂 [J]. 中国冶金，2008，11（18）：4~8，29.

[47] 程天一，章守华. 快速凝固技术与新型合金 [M]. 北京：宇航出版社，1990：137~143.

[48] 陈冠荣，等. 化工百科全书 [M]. 北京：化学工业出版社，1998：355~363.

[49] Carmalt C J. Manning T D，Parkin I P，et al. Formation of a new（1T）trigonal NbS$_2$ polytype via atmospheric pressure chemical vapour deposition [J]. Journal of Materials Chemistry，2004，

14：290~291.

[50] 张茂华，毛为民. 取向硅钢中碳化物在冷变形过程中的行为 [J]. 材料研究学报，2012，26（4）：344~348.

[51] Park J T, Szpunar J A. Evolution of recrystallization texture in nonoriented electrical steels [J]. Acta Materialia, 2003, 51 (11)：3037~3051.

[52] Suzuki S, Ushiyuki Y, Homma H, et al. Influence of metallurgical factors on secondary recrys-atllization of silicon steel [J]. Materials Transactions, 2001, 42 (6)：994~1006.

[53] Park J Y, Oh K H, Ra H Y. Microstructure and crystallographic texture of strip-cast 4. 3wt%Si steel sheet [J]. Scripta Materialia, 1999, 40 (8)：881~885.

[54] Park J Y, Oh K H, Ra H Y. The effects of superheating on texture and microstructure of Fe-4. 5wt%Si steel strip by twin-roll strip casting [J]. ISIJ International, 2001, 41：70~75.

[55] Iwayama K. Method of producing grain-oriented electrical steel having high magnetic flux：US patent 5051138[P]. 1991.

[56] Iwanaga I, Iwayama K, Miyazawa K, et al. Process for producing a grain-oriented electrical steel sheet by means of rapid quench-solidification process：US Patent, 5049204[P]. 1991.

[57] 张建光. 双辊薄带连铸实验钢种的产业化问题 [N]. 上海钢研，1997 (4)：38~42.

[58] Dorner D, Zaefferer S, Lahn L, et al. Overview of microstructure and microtexture development in grain-oriented silicon steel [J]. Journal of Magnetism and Magnetic Materials, 2006, 304 (2)：183~186.

[59] Dorner D, Zaefferer S, Raabe D. Retention of the Goss orientation between microbands during cold rolling of an Fe-3%Si single crystal [J]. Acta Mater. , 2007, 55：2519~2530.

[60] Ushigami Y, Kubota T, Takahashi N. Mechanism of Orientation Selectivity of Secondary Re-crystallization in Fe-3%Si Alloy [J]. ISIJ Inter. , 1998, 38：553~558.

[61] Takamuya T, Kurosawa M, Komatsubara M. Effect of hydrogen content in the final annealing atmosphere on secondary recrystallization of grain-oriented Si steel [J]. Journal of Magnetism and Magnetic Materials, 2003, 254~255：334~336.

[62] May J E, Turnbull D. Secondary recrystallization in silicon steel [J]. Trans. Metall. Soc. AIME, 1958, 212 (12)：769~781.

[63] Shimizu R, Harase J. Coincidence grain boundary and texture evolution in Fe-3%Si [J]. ActaMetallurgica, 1989, 37 (4)：1241~1249.

[64] Hayakawa Y, Szpunar J A, Palumbo G, et al. The role of grain boundary character distribution in Goss texture development in electrical steels [J]. Journal of magnetism and magnetic materi-als, 1996, 160：143~144.

[65] Mao W, Li Y, Yang P, et al. Abnormal growth mechanisms of Goss grains in grain-oriented electrical steels [J]. Materials Science Forum, 2012, 702~703：585~590.

[66] Yan M, Qian H, Yang P, et al. Analysis of micro-texture during secondary recrystallization in a Hi-B electrical steel [J]. Journal of Materials Science & Technology, 2011, 27 (11)：1065~1071.

[67] Maazi N, Rouag N, Etter A L, et al. Influence of neighbourhood on abnormal Goss grain

growth in Fe-3%Si steels: Formation of island grains in the large growing grain [J]. Scripta Materialia, 2006, 55 (7): 641~644.

[68] Liu Z, Yang P, Li X, et al. Formation of island grains in high-permeability grain-oriented silicon steel manufactured by the acquired inhibitor method [J]. Journal of Physics and Chemistry of Solids, 2020, 136: 109165.

5 薄带铸轧特殊用途电工钢制备技术与性能调控

薄带连铸技术发展的关键在于发挥自身优势,生产个性化、特色化产品。薄带连铸工艺在电工钢织构控制方面的优势已逐渐被认可,通过调整薄带连铸工艺参数可以实现对硅钢初始组织和织构精确调控。利用这一特点,可以根据无取向和取向硅钢的织构要求控制浇铸工艺,从而获得有利的初始组织和织构。薄带连铸亚快速凝固和铸后冷速可控的特点在取向硅钢析出物调控方面有明显优势,并与后续的热处理和轧制工艺匹配可实现抑制剂数量、大小及分布状态的精确调控,降低取向硅钢抑制剂调控难度并提高调控精度。同时,其近终成形特点为薄规格、难变形电工钢制备提供途径,一方面可取消传统流程大压缩比的热轧工序,并且降低冷轧压下率,提高成材率;另一方面,薄带连铸工艺可避免极薄硅钢形成有害夹杂物和不利织构,这对制备极薄电工钢和高硅钢等特殊用途电工钢具有重要意义。

本章主要总结薄带连铸工艺制备强 {100} 织构无取向硅钢、极薄无取向/取向硅钢、高硅钢等特殊用途硅钢技术,并阐明薄带连铸工艺特点在特殊用途硅钢组织和性能调控方面的优势,为特殊用途硅钢的制备提供新的技术途径。

5.1 强 {100} 织构无取向电工钢

{100}<0vw>织构在板材轧制平面存在两个易磁化的<100>方向且不存在难磁化的<111>方向,是无取向硅钢的理想织构。常规流程中大压缩比热轧和冷轧过程会造成 γ 和 α 织构累积,很难获得单一的 {100} 织构,这使得旋转铁芯在使用过程中存在磁性能周期性波动问题,对电机稳定性和提高能量转化效率明显不利。目前,强 {100} 织构无取向硅钢制备技术主要包括表面能法、应变能法、交叉轧制法和柱状晶遗传法等,由于工艺复杂且要求严格,目前均无法实现工业化稳定生产。突破传统工艺限制,开发新一代强 {100} 织构无取向硅钢,是电工钢研究工作者一直致力于攻克的难题。

目前,薄带连铸无取向硅钢磁感值较常规流程已有较大幅度提高,但是与理想的 {100} 织构无取向硅钢仍有较大差距。薄带连铸无取向硅钢铸带在直接冷轧过程中,晶界的协调变形作用会弱化 {100} 织构的遗传性,不可避免地形成

γ 等有害织构，这是制约薄带连铸无取向硅钢进一步提高 {100} 织构比例的主要技术瓶颈。Sha 等人[1~3]研究表明，高过热度浇铸可以获得较强 {100} <0vw> 织构类型的凝固组织，发现该流程条件下 {100} 织构存在一定的遗传性。同时，研究结果表明剪切带等剧烈变形区域可作为 Cube 晶粒形核位置。因此，提高初始晶粒尺寸和 {100} 织构强度并充分利用其遗传性是利用薄带连铸制备 {100} 织构无取向硅钢技术研发的关键。

本节充分挖掘薄带连铸电工钢织构控制和近终成形的潜力，通过铸带特殊热处理提高初始晶粒尺寸和 {100} 织构强度，并利用 {100} 织构在冷轧-退火过程中的遗传性，提高成品退火板中的 {100} 织构强度，为强 {100} 织构无取向硅钢提供新的制备途径。

5.1.1 工艺设计及铸带组织分析

Fe-1.5%Si 铸带厚度为 1.8mm，宽度为 180mm，浇铸过热度为 60℃。实验室冶炼过程不可避免地引入 C、S、N、Mn、Al 等杂质元素，其中 C、S、N 元素总量低于 200ppm，Mn、Al 元素总量低于 120×10^{-6}。由于杂质元素含量低且作用有限，本节中不作为主要元素进行讨论。铸带经表面处理后在纯氢气气氛中进行热处理（1000℃保温 4h），并控制露点低于-20℃。热处理板在四辊冷轧实验机上冷轧至 0.5mm（记为"实验工艺"）。此外，为对比热处理工艺对组织和织构演变的影响，选取相同尺寸规格铸带，酸洗后不经热处理直接冷轧至 0.5mm（记为"对比工艺"），冷轧板在氮气气氛中完成再结晶退火（950℃保温 10min）。

为测定 Fe-1.5%Si 合金相变过程的临界温度，根据钢中不同相热膨胀系数和比热容差异，采用膨胀法测量膨胀量-温度曲线。设定冷速为 200℃/h，实验测量得到的膨胀量-温度曲线如图 5-1 所示。在铸带中切割尺寸为 1.8mm×4mm×

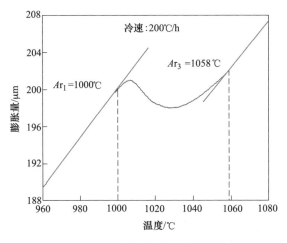

图 5-1 相变点测定结果

10mm 的试样并进行超声波清洗，静态相变仪实验在 DIL805A/D 热膨胀仪上完成。选用切线法确定相变点，得到实验钢 Ar_1 和 Ar_3 分别为 1000℃和 1058℃，该冷速下得到的相变点可近似认为是平衡相变点。

图 5-2 示出了铸带的凝固组织和宏观织构。由图 5-2 可知，凝固组织是较为典型的三层凝固组织，表层和中心层均为等轴晶，平均晶粒尺寸为 110μm；中间层为粗大柱状晶组织，平均晶粒尺寸为 340μm。表层组织取向较为漫散，中间层和中心层均形成了较为发达的 {100} 织构，但是存在一定的偏差角。铸带表层细晶区与常规凝固组织的激冷区类似，由于大量非均匀形核，因此组织细小且取向漫散。中间层和中心层的 {100} 取向晶粒形成与晶体长大速率各向异性有关。本实验中浇铸过热度较高，在形成表层细晶区后，凝固坯壳内钢液温度高，凝固相对较慢而很难形成新核，只能依靠枝晶长大而逐渐完成结晶过程，最终形成发达 {100} 柱状晶组织。铸带中 {100} 织构与准确<001>//ND 取向存在一定的偏差角[4]，这是由于薄带连铸过程中铸辊转动和钢液冲击的共同作用造成了钢液与铸辊表面形成相对速率。

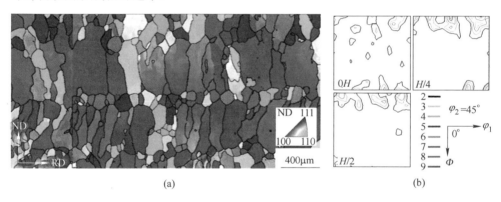

图 5-2　铸带组织及织构
（a）取向成像图；（b）ODF $\varphi_2 = 45°$图

进一步分析铸带组织中晶界信息，图 5-3 示出了铸带中晶界分布及比例。为避免识别率较差区域对整体晶界的影响，本实验只统计偏差角大于或等于 2.5°晶界信息。由图 5-3 可知，柱状晶组织中分布的大量小角度晶界，存在较多亚结构，而表层组织中为统一的大角度晶界。铸带组织中小角度晶界比例达到30.7%，其中偏差角为 2.5°~5°的晶界比例达到 19.5%。这种大量小角度晶界的存在，一方面受到强的 {100} 织构影响，另一方面与薄带连铸过程中凝固和变形行为有关。据此可以认为，基体织构越强，则平均偏差角越小，小角度晶界比例更高。薄带连铸过程中钢水在完成凝固形成凝固坯壳后承受轻微高温塑性变形，中间层组织温度高、强度低，因此高温微变形主要作用在中间层柱状晶组织。

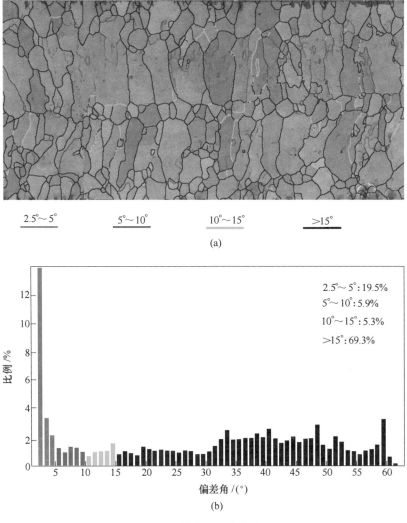

图 5-3 铸带晶界信息分析

（a）特征晶界分布；（b）晶界比例

5.1.2 铸带晶粒受控异常长大行为

铸带中初始较强的 {100} 织构是一种理想的无取向硅钢织构，目前薄带连铸流程制备无取向硅钢的常规工艺是铸带直接经过冷轧和退火。本实验工艺中，铸带在纯氢气气氛条件下在 1000℃ 保温 4h，热处理板宏观组织如图 5-4 所示。

铸带经过等温氢气退火后发生了明显的晶粒异常长大现象，异常长大晶粒尺寸达到厘米级别，突破了板厚限制。进一步的宏观织构结果表明，该异常长大晶

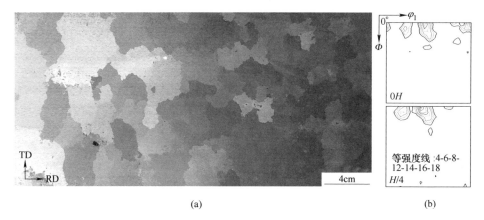

(a)

(b)

图 5-4   异常长大退火板宏观组织及织构

(a) 宏观组织；(b) ODF $\varphi_2 = 45°$图

粒主要为 |100| 取向，强点为 Cube 取向。这部分晶粒通过吞并周围基体并形成明显尺寸优势的行为是一种典型的异常长大现象，在取向硅钢、铝合金和铜合金等合金领域[5]被广泛关注。

一般认为，只有在晶粒正常长大受到限制的条件下才能发生明显的晶粒异常长大，晶粒正常长大受到限制的因素主要包括第二相、织构和表面作用等。为对比分析异常长大行为的影响因素，本实验在常规 Fe-1.5%Si 铸锭中切取 1.8mm 板料，并在相同条件下进行热处理，实验结果如图 5-5 所示。常规铸锭组织较为粗大，柱状晶尺寸已经达到厘米级别，切片经过等温氢气退火后组织变化不大，没有发现晶粒异常长大现象。进一步的对比实验表明，常规流程热轧板也无法发生明显的晶粒异常长大行为。本实验中 1.8mm 厚 Fe-1.5%Si 铸带发生明显异常长大行为，且异常长大晶粒为统一的 |100| 取向，这是薄带连铸流程中独特的物理冶金现象。厚规格铸带中晶粒受控异常长大行为以及充分利用这种强 |100| 织构是该特殊现象背后值得深入研究的内容。

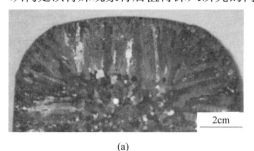

(a)

(b)

图 5-5   常规 Fe-1.5%Si 铸锭切片氢气退火前后宏观组织

(a) 热处理前；(b) 热处理后

在热处理过程采用"中断法"取样并分析晶粒尺寸和取向变化，结果如图 5-6 所示。在热处理初期，基体组织稳定。保温 80min 时，部分 {100} 晶粒开始异常长大；90min 时这种异常长大晶粒已具有明显的尺寸优势，且基体组织仍保持较高稳定性；保温 120min 时，异常长大晶粒基本吞并基体组织，形成了发达 {100} 取向晶粒，如图 5-6（d）所示。

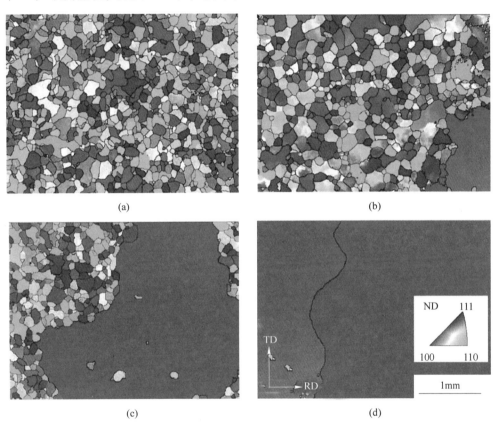

图 5-6 热处理不同阶段组织演变
（a）60min；（b）80min；（c）90min；（d）120min

以上实验结果说明，在热处理过程中基体晶粒正常长大被抑制，部分 {100} 晶粒可吞并基体组织而发生明显异常长大。实验铸带为成分简单的 Fe-1.5%Si 合金，不存在第二相粒子阻碍晶粒正常长大的条件。铸带表面存在大量微细"沟槽"，其表面张力和晶界张力的平衡作用会阻碍表层晶粒的粗化，这种作用在 Frost 计算模拟中得到验证[6]。由系统能量降低驱动的异常长大行为主要通过表面能和界面能的降低实现。铸带中间层 {100} 取向柱状晶区域存在大量亚晶，这为 {100} 取向晶粒通过亚晶聚合作用[7]而逐渐长大提供基础，同时由于与表层细小晶粒之间为高迁移速率的大角度晶界，因此中间层的 {100} 晶粒可以吞并周围相对细小的基体组织。在这两种机制的共同作用下，{100} 晶粒能够很快获得尺寸优势，并在进一步降低界面能的驱动下进一步长大，从而发生明显异常长大。此外，在纯氢气退火气氛中表面能效应也会促使这种低表面能的 {100} 晶粒优先长大。

本实验结果与 Humphreys 等人[8]提出的织构抑制模型预测是一致的，该模型认为当基体具有强织构时，基体偏差角较低，此时个别粗大晶粒就具备不连续长大的能力；且如果平均偏差角越小，这种异常长大趋势越明显，异常长大晶粒的极限尺寸越大。铸带初始 {100} 织构强度较高且个别柱状晶尺寸明显超过平均晶粒尺寸，这种初始凝固组织为铸带异常长大行为提供了条件。因此在初始粗大 {100} 晶粒和表面效应的共同作用下，铸带能够发生明显的晶粒受控异常长大，并形成统一的 {100} 织构。

常规铸锭中同样存在较强的 {100} 柱状晶，由于平均尺寸已经达到厘米级别，导致晶粒异常长大驱动力不足，因此铸锭切片热处理过程中不能发生异常长大行为。而薄带连铸亚快速凝固的特点明显细化了凝固组织，相对细小晶粒为铸带中 {100} 取向晶粒异常长大提供了条件。同时，铸带在铁素体区上限温度（A_1 温度以下）进行等温热处理，在避免发生相变而弱化初始织构的前提下，相变临界温度区间的基体原子活度较高，这将提高晶粒异常长大速率。薄带连铸流程中这种独特的晶粒受控异常长大行为提高了初始晶粒尺寸且增强了 {100} 织构强度，为强 {100} 织构无取向硅钢的制备提供了条件。

5.1.3　轧制过程中织构演变行为

铸带经过热处理后，初始 {100} 织构增强，这一理想织构能否在变形和退火过程得到遗传是制备强 {100} 织构无取向硅钢的关键。本节系统分析实验工艺和对比工艺中织构演变行为，确定初始粗大晶粒尺寸和统一织构特性对 {100} 织构遗传性的影响。

图 5-7 示出了对比工艺中不同压下率的冷轧织构，即初始组织为相对细晶的铸带在冷轧过程中的织构演变。由图 5-7 可知，在较低压下率条件下，织构变化不大，主要以 {100} 为主，部分转向 {001}<230>和 {001}<110>。当压下率进一步增大，达到 55% ~ 72% 时，主要形成 α 和 γ 纤维织构，且集中在 {114}<110>~{223}<110>和 {111}<110>等强点。值得注意的是，表层和中间层织构存在明显的差异，相同压下率条件下，表层更容易形成 {001}<110>和 γ 织构，而中间层主要为 λ 和 α 织构，γ 织构较弱。织构形成过程复杂，初始织构、冷轧压下率和工艺参数等因素均会影响到冷轧织构的形成。在约束条件下的平面压缩变形过程中，基体密排方向倾向于平行轧向，密排面倾向于平行轧面，即<110>//RD 和<111>//ND，分别对应体心立方金属的冷轧 α 和 γ 纤维织构。在缺

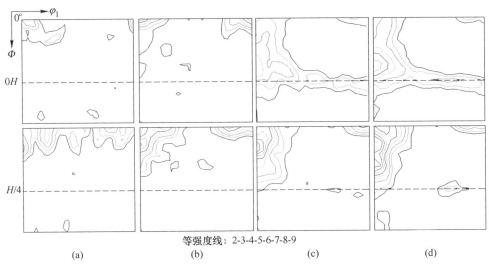

等强度线: 2-3-4-5-6-7-8-9

(a)   (b)   (c)   (d)

图 5-7 对比工艺中不同压下率对应冷轧板织构（ODF $\varphi_2 = 45°$ 截面图）

(a) 20%；(b) 35%；(c) 55%；(d) 72%

乏晶界协调作用的单晶冷轧实验中，随着压下率的增大，初始 {001}<100>取向晶粒会按照 {001}<100>→ {001}<110>→ {112}<110>→ {223}<110>的路径转动，最终形成稳定的 {223}<110>[9]。该转动路径说明 {001}<110>不是稳定取向，而是一种过渡取向，且单晶体中没有形成 γ 纤维织构。在多晶体塑性变形过程中，由于晶界的协调变形作用，随着压下率的增大，部分 α 纤维织构会转向 γ 纤维织构，从而形成 {111}<110>和 {111}<112>强点，这与对比实验的结果是一致的。

对比工艺中表层、中间层织构的差异与初始凝固组织有关。表层细晶组织在冷轧过程中变形更协调，晶体转动更充分，初始漫散的取向更容易转向稳定的 γ 织构。中间层组织粗大且主要为 {100} 取向，冷轧过程中一方面变形难以渗透至心部；另一方面粗大组织由于缺少晶界协调变形作用而转动困难，容易发生应力集中而形成不均匀的变形组织。这两种因素均会导致中间层粗大 {100} 取向转动较慢而在一定程度上被保留，这种作用在实验工艺中更明显。

图 5-8 示出了实验工艺中不同压下率的冷轧织构，即初始组织为 {100} 异常长大晶粒的热处理板在冷轧过程中的织构演变。由图 5-8 可知，当压下率较小时，织构沿 λ 线向 {001}<230>方向转动；继续增大压下率时，织构并没有转向 {001}<110>，而是转向 {115}<120>，类似于 α* 织构，最终转向 α 织构，集中在 {118}<110>~{113}<110>织构区域。值得注意的是，宏观织构中并没有检测到强 γ 织构，同时在 0.5mm 冷轧板表层存在一定的 Cube 织构。

初始厘米级别尺寸的晶粒和统一的 {100} 织构对后续冷轧-再结晶组织演变产生显著的影响。{100} 异常长大晶粒组织在冷轧过程中织构的演变区别于常规

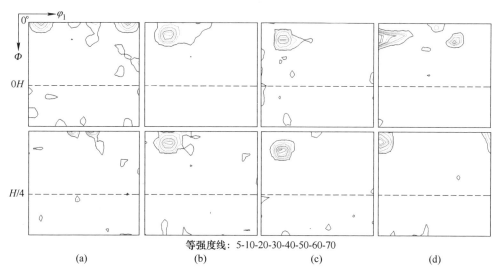

等强度线：5-10-20-30-40-50-60-70

(a)   (b)   (c)   (d)

图 5-8   实验工艺中不同压下率对应冷轧板织构（ODF $\varphi_2 = 45°$ 截面图）

（a）20%；（b）35%；（c）55%；（d）72%

细晶组织，其转动路径如图 5-9 所示。由于初始组织粗大，在冷轧过程中晶界协调变形作用有限，晶体整体转动较为困难，因此基体在承受一定平面变形后位错滑移受阻，此时局部会出现非晶体学切变，形成非等轴的胞状组织，即以剪切变形的形式承担塑性变形。因此，粗大 {100} 取向晶粒在冷轧过程中变形困难且容易形成晶内剪切带。

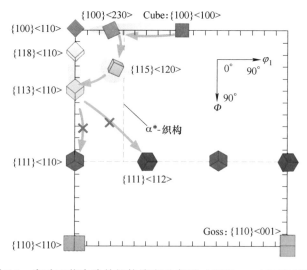

图 5-9   实验工艺中冷轧织构演变示意图（ODF $\varphi_2 = 45°$ 截面图）

　　基于此，初始偏离的 {100} 取向并没有转向 {001}<110>，而是沿着类似 α^* 取向线移动，形成 {115}<120>等过渡取向。关于 α^* 织构的形成并没有定论，体心立方金属在经过严重冷变形后会形成 α 织构，在其晶界附近存在 α^* 取向变形基体[10]。本实验中 α^* 织构的形成与初始基体中偏离的 Cube 织构有关，有研究认为准确的 Cube 取向较为稳定，在冷轧过程中存在遗传性，而取向差较大的 Cube 则容易转向 {001}<110>和 α^* 取向[2,11]。继续增大压下率后，剪切变形更剧烈，由于基体协调变形能力较差，变形织构稳定在 α 织构（{118}<110>~{113}<110>），并没有继续向 γ 织构转动。冷轧板表层组织中 Cube 织构形成与初始准确 Cube 的遗传有关，其中剪切变形发挥重要作用，而中间层为统一的稳定 α 织构。该织构演变结果进一步说明，在初始晶粒尺寸粗大和 {100} 织构统一的条件下，冷轧织构演变存在特殊性，即 {100} 织构遗传性更强且不容易形成 γ 织构。

5.1.4　强 {100} 织构无取向硅钢再结晶组织及磁性能

　　再结晶退火组织和织构如图 5-10 所示。由图 5-10 可知，在对比工艺中组织

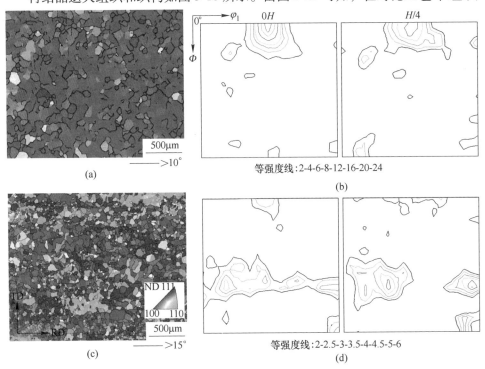

图 5-10　实验工艺和对比工艺再结晶组织及织构

（a）实验工艺，取向成像图；（b）实验工艺，ODF $\varphi_2=45°$ 截面图；

（c）对比工艺取向成像图；（d）对比工艺，ODF $\varphi_2=45°$ 截面图

相对细小，平均晶粒尺寸为 $38\mu m$，而实验工艺中晶体取向接近，形成了大量小角度晶界，平均晶粒尺寸为 $100\mu m$。同时织构也存在较大的差异，对比工艺中再结晶织构以 γ、λ 和 Goss 织构为主，表层 Cube 织构强度达到 2.99。中间层 {111}<112>织构强度达到 4.05，Goss 织构存在一定的偏差角。实验工艺退火板中形成较为统一的 Cube 织构，表层 Cube 织构强度达到 24，中间层 Cube 织构强度达到 22.7，同时并没有检测到明显 γ 织构。

对比实验结果表明，铸带直接冷轧制备的无取向硅钢中可形成一定强度的 {100} 织构，但是 {100} 织构优势并不明显，同时不可避免地形成较强的 γ 织构，这与理想的强 {100} 织构无取向硅钢还存在明显差距。实验工艺中，通过铸带热处理获得异常长大的 {100} 取向晶粒，进一步增强了初始 {100} 织构强度，最终经过冷轧和再结晶退火后形成了发达的 Cube 织构。实验结果说明，基于薄带连铸流程，通过铸带热处理获得 {100} 晶粒异常长大，利用该织构遗传性可制备强 {100} 织构无取向硅钢。

影响无取向硅钢性能的因素较多，主要有晶粒尺寸、晶体织构、应力状态和钢板厚度等。图 5-11 示出了实验工艺退火板的磁滞回线。磁滞回线可用于表示

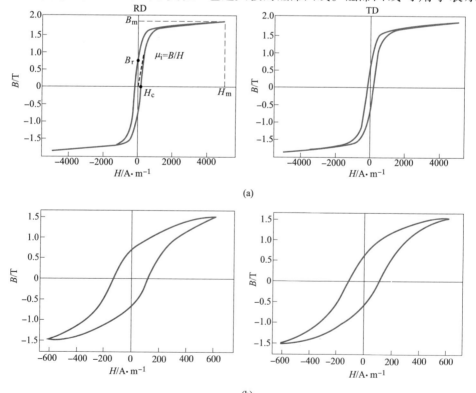

图 5-11   实验工艺中磁感和铁损值测试对应的磁滞回线

（a） B_{50}；（b） $P_{1.5/50}$

铁磁材料磁感应强度 B 随磁场强度 H 变化规律，磁化和退磁过程中磁感应强度变化会落后于磁场强度变化，这一弛豫过程即为磁滞现象[12]。图 5-11（a）为沿无取向硅钢原型钢板面轧向和横向测量磁感 B_{50} 对应的磁滞回线，退火板轧向和横向在磁化过程均能很快达到饱和点，其中振幅磁导率（μ_a）分别达到 0.372mH/m、0.369mH/m，反映了退火板容易被磁化。这与再结晶织构有关，由于形成了较强的 Cube 织构且不存在明显的 γ 织构，退火板板面轧向和横向均存在容易磁化的 <001> 方向，而基本不存在 <111> 难磁化方向。因此，在技术磁化过程中，材料内部畴壁一旦克服应力、粒子等迁移阻碍作用就会很容易地转向外磁场方向，也就是说只需较低的外磁场强度增量就可以使单畴结构的磁矩方向接近外磁场方向，所以在轧向和横向均获得了较高的磁导率。而随着外磁场 H 的继续提高，由于磁畴几乎全部转向外磁场方向，此时磁感应强度增加变缓，磁感应强度能够很快达到饱和状态，轧向和横向磁感值 B_{50} 分别达到 1.87T、1.86T，横纵向磁感差比值只有 0.6%。

在反磁化过程中，当外磁场 H 减小至零时，磁感应强度并没有完全消失，而仍保留剩余磁感应强度 B_r（剩磁），要使 B 值从 B_r 减小到零，必须添加相应的反向外磁场 H_c（矫顽力）。本实验中轧向和横向剩磁 B_r 分别为 0.77T、0.67T，矫顽力 H_c 分别为 159A/m、167A/m。这两个物理量是磁滞曲线中的重要参数，能够有效反映材料在磁化-反磁化过程中响应速率，与材料的织构、晶粒尺寸等有直接联系。铁磁材料在交变磁场的作用下反复磁化，磁畴之间不停互相摩擦会消耗能量从而引起损耗，也就是常说的磁滞损耗。磁滞回线的面积大小反映了磁滞损耗的大小，此外由于磁通的迅速变化而引起的涡流效应和趋肤效应也会产生涡流损耗和其他损耗。无取向硅钢中铁损损耗中磁滞损耗比例达到 55%～75%[9]，本实验中较小的矫顽力和剩磁使得磁滞回线面积较小，从而能够降低磁滞损耗，最终原型钢沿轧向和横向测量的总铁损值 $P_{1.5/50}$ 分别降低至 4.1W/kg、4.2W/kg，横纵向铁损值相差仅为 2.5%。此外在磁化-反磁化过程中，畴壁通常只能在晶粒内部移动，并不能跨越晶界，晶界附近偏离规则排列的原子会阻碍磁畴迁移过程中原子磁矩的规则转动，进而会增加磁化的能耗。因此在低于铁基多晶体分畴时的平衡磁畴尺寸（100～200μm）范围内，增加晶粒尺寸能有效减小磁滞损耗。本实验得到的再结晶晶粒尺寸达到 100μm，超过对比工艺中得到的 38μm，这将进一步降低实验工艺退火板的铁芯损耗。综上所述，本实验得到强 {100} 织构无取向硅钢磁滞回线狭长，具有高磁导率、低剩磁、低矫顽力、高饱和磁感应强度的特点，并展现出良好的磁各向同性，这与其强 Cube 织构、粗大再结晶晶粒有直接关系。

磁感值和铁损值是无取向硅钢材料开发和电机设计过程重点关注的性能指标。本实验工艺制备的 {100} 织构无取向硅钢原型钢与目前公布的同类产品磁性能对比结果见表 5-1。薄带连铸流程制备的无取向硅钢磁性能与常规板坯热轧工艺的相比，磁感值提高 0.16T，铁损值降低 0.39W/kg，这充分体现了薄带连铸流程的技术优势。基于薄带连铸流程，铸带热处理工艺得到的磁感值较铸带直接轧制工艺提高 0.07T，铁损值降低 0.35W/kg，这与再结晶组织、织构是相互对应的。现有研究[1~3,13]表明，薄带连铸流程在无取向硅钢织构控制方面具有明显优势，通过常化处理和两阶段冷轧等工艺可优化组织和织构，从而提高无取向硅钢磁性能，但是并没有达到本实验工艺得到的磁性能。薄带连铸无取向硅钢直接轧制工艺中，晶界的协调变形作用弱化了 {100} 织构遗传性，不可避免地形成较强 γ 织构。与常规铸带直接轧制工艺不同，本实验中通过提高冷轧前晶粒尺寸和 {100} 织构强度实现了 {100} 织构的遗传，并获得了强 Cube 再结晶织构退火板。{100} 织构强度较铸带直接轧制工艺有明显提高，进而其磁性能也体现出显著优化效果。

表 5-1　无取向硅钢磁性能对比

主要成分（质量分数/%）	厚度/mm	铁损 $P_{1.5/50}$/W·kg^{-1}		磁感 B_{50}/T		主要工艺	出处
		RD	TD	RD	TD		
1.5Si	0.50	4.10	4.20	1.87	1.86	铸带热处理	本研究
1.5Si	0.50	4.45	4.57	1.79	1.75	铸带直接轧制	本研究
1.49Si	0.50	4.49	5.15	1.71	1.70	常规板坯热轧	张[15]
1.3Si	0.35	4.10	4.30	1.83	1.79	薄带连铸工艺	Xu 等人[3]
0.8Si-0.37Mn	0.35	4.06	—	1.76	—	表面能法	Yang 等人[16]
1.0Si	0.50	3.70	—	1.83	—	应变能法	Sung 等人[17]
3Si-1Mn	0.35	0.90	—	>1.86	—	化学反应诱发相变法	Tomida 等人[18]
1.45Si-0.57Mn	0.35	3.60	—	1.76	—	脱碳相变法	Xie 等人[19]
2.5Si-0.52Al	0.50	2.50	—	1.73	—	柱状晶遗传法	Cheng 等人[20]

常规制备强 {100} 织构无取向硅钢方法有表面能法、应变能法、临界压下法、交叉轧制法和柱状晶遗传法等[14]，表 5-1 系统对比本实验工艺与其他常规制备工艺得到的无取向硅钢磁性能。实验结果表明，本实验工艺得到磁感值与表面法、脱碳相变法和柱状晶遗传法结果相比具有明显优势，达到应变能法和化学反应诱导相变法相近水平。由于铁损值与板厚、化学成分有密切关系，不同制备工艺铁损值相差较大。通过脱碳或脱锰和化学反应诱导 γ→α 相变的表面能法制备的 {100} 织构无取向硅钢铁损值较低，而本实验工艺中铁损值并没有达到与磁感值相匹配的水平。

常规方法中主要是基于表面能、应变能和织构遗传等原理获得 {100} 织构，当工艺控制精度提高后，可以达到较高的磁感值水平。但是，相关工艺需严格控制冷轧压下率、退火温度、气氛、露点和降温速率等工艺参数，且交叉轧制工艺的现场操作受到限制，这些均是限制常规工艺大规模推广应用的技术瓶颈。本工艺基于薄带连铸流程，通过铸带热处理、冷轧和退火等常规工艺就可获得强 {100} 织构无取向硅钢，且磁感值表现出明显优势，这进一步凸显了薄带连铸流程在 {100} 织构无取向硅钢织构优化和磁性能提升方面的技术优势。

　　为满足高效节能电机发展需求，部分钢铁企业相继开发了高效无取向硅钢系列产品，这也是无取向硅钢的重点发展方向。本实验工艺得到的磁性能与国内外同级别高效无取向硅钢产品典型值[21~24]对比结果如图 5-12 所示。实验工艺对应的铁损值达到中等牌号水平，在现有同级别铁损的高效无取向硅钢产品中，宝钢 B50AH470 和 B50AH800 牌号无取向硅钢典型磁感值分别为 1.74T 和 1.76T[21]。与之相比，本研究得到的无取向硅钢磁感值高，在 0.11T 以上，优势明显。由以上对比结果可知，本实验得到的 {100} 无取向硅钢原型钢磁感值具有明显优势，铁损值较常规板坯热轧工艺有优势，而与其他 {100} 织构无取向硅钢制备方法相当。这也说明实验得到的 {100} 无取向硅钢的铁损值有待进一步降低，可通过降低 C、N、S 等杂质元素含量，优化再结晶组织和提高退火板表面质量等方法降低铁损值。

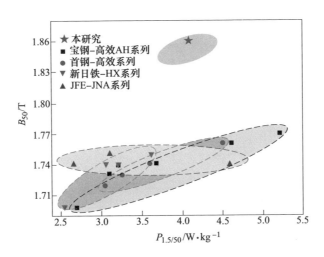

图 5-12　本实验结果与国内外无取向硅钢产品典型值对比[21~24]

　　综上所述，本实验基于薄带连铸制备无取向硅钢在织构控制方面的优势，通过铸带热处理方式进一步提高初始晶粒尺寸和 {100} 织构强度，最终制备了强 {100} 织构无取向硅钢原型钢，磁感值优势明显。薄带连铸工艺本身具有节能减排的流程优势，同时本实验只在铸轧和冷轧工序之间增加等温氢气退火工序，工艺控制难度低且生产可操作性强，这为强 {100} 织构无取向硅钢高效制备提供了新的技术途径。

5.2　薄规格无取向电工钢制备工艺及组织织构演变

作为一种特殊功能性软磁材料，薄规格无取向电工钢被广泛应用于中高频电机的铁芯材料，以其超低的高频铁损、高磁导率等优良特性而被广泛关注[25]。随着新能源电动汽车和小型无人机的快速发展，对于高频电机用无取向硅钢的性能也提出了更高的要求：一方面，随着电机工作频率的提高（≥400Hz 或者 ≥1000Hz），降低高频铁损可以有效减少电能损耗和电机发热；另一方面，高磁感的无取向硅钢可以提高电机效率，减少硅钢用量，促进电机小型化[26~28]。因此亟待开发新一代高性能薄规格冷轧无取向硅钢制备理论与技术，优化成品组织、织构和磁性能。

无取向硅钢铁损中占比最大的涡流损耗值与工作频率、成品厚度的平方成正比，减薄硅钢成品厚度是降低其高频铁损的重要手段。随着成品厚度的减薄，大压下率的冷轧变形导致成品晶粒尺寸减小、退火织构恶化和磁感应强度降低等问题，因此改善薄规格成品组织和织构，解决大压缩比条件下高频铁损和磁感应强度之间的天然矛盾是重要的研究方向。当前冷轧薄规格无取向硅钢的制备方法主要有两种[29~31]：一种是利用 0.5mm、0.35mm 的无取向硅钢成品作为原材料经过一次冷轧和高温退火制备；另一种是以超纯净 Fe-Si 合金进行两阶段轧制或临界压下制备，利用应变诱导晶粒粗化降低铁损。这两种方式都存在着明显的工艺弊端和技术缺陷，产品的制备成本提高，工艺复杂性和控制难度升高，磁感应强度未得到有效改善。因此，利用薄带连铸省略热轧工艺和减少冷轧压下率这一巨大优势，生产直接冷轧用的 2~3mm 厚铸带，将薄带连铸工艺引入到薄规格冷轧无取向硅钢的生产流程中来，优化工业制备高性能薄规格无取向硅钢生产流程，开发新一代无取向硅钢薄带的制备理论与技术。

本节利用薄带连铸技术制备 Fe-3.26%Si 无取向硅钢铸带，探索单阶段冷轧薄规格无取向硅钢组织和织构的形成机制。对比两阶段冷轧对于成品组织、织构以及磁性能的优化条件，研究中间退火温度对成品织构中 λ 织构和 γ 织构的调控机理，明确最终退火温度和时间对成品晶粒尺寸的影响规律；建立和完善 0.1~0.27mm 厚冷轧薄规格无取向硅钢制备工艺-组织织构-成品性能的关系，改善成品组织和织构，提高磁性能；丰富和发展无取向硅钢组织调控和织构演化理论，为实现薄带连铸薄规格无取向硅钢的工业生产奠定基础。

实验具体工艺为：铸带经酸洗后在实验室直拉式四辊可逆冷轧实验机上进行室温（工艺 A）、200℃（工艺 B）、350℃（工艺 C）、500℃（工艺 D）和 650℃（工艺 D）条件下多道次轧制至 0.5mm，压下量为 82.76%。而后，在保护气氛退火炉内完成再结晶退火，退火温度为 980℃，保温时间为 8min，退火气氛为体积百分比为 70%H$_2$+30%N$_2$ 的混合气体，露点控制在 ≤-20℃。

5.2.1 铸带、常化板及第一阶段冷轧板组织与织构

图 5-13 示出了铸带和常化板的全厚度凝固组织和织构特征。如前文所述，铸轧过程中温度梯度方向平行于铸带的法线方向，凝固组织由表层和中心层不规则的等轴晶以及次表层到中心层的粗大柱状晶组成，平均晶粒尺寸为 228μm，如图 5-13（a）所示。与前述的 Fe-1.02%Si 铸带凝固组织不同，Fe-3.26%Si 的柱状晶更为发达，沿法向伸长更为明显。这主要是由于 Si 含量的提高降低了固态合金的导热系数，改变了凝固过程中固液界面的钢液过冷度，进而影响形核和晶体长大。当 Si 含量高于 3.0%时，不存在 α+γ 两相区，铸带经高温常化热处理时不会发生相变，常化组织的晶界更为平直，均匀性更好。常化铸带的织构为强烈的 λ 织构组成，柱状晶 {100} 取向更为显著。铸带为较为稳定的凝固组织，界面能和储能相对较低，除亚快速凝固过程中产生的少许热应力外无其他外加变形应力，常化过程中难以发生较大晶界迁移和取向转动。

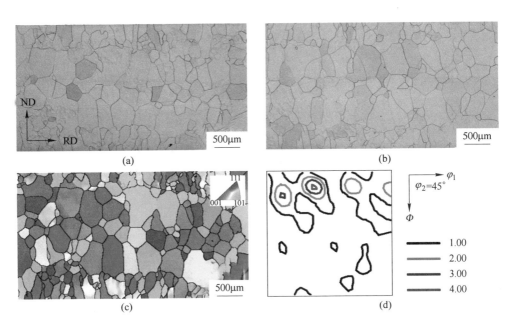

图 5-13 铸带和常化板的微观组织、EBSD 取向分布图和 ODF 图

（a）铸带金相图；（b）常化板金相图；（c）铸带 IPF 图；（d）铸带 ODF $\varphi_2 = 45°$ 截面图

图 5-14 为一阶段冷轧板和不同中间温度退火板的全厚度金相组织。2.3mm 铸带冷轧至 0.65mm 后（压下率为 71.74%），晶粒沿变形方向被拉长，形成了典型的两种不均匀微观结构。光滑的粗大晶粒呈现亮白色，这种取向晶粒的取向因子较高，变形滑移较为容易，晶粒内部变形和储能较少；另一些难滑移的晶粒发

生剧烈剪切变形，晶粒内部形成大量亚结构，呈现暗黑色。大量位错相互缠结形成胞状结构，晶体内部出现大量与轧向成 20°~40° 的剪切带，部分剪切带贯穿多个变形晶粒，如图 5-14（a）所示。

与光滑细长的变形晶粒相比，大量晶内剪切带储能更高，使再结晶过程中晶核孕育期大幅缩短，促进了晶粒的形核和长大。而低变形储能的晶粒难以发生再结晶，通常形成大量回复组织，造成再结晶组织不均匀。在 800℃ 退火时，沿厚度方向出现不均匀的退火组织，部分拉长的回复组织和细小的再结晶组织共存，晶粒尺寸相差较大，晶体长大和相互吞并不明显，如图 5-14（b）所示。当退火温度提高到 900℃ 时，发生了完全再结晶，回复组织不明显，平均晶粒尺寸大幅提高，组织均匀性大幅改善，如图 5-14（c）所示。在 1000℃ 退火时，晶粒尺寸继续增大，组织均匀性进一步改善，晶界更加光滑平直，如图 5-14（d）所示。

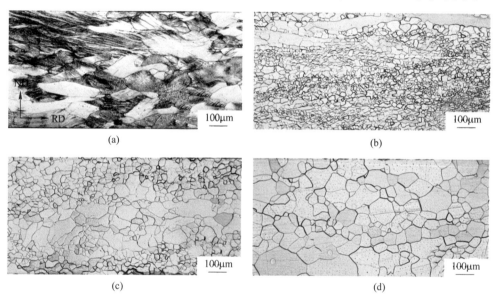

图 5-14 一阶段冷轧板和不同温度中间退火板全厚度金相组织
（a）第一阶段冷轧板；（b）800℃；（c）900℃；（d）1000℃

为了进一步研究中间退火温度对再结晶织构的影响，采用 EBSD 详细分析了中间退火组织的织构演化。图 5-15 为不同中间退火温度得到退火板的组织 EBSD 取向成像图以及晶粒尺寸分布统计。在 800℃ 退火试样中，部分具有 {001}<110>取向的冷轧变形组织以回复的形式得以保留，大量细小的 γ 织构取向的再结晶晶粒形成，强点为 {111}<110> 和 {111}<112>；部分细小的 Cube 取向晶粒沿剪切带形核和长大，但此时 Cube 形核种子较少，晶粒难以形成面积优势，如图 5-15（a）（b）所示；根据 EBSD 取向成像图测量的晶粒尺寸，大部分晶粒的尺寸为 5~25μm，平均晶粒尺寸为 16.41μm，如图 5-15（g）所示。900℃ 退火时仍能观察到部分晶粒内部存在微观取向梯度，再结晶织构中 Cube 取向晶粒占据了最大面积分数，此时 {111}<110>和 {111}<112>取向晶粒基本消失，出现了部分 Goss 取向晶粒，晶粒尺寸主要分布在 15~45μm，尺寸超过 100μm 的比例显著提高，如图 5-15 (h) 所示。当退火温度升高到 1000℃时，再结晶织构较为漫散，主要为 {001}<110>和 {001}<210>取向，如图 5-15 (e) (f) 所示，此时大部分晶粒尺寸为 15~75μm，平均晶粒尺寸为 69.56μm，组织均匀性得到显著改善，如图 5-15 (i) 所示。

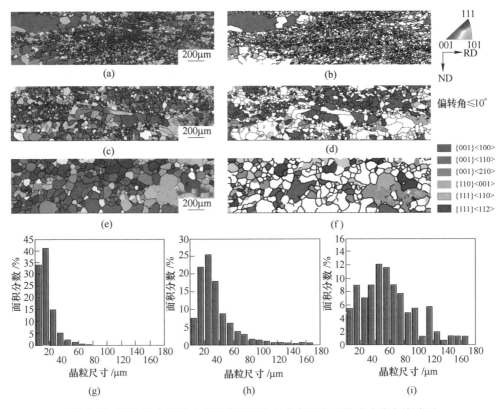

图 5-15 两阶段中间退火板的 EBSD 取向分布图和晶粒尺寸分布统计图
(a) (b) (g) 800℃；(c) (d) (h) 900℃；(e) (f) (i) 1000℃

5.2.2 单阶段和两阶段轧制对最终冷轧组织和织构演变的影响

图 5-16 为不同厚度的单阶段直接冷轧板和 900℃ 中间退火两阶段冷轧板的全厚度金相组织。直接冷轧板由于冷轧变形量较大，出现严重非均匀的变形组织。当铸带冷轧至 0.5mm 时，晶粒沿轧向变形拉长，晶内出现大量暗黑色粗糙的剪切组织，同时还分布亮白色的低储能变形晶粒。随着冷轧板减薄至 0.27mm，压

下量进一步增大，细长变形晶粒和严重破碎的晶粒平行于轧制方向呈层状交替分布，呈现出典型沿轧向平直分布的纤维组织。当冷轧板减薄至 0.2mm 以下时，暗黑色晶粒内部结构复杂，剪切带基本消失。对比于两阶段的冷轧组织，在同等压下量时直接冷轧剪切组织更为明显，当冷轧板减薄至 0.2mm 时，基体中依然存在大量的高储能剪切带，有利于促进再结晶过程中有利织构的优先形核和长大。

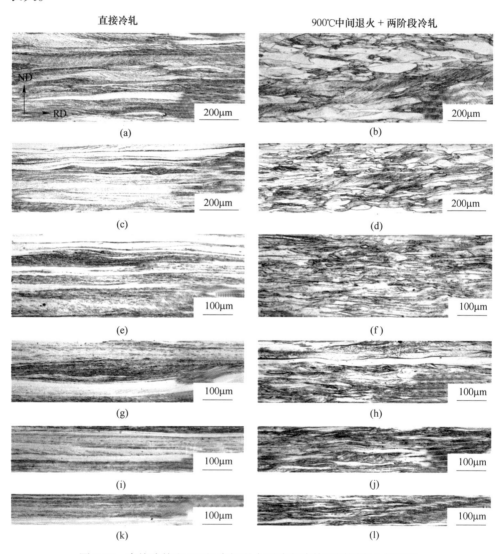

图 5-16　直接冷轧和 900℃ 中间退火两阶段冷轧不同厚度金相组织

(a) (b) 0.5mm；(c) (d) 0.35mm；(e) (f) 0.27mm；(g) (h) 0.2mm；
(i) (j) 0.15mm；(k) (l) 0.1mm

图 5-17 为各阶段冷轧板的宏观织构。常化铸带由 2.3mm 冷轧至 0.65mm 时，

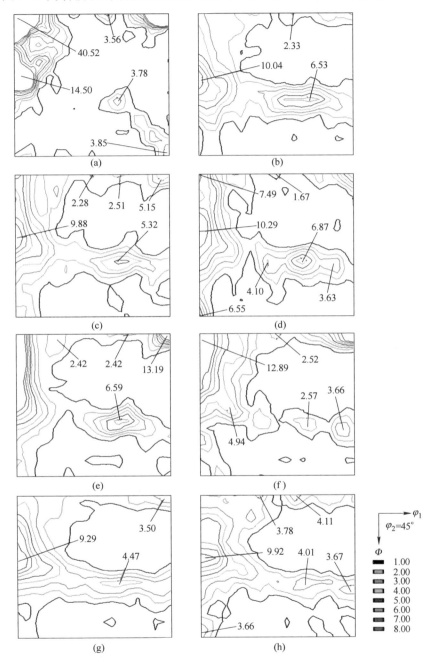

图 5-17　不同厚度冷轧板的 ODF 恒 $\varphi_2 = 45°$ 截面图

(a) 0.65mm，工艺 A；(b) 0.2mm，工艺 A；(c) 0.2mm，工艺 B；(d) 0.2mm，工艺 C；
(e) 0.2mm，工艺 D；(f) 0.27mm，工艺 C；(g) 0.15mm，工艺 C；(h) 0.1mm，工艺 C

形成强烈的 λ 织构和 α 织构以及较弱的 γ 织构。λ 织构强点为 {001}<110>，取向密度 $f(g)$ = 40.52，α 织构强点为 {112}<110>，取向密度 $f(g)$ = 14.50；γ 织构强点为 {111}<110>，取向密度 $f(g)$ = 3.78，同时还有部分的 Cube 和 Goss 织构，如图 5-17（a）所示。当常化板直接冷轧至 0.2mm 时，晶体全部转向 γ 织构，此时强点为 {111}<110>，取向密度 $f(g)$ = 10.04，如图 5-17（b）所示。经过 800℃ 中间退火后冷轧至 0.2mm 时，形成强烈的 α 织构以及较弱的 λ 织构和 γ 织构，如图 5-17（c）所示。而当中间退火温度提高到 900℃ 时，α 织构和 γ 织构有所加强，λ 织构有所减弱。值得注意的是此时出现较强的 {110}<110>织构，取向密度 $f(g)$ = 6.55，如图 5-17（d）所示。中间退火温度为 1000℃ 时，冷轧织构中 α 织构取向密度进一步增加，但此时 {110}<110>织构消失，如图 5-17（e）所示。对比 5-17（d）（f）（g）（h），对于工艺 C，经过 58.46%、69.23%、76.92%、85.172%压下率的第二阶段冷轧后，冷轧织构中 λ 织构逐渐变弱，形变织构主要由 {112}<110>~{111}<110>为峰值的 α 织构组成。

5.2.3　单阶段和两阶段轧制对退火组织和织构的影响

为了确定无取向硅钢合适的热处理制度，对 0.2mm 冷轧板分别进行 900℃ 不同时间保温处理和不同再结晶温度保温 10min 的退火处理。如图 5-18 所示，冷轧板在 900℃ 保温 4min 时再结晶基本完成，基体由细小均匀的等轴晶组织构成。当保温时间延长至 6min 时，心部的部分晶粒优先发生粗化获得尺寸优势，此时靠近边部的晶粒基本保持稳定。保温时间继续延长至 8min 时，平均晶粒尺寸进一步增大，部分获得尺寸优势的晶粒相继吞并周围小晶粒持续长大，此时组织均匀性较差。保温时间延长至 10~15min 时，平均晶粒尺寸继续增大，组织均匀性大幅改善。保温时间延长至 20min 时，此时平均晶粒尺寸基本未发生变化，晶粒长大至临界值。

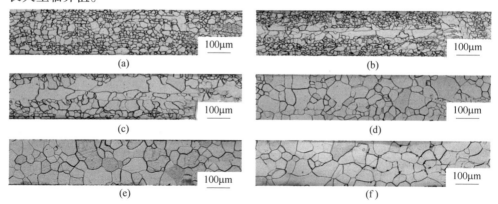

图 5-18　0.2mm 冷轧板在 900℃ 保温不同时间的组织

（a）4min；（b）6min；（c）8min；（d）10min；（e）15min；（f）20min

　　图 5-19 为 0.2mm 冷轧板在不同温度退火 10min 的微观组织。冷轧板在 700℃保温 10min 时发生完全再结晶。退火温度升高至 800~900℃时，晶粒逐渐粗化，组织均匀性也得到相应改善。在 1000℃退火 10min 时，组织均匀性达到最佳，平均晶粒尺寸达到最优的 100~150μm，有利于降低铁损。温度继续升高，晶粒继续长大，至1100℃时部分晶粒长大贯穿板厚，而在 1200℃退火 10min 时晶粒完全长大至板厚。

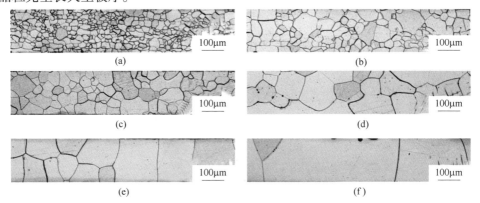

图 5-19　0.2mm 冷轧板在不同温度退火 10min 的组织
(a) 700℃；(b) 800℃；(c) 900℃；(d) 1000℃；(e) 1100℃；(f) 1200℃

　　根据前述对薄规格无取向硅钢再结晶时间和温度的研究，确定最终退火制度为 980℃保温 8min。图 5-20 为单阶段（工艺 A）冷轧板退火组织 EBSD 取向成像图以及相应的 ODF 截面图。在工艺 A 中，0.27mm 退火板宏观织构为强 γ 织构和较弱的 η 织构，强点为 {111}<110>和 {111}<112>。基体中 η 织构取向晶粒具有较明显的尺寸优势，大量 γ 织构取向小晶粒和部分 Cube 取向晶粒分布在中心层，如图 5-20（a）（d）所示。0.2mm 退火板中有利的 η 织构和 α 织构均减弱，γ 织构显著增强，强点为 {111}<112>，取向密度 $f(g) = 8.43$。此时基体中 Cube 取向晶粒基本消失，出现部分 Goss 取 向 晶 粒，如图 5-20（b）（e）所示。0.15mm 退火板难以测取准确的宏观织构，由 EBSD 取向成像图可以看出，此时基体全为 γ 织构取向晶粒，只有极少量细小的 η 织构取向晶粒，平均晶粒尺寸细小，如图 5-20（c）所示。

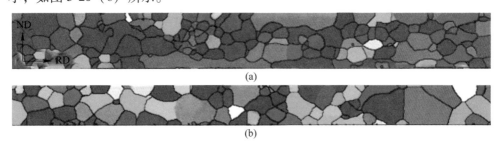

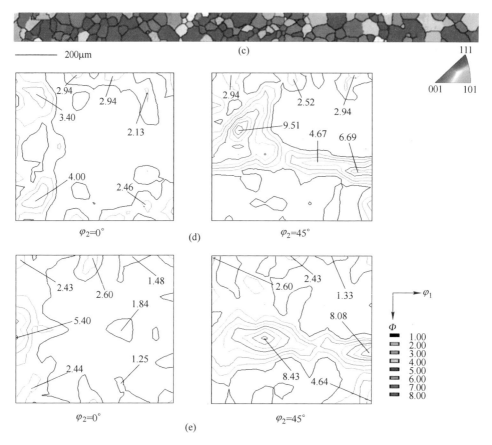

图 5-20　工艺 A 退火板的 EBSD 取向成像图以及相应的 ODF 截面图

(a)(d) 0.27mm;(b)(e) 0.2mm;(c) 0.15mm

　　图 5-21 为两阶段 800℃中间退火（工艺 B）的最终退火组织 EBSD 取向成像图以及相应的 ODF 截面图。与直接冷轧板相比，0.27mm 退火板的再结晶组织晶粒较为细小，组织均匀性较差，织构取向较为漫散，但 η 织构和 λ 织构具有明显优势，强点为 {001}<100>、{001}<210> 和 {110}<001>，取向密度分别为 $f(g) = 3.58$、$f(g) = 3.71$ 和 $f(g) = 4.59$。γ 织构相对较弱，只在边部分布少量 γ 织构取向晶粒，{100} 取向晶粒具有明显的尺寸优势，分布于心部，同时存在少量细小的 Goss 取向晶粒，如图 5-21（a）（d）所示。0.2mm 退火板中织构取向仍以 η 织构和 λ 织构为主，γ 织构相对较弱，Goss 取向织构显著增强，取向密度 $f(g) = 7.36$。Cube 和 {001}<110>取向织构也有所增强，基体中只有少量 γ 织构取向晶粒出现，平均晶粒尺寸有所增加，如图 5-21（b）（e）所示。0.15mm 退火板的晶粒主要以 {100} 和 {110} 取向为主，组织均匀性较差，如图 5-21（c）所示。

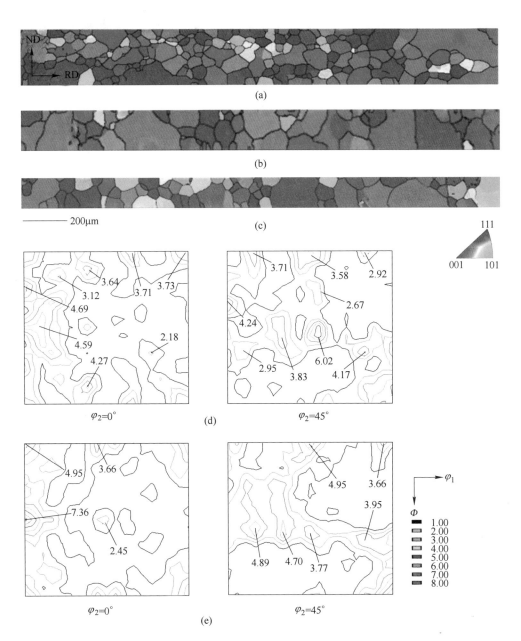

图 5-21 工艺 B 退火板的 EBSD 取向成像图以及相应的 ODF 截面图

（a）（d）0.27mm；（b）（e）0.2mm；（c）0.15mm

图 5-22 为两阶段 900℃ 中间退火（工艺 C）的最终退火组织 EBSD 取向成像图以及相应的 ODF 截面图。铸带冷轧至 0.65mm 后进行 900℃ 中间退火然后进行二次冷轧，0.27mm 退火板的组织比工艺 A、工艺 B 更为粗大均匀，{100} 取向

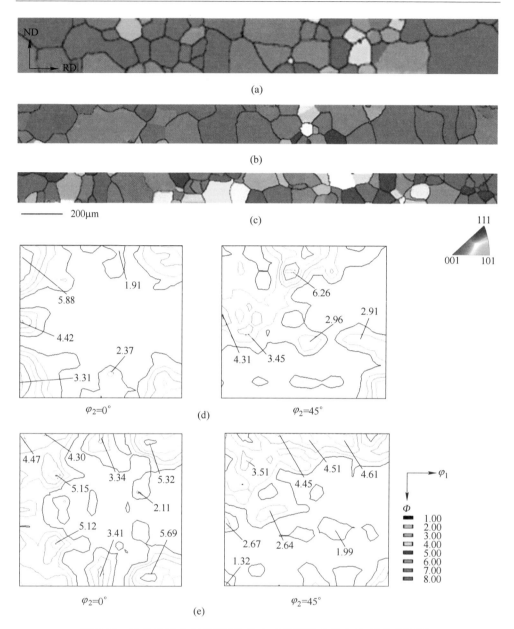

图 5-22 工艺 C 退火板的 EBSD 取向成像图以及相应的 ODF 截面图

(a) (d) 0.27mm; (b) (e) 0.2mm; (c) 0.15mm

晶粒具有绝对的优势;宏观织构为强 λ 织构构成,强点为 Cube 取向,取向密度 $f(g) = 6.26$; 此时 γ 织构取向非常微弱,有部分 Goss 取向晶粒存在,取向密度 $f(g) = 4.42$。0.2mm 退火板的组织的平均晶粒尺寸较 0.27mm 进一步增加,组织均匀性也更好;此时宏观织构仍为有利的强 λ 织构,但 Cube 取向有所减弱,取

向密度 $f(g) = 4.51$，γ 取向织构几乎消失，基体中仍然存在一定的 Goss 取向织构，取向密度 $f(g) = 4.42$。0.15mm 退火板仍然由 {100} 取向织构组成，但整体取向较为漫散，Cube 取向织构较弱，但与工艺 A、工艺 B 相比，有利织构仍具有较大的优势。

图 5-23 为两阶段 1000℃ 中间退火（工艺 D）的最终退火组织 EBSD 取向成

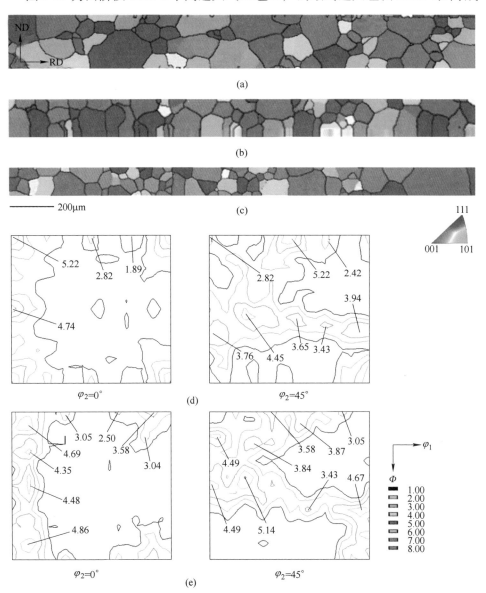

图 5-23 工艺 D 退火板的 EBSD 取向成像图以及相应的 ODF 截面图

(a) (d) 0.27mm；(b) (e) 0.2mm；(c) 0.15mm

像图以及相应的 ODF 截面图。0.27mm 退火板织构取向与工艺 B 相似,但平均晶粒尺寸大幅增加,组织均匀性也得到较大改善。宏观织构由 λ 织构、η 织构以及 γ 织构组成。Cube 织构的取向密度 $f(g) = 5.22$, $\{001\}<110>$ 的取向密度 $f(g) = 3.82$, $\{111\}<112>$ 的取向密度 $f(g) = 4.45$, $\{111\}<110>$ 的取向密度 $f(g) = 3.43$, Goss 织构的取向密度 $f(g) = 4.74$。与工艺 C 相比,λ 织构相对减弱,γ 织构增强。0.2mm 退火板宏观织构由 λ 织构、η 织构以及 γ 织构组成。此时有利的 λ 织构、η 织构大幅减弱,不利的 γ 织构进一步增强。Cube 织构的取向密度 $f(g) = 3.87$, $\{111\}<112>$ 的取向密度 $f(g) = 4.67$, $\{111\}<110>$ 的取向密度 $f(g) = 3.43$, Goss 织构的取向密度 $f(g) = 4.48$。0.15mm 退火板织构取向与 0.2mm 相似,但平均晶粒尺寸大幅降低。

5.2.4　薄规格无取向硅钢磁性能分析

图 5-24 为不同工艺的退火板磁性能,两阶段轧制的退火板磁性能整体优于

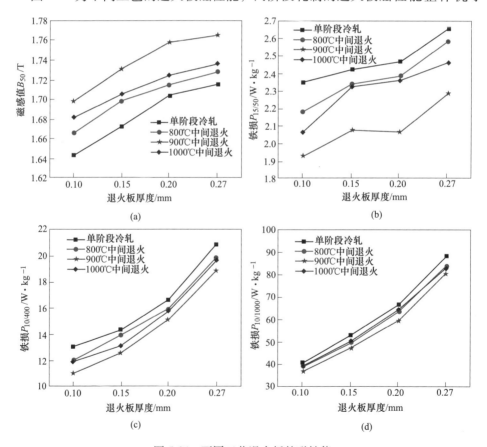

图 5-24　不同工艺退火板的磁性能
（a）磁感应强度 B_{50};（b）铁损 $P_{15/50}$;（c）铁损 $P_{10/400}$;（d）铁损 $P_{10/1000}$

单阶段退火板。通过中间退火工艺能够显著优化成品的有利织构提高磁感应强度，同时提高晶体尺寸降低铁损。900℃中间退火的两阶段轧制退火板相比于单阶段轧制，0.2mm 退火板磁感值 B_{50} 由 1.704T 提高到 1.758T，铁损值 $P_{15/50}$ 由 2.465W/kg 降低到 2.065W/kg，高频铁损 $P_{10/400}$ 由 16.648W/kg 下降到 15.173W/kg，$P_{10/1000}$ 由 66.563W/kg 下降到 59.48W/kg。

对比两阶段轧制不同的中间退火温度，900℃中间退火时有利的 λ 织构分数大幅提高，由于织构的遗传作用，最终退火织构显著优化，从而提高磁感值。而800℃和1000℃中间退火的成品织构仍保留大量 γ 织构影响磁感值。而 900℃和1000℃中间退火的成品晶粒尺寸明显大于单阶段和800℃中间退火的，铁损值也得到相应降低。

减薄无取向硅钢的成品厚度能够有效降低铁损，尤其是高频铁损最为显著。四种工艺的铁损都随着厚度的减薄而大幅下降。工艺 C 的退火板从 0.27mm 减薄至 0.1mm 时，$P_{15/50}$ 由 2.287W/kg 下降到 1.928W/kg，降低 13.34%；$P_{10/400}$ 由 18.905W/kg 下降到 11.069W/kg，降低 41.45%；$P_{10/1000}$ 由 80.733W/kg 下降到 36.978W/kg，降低 54.17%。这说明随着工作频率的增加，减薄无取向硅钢的成品厚度对于降低铁损的作用更为显著。

晶体取向是无取向硅钢磁感应强度的决定性因素，bcc 晶体沿不同取向磁化行为也不相同。理想的无取向硅钢在各个方向上磁性相同，由于加工工艺造成的晶体织构使得硅钢出现磁各向异性。不同的织构取向对于不同方向的磁感应强度贡献不同，为了研究织构对于无取向硅钢的磁感应强度的影响规律，Kestens 和 Van Hontte[32,33] 提出了"磁性织构的质量模型"。通过表征多晶材料中不同织构取向的<100>易磁化方向和磁化方向 g 之间的夹角 $A_\theta(g)$ 建立织构和磁感之间的关系，如图 5-25 所示。外加磁场的磁化矢量为 $\boldsymbol{M}$，磁场方向与轧向的夹角为 θ。实验确定的 ODF 表示函数 $f(g)$，g 的取向由欧拉角度定义。任意一个无穷小角度的体积分数定义为 $f(g)\mathrm{d}g$，因此 $A_\theta(g)$ 为：

$$A_\theta = \int A(g)f(g)\mathrm{d}(g) \tag{5-1}$$

式中，A_θ 为外加磁场与轧向成 θ 角时的织构参数。取参数 A 为外加磁场 M 与立方

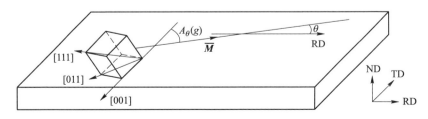

图 5-25　Kestens 和 Van Houtte 模型示意图

晶体三个<100>方向夹角余弦的最小值。则材料的参数 A 的平均值为：

$$A = \int A_\theta \mathrm{d}\theta \qquad (5\text{-}2)$$

图 5-26（a）为不同类型织构取向的 A 值与 θ 角的关系。A 值越低意味着易磁化的<100>方向与轧面上磁场方向对应越准，该织构越容易磁化，磁感应强度越高。理论上随机取向的 A 值恒为 31.9°。随着外加磁场与轧向角度由 0°增加到 90°，Cube 织构的 A 值先增加后减小，在 45°时取最大值；而旋转立方（｛100｝<110>）的 A 值与 Cube 织构相反，先减小后增加，在 45°时取最小值。Goss 织构在 0°~45°时 A 值逐渐增大而后逐渐减小，但仍保持较大值，因此 Goss 织构有利于 RD 方向磁感值，但会降低 TD 方向磁感值，从而影响磁各向异性。λ 织构始终有<100>方向在轧制面上，A 值较低且恒为 22.5°，说明 λ 织构不仅有利于提高磁感应强度，而且能保证磁各向异性较低。而 γ 织构虽然能保证恒定值 38.7°，但 A 值较高不利于提高磁感值。η 织构在 0°~45°时 A 值较低，有利于提高磁感值，但 45°~90°时 A 值较高，不利于减小磁各向异性。α 织构 A 值稍低于 γ 织构且变化范围较小，但不利于提高磁性能。

图 5-26（b）为根据四种工艺 0.2mm 退火板 ODF 图数据计算的与轧向成不同角度的 A 值曲线。由图 5-26（b）可知，随着与轧向夹角的增加，四种工艺退火板的 A 值变化趋势相同，在 0°~45°时逐渐增加至最大值，而后逐渐减小。对于工艺 A，由于退火织构为强 γ 织构和较弱的 η 织构，A 值变化范围较小，但其 A 值始终要高于其他三组工艺，不利于提高磁感应强度，因此横纵向磁感值均较低。而工艺 B 的 A 值虽然初始较小，但波动范围较大，在 40°~90°时明显高于工艺 C 和工艺 D，工艺 C 的退火织构中 λ 织构和 γ 织构均较弱，主要为以 Goss 织构为强点的 η 织构，有效降低 RD 方向的 A 值提高磁感值，但 ND 方向 A 值较高

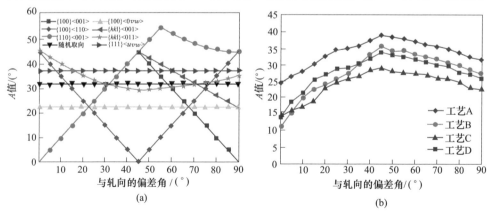

图 5-26　基于磁性织构的质量模型计算结果

（a）重要织构的不同角度 A 值计算；（b）不同工艺的退火板 A 值计算

磁感值较低，不利于降低磁各向异性。工艺 C 的 A 值整体低于其他三组，由于其退火织构为较强的 λ 织构不仅降低了 A 值提高横纵向磁感值，同时保证了 A 值的稳定性。η 织构和 γ 织构均较弱，保证了退火板良好的磁性能。工艺 D 的退火织构取向漫散，λ 织构、γ 织构和 η 织构的强度接近，导致其 A 值的取值和波动范围均处于四种工艺的中间水平。因此，采用工艺 C 得到的强 λ 退火织构成品板，不仅能够大幅提高薄规格无取向硅钢的磁感值，还能有效降低磁各向异性。

　　无取向硅钢的铁损通常由磁滞损耗（P_h）、涡流损耗（P_e）和反常损耗（P_a）三部分组成，通常工频普通无取向硅钢的铁损中，磁滞损耗占 55%~75%，涡流损耗占 10%~30%，反常损耗占 10%~20%[9]。为了研究不同实验工艺和成品厚度对于无取向硅钢中高频铁损的影响规律，对 $B = 1.0T$、50~1000Hz 条件下的铁损进行三种损耗分离计算。根据 Bertotti 提出的理论模型[9]，硅钢的铁损为：

$$P_t = P_h + P_e + P_a = k_h f B^\alpha + k_e f^2 B^2 + k_a f^{1.5} B^\beta \tag{5-3}$$

式中　　　　　　　　f——工作频率，单位为 Hz；

　　　　　　　　　　B——磁感，单位为 T；

k_h，k_e，k_a，α，β——常数。

　　则取 $B_m = 1.0T$ 时[34]，上式为：

$$P_t = P_h + P_e + P_a = k_h f + k_e f^2 + k_a f^{1.5} \tag{5-4}$$

　　因此根据实验实测的 $P_{10/50}$、$P_{10/400}$ 和 $P_{10/1000}$ 值可以算出常数值 k_h，由 $P_h = k_h f$ 可以算出不同频率的磁滞损耗 P_h。再由 Maxwell 方程推导的薄板涡流经典公式[9,33]计算 P_e：

$$P_e = \frac{1}{6} \times \frac{\pi^2 t^2 f^2 B_m^2 k^2}{\gamma \rho} \times 10^{-3} \tag{5-5}$$

式中　　t——板厚，mm；

　　　　f——工作频率，Hz；

　　　　B_m——最大磁感应强度，T；

　　　　ρ——材料的电阻率，$\Omega \cdot mm^2/m$；

　　　　γ——材料的密度，g/cm^3；

　　　　k——波形系数，正弦波 $k = 1.11$。

　　由推导方程计算出经典涡流损耗 P_e，最后由 $P_t = P_h + P_e + P_a$ 计算出反常损耗 P_a。根据以上方法可以将不同频率下的铁损分为磁滞损耗（P_h）、涡流损耗（P_e）和反常损耗（P_a）三部分。

　　图 5-27 为四种工艺的退火板在 50Hz 时的铁损分离结果。当测试频率较低时，两种厚度的退火板铁损差值较小，其中磁滞损耗占比最高，均超过铁损值的60%。同时磁性能优良的工艺 C，磁滞损耗的总量和占比均最小，由于其发达的λ 织构提高硅钢的磁化能力，粗大的晶粒减少晶界所占的面积，磁滞损耗大幅下

降。低频时涡流损耗占比较低，由于硅含量的增加提高电阻率使得涡流损耗明显减少，随着成品厚度的减薄涡流损耗的总量和占比均大幅下降，0.1mm 的退火板涡流损耗仅占 1.43%~1.75%，工艺 C 和 D 的平均晶粒尺寸最大，磁畴的尺寸增大，涡流损耗也相应增大，占比提高。

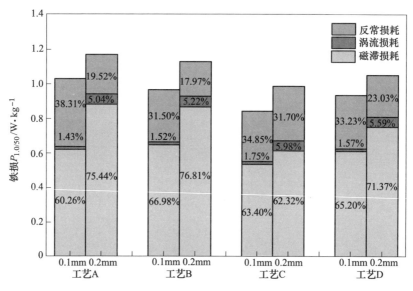

图 5-27　不同厚度无取向硅钢 50Hz 铁损分离结果

图 5-28 为四种工艺退火板在 400Hz 时的铁损分离结果。随着测试频率的提

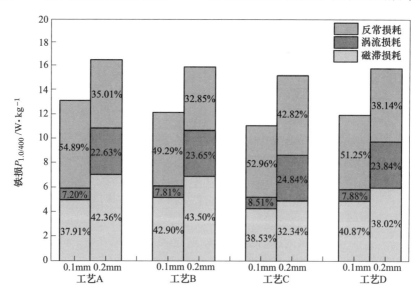

图 5-28　不同厚度无取向硅钢 400Hz 铁损分离结果

高，两种厚度的退火板铁损差值进一步增大，涡流损耗和反常损耗的占比增加，磁滞损耗的占比相对降低。由于磁滞损耗与频率 f 成正比，而涡流损耗与 f^2 成正比，随着测试频率的提高，涡流损耗的总量和占比均会大幅增加；磁滞损耗虽然总量增加，但是占比相对降低。0.2mm 的四种工艺退火板的铁损中涡流损耗增加到 3.77W/kg，占比为 23.63%～24.84%，磁滞损耗的占比降低到 32.34%～42.36%。而 0.1mm 的四种工艺退火板的铁损中涡流损耗为 0.95W/kg，占比仅增加至 7.20%～7.88%，磁滞损耗降低至 37.91%～42.90%。

图 5-29 为四种工艺的退火板在 1000Hz 时的铁损分离结果。测试频率进一步提高，两种厚度的退火板铁损值大幅度提高，差值也进一步增大。四种工艺的磁滞损耗的占比继续减小，涡流损耗的总量和占比均大幅增加，而反常损耗的占比未发生明显变化，只有小幅波动。其中 0.2mm 的四种工艺退火板中涡流损耗占主要部分，为 23.55W/kg，占比提高至 35.58%～39.59%；而磁滞损耗占比降为 20.63%～27.14%。0.1mm 的四种工艺退火板中涡流损耗仅为 5.89W/kg，占比仅上升到 14.53%～15.92%，且总铁损值的降幅也进一步扩大。

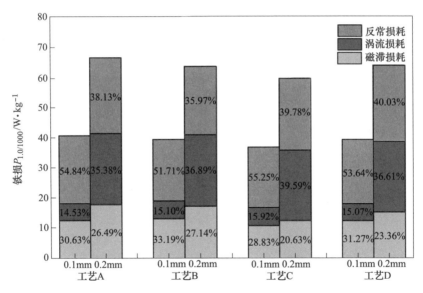

图 5-29 不同厚度无取向硅钢 1000Hz 铁损分离结果

四种工艺的无取向硅钢成品铁损随频率的提高而大幅增加，磁滞损耗总量增加，但占比相对减小，而涡流损耗的总量和占比均随频率的提高而大幅增加。优化无取向硅钢的成品织构，提高晶粒尺寸有利于降低磁滞损耗[34,35]，减薄无取向硅钢可以有效降低涡流损耗的增量，从而降低无取向硅钢的中高频铁损。

5.3　高磁感极薄取向硅钢抑制剂演变与织构调控

硅钢的涡流损耗与钢板厚度的平方成正比，减薄取向硅钢厚度是降低其铁损的有效措施，因而薄规格化是取向硅钢的重要发展方向。与常规厚度取向硅钢相比，极薄取向硅钢（≤0.15mm）铁损值大幅度降低，经过细化磁畴后，甚至可以与铁基非晶材料相媲美，因此被称为"硅钢中的精品"[36]。极薄取向硅钢已经成为国防和国民经济重点领域国家急需、具有极高战略价值的特殊用途电工钢产品。

极薄取向硅钢性能优异，但是其制备工艺难度大。限制极薄取向硅钢制备的关键因素在于：一方面，薄规格取向硅钢高温退火过程中，表面效应使得抑制剂分解加剧，进而导致抑制力过早失效，基体晶粒容易正常长大，难以获得完善的二次再结晶组织；另一方面，随着钢板厚度降低，Goss 晶核数目减少，影响后续二次再结晶正常进行。常规流程有两种制备工艺，一种是以 0.30～0.23mm 厚的取向硅钢成品作为原料，利用成品中 Goss 织构在变形−再结晶过程中的遗传性制备极薄取向硅钢，这是目前生产 0.1mm 及以下厚度规格极薄取向硅钢最常用的方法；另一种是以纯净 Fe-3%Si 合金为基础，通过表面能控制发展二次再结晶或者三次再结晶。常规制备技术在生产成本、磁性能稳定性和工艺控制难度等方面均存在弊端，限制了其大规模生产。

随着抑制剂种类的扩展、渗氮工艺的进步以及短流程技术的长足发展，利用抑制剂诱发二次再结晶制备极薄取向硅钢的方法逐渐被冶金工作者所重视。在常规制备极薄取向硅钢流程面临成本高、性能无法进一步提升的困境下，薄带连铸流程为极薄取向硅钢高效制备提供了新的解决途径。然而，薄带连铸制备极薄取向硅钢工艺尚处于初级探索阶段，产品磁性能没有展现出明显优势，而且在抑制剂设计、Goss 晶粒二次再结晶行为等关键共性技术方面的研究并不深入。充分发挥薄带连铸亚快速凝固和近终成形的工艺优势，提高抑制力并保证准确 Goss 晶粒发生异常长大，是抑制剂诱发二次再结晶制备极薄取向硅钢亟待解决的关键问题。

5.3.1　薄带连铸极薄取向硅钢成分与工艺设计

常规流程中很难通过抑制剂诱发薄规格取向硅钢发生完善的二次再结晶，主要原因在于极薄取向硅钢高温退火过程中表面效应明显，抑制剂容易粗化而导致抑制能力下降。在抑制力不足的条件下，其他取向的晶粒正常长大明显，从而阻碍二次再结晶的发展，这个问题是常规流程"固有抑制剂"工艺和渗氮工艺都难以解决的。

薄带连铸流程的亚快速凝固和近终成形的工艺特点为极薄取向硅钢的制备提

供了工艺基础。薄带连铸流程可实现抑制剂元素的过饱和固溶，这为抑制剂种类扩展和后续析出物柔性化控制提供了工艺条件。基于超低碳取向硅钢成分体系，本实验提出以 MnS 和 AlN 作为主要抑制剂，添加 Nb 和 V 作为辅助抑制剂形成元素。基于"过饱和固溶+沉淀析出"的抑制剂调控策略，利用亚快速凝固和二次冷却段水冷可使得抑制剂元素多处于饱和固溶状态。通过常化和中间退火工艺调控抑制剂，控制极薄取向硅钢中抑制剂细小弥散析出，为抑制剂诱发 Goss 晶粒异常长大提供必需的抑制力。在工艺控制方面，基于初始组织可控的特点，采用低过热度浇铸，获得相对细小的等轴晶凝固组织。在此基础上，采用两次中等压下率轧制工艺，确保铸态组织破碎和细化，并在轧制-退火过程中形成足够数量的 Goss "种子"，为二次再结晶提供良好的初次再结晶组织和织构条件。本节实验重点研究极薄取向硅钢织构形成、高温退火过程中抑制剂熟化行为和抑制剂诱发二次再结晶原理。

5.3.2 成形过程中组织和织构演变

本节采用"常化+两阶段冷轧"制备工艺。不同之处在于本实验浇铸过热度较低，初始组织相对细小均匀。由于组织和织构演变行为与第 4 章类似，本实验主要分析中间退火及后续工艺过程中组织和织构演变，图 5-30 示出了中间退火板的组织和织构状态。

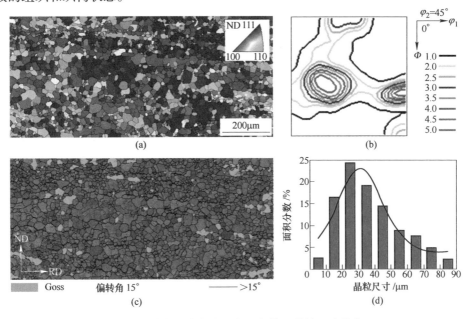

图 5-30 中间退火板的组织、织构及晶粒尺寸分布

（a）取向成像图；（b）ODF $\varphi_2 = 45°$ 截面图；（c）Goss 晶粒分布；（d）晶粒尺寸分布

由图 5-30 可知，中间退火板组织相对细小均匀，常见的拉长 α 和 λ 取向晶粒较少。晶粒尺寸分布集中在 10~50μm，平均晶粒尺寸为 21.3μm，如图 5-30（d）所示。再结晶织构主要为较强的 {111}<112>，强度达到 5.4，同时存在较弱的 Goss 和 Cube 织构，其中 Goss 织构强度达到 3.8，且 Goss 晶粒沿厚度方向分布相对均匀，如图 5-30（c）所示。

中间退火板经过 63.6%~85.5%冷轧压下率的变形织构如图 5-31 所示。经过第二阶段冷轧后，主要形成 α 和 γ 织构，中心层织构强度比表层更高，冷轧板厚度越薄织构沿厚度方向梯度越小。0.20mm 冷轧板中强点为 {111}<112>，且形成了部分近似 α* 织构。随着冷轧压下率的增加，γ 织构强度稍微减弱，而 α 织构增强。0.08mm 冷轧板中 γ 织构强点均匀分布在 {111}<110> 和 {111}<112> 之间。α 织构和 γ 织构是体心立方金属中典型的平面应变织构，冷轧压下率越大，越接近平面应变，因此在冷轧板中心层形成了统一的 α 织构和 γ 织构。当冷轧压下率较低时，由于中间退火组织细小，晶体整体转动较快，Goss 织构转向 {111}<112>，稳定的 γ 织构进一步增强，同时形成了部分过渡织构。由于多晶纯铁最稳定的取向是 {223}<110>，当压下率增大时，基体倾向于形成更为稳定的 α 织构。其中，{111}<112>将转向 {111}<110>织构，甚至 {112}<110>，且基体中部分过渡织构转向稳定的 α 织构，因此 γ 织构强度稍微减弱，而 α 织构增强。

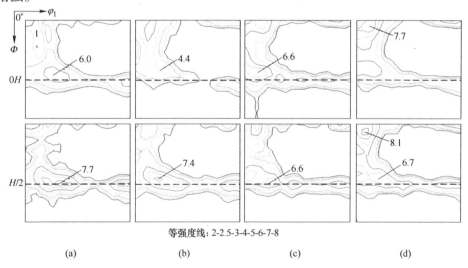

等强度线：2-2.5-3-4-5-6-7-8

(a)　　　　　　　(b)　　　　　　　(c)　　　　　　　(d)

图 5-31　第二阶段不同厚度冷轧板织构（ODF φ_2 =45°截面图）
(a) 0.20mm；(b) 0.15mm；(c) 0.10mm；(d) 0.08mm

冷轧板经过初次再结晶退火后得到的再结晶织构如图 5-32 所示。不同厚度试样中再结晶织构类型基本一致，表层织构为统一的 γ 织构，中心层形成了 γ 和

α织构，其中α织构集中在 {112}<110>。随着退火板厚度的降低，织构强度提高，特别是γ织构，但在宏观织构中并没有检测到明显的 Goss 织构。

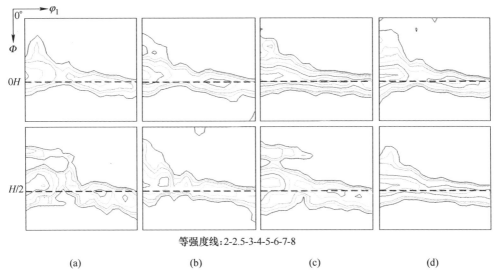

等强度线：2-2.5-3-4-5-6-7-8

(a)　　　　　(b)　　　　　(c)　　　　　(d)

图 5-32　初次再结晶退火板织构（ODF φ_2 = 45°截面图）

（a）0.20mm；（b）0.15mm；（c）0.10mm；（d）0.08mm

图 5-33 示出了初次再结晶退火板表层主要取向线强度分布。退火板中α织

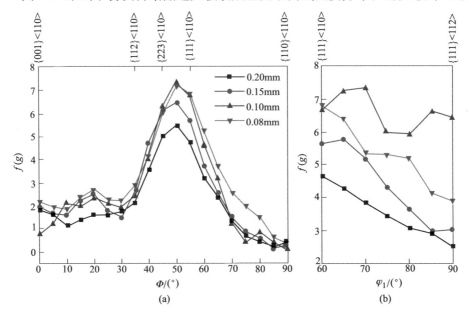

图 5-33　初次再结晶退火板沿 α 和 γ 取向线的强度分布

（a）α取向线；（b）γ取向线

构集中在 {112}<110>~{111}<110>之间，随着压下率的增大，织构强度稍有提高。0.10mm 和 0.08mm 退火板中形成了很强的 {111}<110>和 {111}<112>织构，而 0.20mm 退火板中 γ 织构较弱。根据定向形核理论，冷轧板中较强的 γ 变形织构决定了再结晶过程形成较强的 {111}<112>和 {111}<110>。α 取向基体变形储能较低，一般在再结晶后期原位形核，且很容易被率先形核的 γ 取向晶核吞并，因此在 0.10mm 和 0.08mm 退火板中形成了较强的 γ 织构。0.20mm 退火板中部分过渡取向优先形核和长大，导致 γ 织构强度降低。

进一步利用 EBSD 技术表征不同厚度退火板中 Goss 取向晶粒分布，结果如图 5-34 所示。随着钢板厚度的降低，Goss 取向晶粒面积分数降低，且强度明显低于中间退火板，而 γ 织构强度会在第二阶段冷轧和退火过程中进一步提高。在再结晶过程中，γ 织构和 Goss 织构之间存在竞争关系，由于 γ 织构的进一步发展，Goss 织构强度降低，这在 0.08mm 退火板尤为明显。一般认为中等压下率时，Goss 织构存在较强的遗传性。当压下率进一步增大时，Goss 织构遗传性降低：一方面 Goss 取向亚结构会被破坏而转向其他稳定取向；另一方面，有利于 Goss 形核的 {111}<112>织构会向 α 织构转动。因此，本实验中在 0.20mm 退火板中形成了较强的 Goss 织构，钢板厚度越薄，Goss 织构减弱，γ 织构增强。发生完善二次再结晶的前提条件是初次再结晶组织中具有一定量的 Goss 晶粒作为二次晶核，但是具体数量并没有定论。与 CGO 钢工艺控制不同，Hi-B 钢制备工艺中第二阶段冷轧压下率高达 80%~90%，初次再结晶退火板中 Goss 取向晶粒数量较少但取向度更高，高温退火过程中强抑制剂钉扎作用保证了准确 Goss 的择优异常长大，最终形成了偏差角更小的 Goss 织构。这说明初次再结晶退火板中 Goss 晶粒并不是越多越好，更重要的是基体中存在取向度高的 Goss 晶核并保证较强的抑制力。

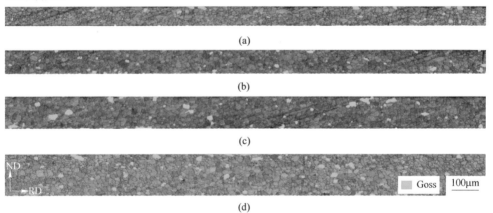

(a)

(b)

(c)

(d)

图 5-34 不同厚度初次再结晶退火板中 Goss 晶粒分布

(a) 0.08mm；(b) 0.10mm；(c) 0.15mm；(d) 0.20mm

如图 5-34 所示，不同厚度退火板中均得到了相对均匀的再结晶组织，0.20mm 退火板晶粒尺寸为 14.2μm，随着冷轧压下率的增大，0.08mm 退火板晶粒尺寸减小至 11.4μm。较大冷轧变形量增加了基体变形储能，再结晶形核率更高，从而使得再结晶晶粒细化。初次再结晶晶粒越细，高温退火过程中二次晶核选择性长大能力更强，为异常长大晶粒吞并基体晶粒提供了更好的基体条件。以上实验结果说明，更薄规格取向硅钢中容易形成强的 γ 织构和细小均匀的再结晶晶粒，这是较为理想的适合 Goss 晶粒异常长大的基体环境，有利于形成完善的二次再结晶。

图 5-35 示出了高温退火过程中 0.10mm 取向硅钢组织演变。高温退火过程中极薄取向硅钢基体组织稳定，1020℃晶粒尺寸仅为 18.3μm。1040℃时，少量晶粒开始明显长大，随着温度的升高，部分晶粒不断吞并细小的基体组织而发生明

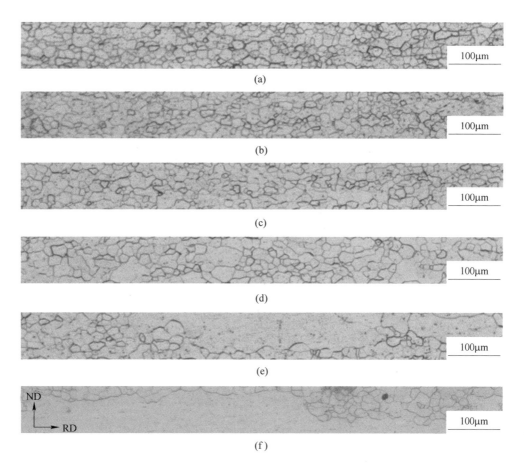

图 5-35　0.10mm 取向硅钢高温退火过程中组织演变
(a) 950℃；(b) 1000℃；(c) 1020℃；(d) 1040℃；(e) 1050℃；(f) 1060℃

显的异常长大。1060℃时，二次再结晶基本完成。实验结果说明，该极薄取向硅钢可以发生完善二次再结晶，且开始温度约为1040℃。高温退火过程中，极薄取向硅钢细小基体组织的稳定性是发生完善二次再结晶的基础，而这完全依赖于基体中析出物提供的强抑制力。

5.3.3　抑制剂诱发二次再结晶原理分析

抑制剂诱发二次再结晶的关键是获得细小弥散析出的抑制剂，并在二次再结晶发展之前确保持续稳定的抑制剂强度，本节重点研究从铸带到二次再结晶全流程中抑制剂演变行为。基于"过饱和固溶+形变诱导析出"的抑制剂调控策略，本实验以 MnS 和 AlN 作为主要抑制剂，添加 Nb 和 V 作为辅助抑制剂形成元素，进一步增强抑制力，不同工序析出物演变如图 5-36 所示。

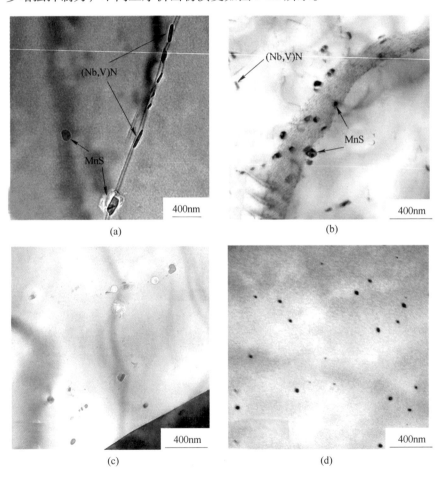

图 5-36　不同工序析出物演变行为

（a）铸带；（b）常化板；（c）中间退火板；（d）初次再结晶退火板

铸带组织中，少量粗化的 MnS 和（Nb,V）N 分布在晶界上，尺寸在 40～150nm 之间，这也进一步验证了铸带中抑制剂元素多处于固溶状态。铸带经过常化处理后，晶界上析出物进一步增多，同时在晶内析出了少量 30～80nm 的（Nb,V）N。经过第一阶段冷轧和中间退火后，大量 40～120nm 析出物沉淀析出，晶内析出物密度进一步提高。经过第二阶段冷轧和初次再结晶退火后，析出物分布密度提高且尺寸减小，大量 30～80nm 的析出均匀分布在基体中。以上实验结果说明，基于薄带连铸工艺，初次再结晶退火板中获得了细小均匀分布的析出物。各工序工艺中对抑制剂析出行为的影响已在第 4 章中进行了详细分析，本节不再赘述。此外值得注意的是，以上各工序中均没有观察到 AlN 析出。

高温退火过程中抑制剂的析出和粗化行为是决定极薄取向硅钢能否发生完善二次再结晶的关键，图 5-37 示出了高温退火不同阶段析出物的演变行为。1030℃时，

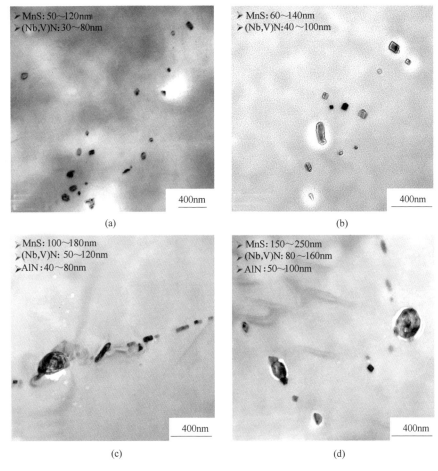

图 5-37　高温退火过程中析出物演变行为
(a) 1010℃；(b) 1030℃；(c) 1045℃；(d) 1060℃

基体中析出物主要为 MnS 和（Nb,V)N，尺寸分布区间分别为 50~120nm 和30~80nm。该析出物状态与初次再结晶退火板相比，部分 MnS 有一定程度粗化，(Nb,V)N 析出量增加。在 1030℃ 时，析出物状态变化不大，MnS 进一步粗化。在 1045℃ 时，MnS 粗化明显，其抑制作用已基本失效，但是同时基体中存在大量细小的析出物，显示出良好的稳定性，如图 5-37（c）所示。温度继续升高后，析出物聚集粗化，平均尺寸明显增大。

以上实验结果说明，在二次再结晶开始之前，主要是 MnS 和（Nb,V)N 发挥抑制作用。进一步分析二次再结晶发展阶段（1045℃）抑制剂特征，发现在粗大 （Nb,V)N 析出物上形成细小 AlN，如图 5-38 所示。由于基体中 C 含量较低，而存在含量较高的强间隙相形成元素 Nb 和 V，因此在低温时容易形成（Nb,V)N 间隙相，而很难形成 AlN。但在二次再结晶过程中，AlN 可借助（Nb,V)N 质点形核析出。从成分起伏及原子扩散方面分析，在高温退火过程中，（Nb,V）N 会随着退火温度的升高而逐渐回溶或者聚集粗化，部分 Nb、V 原子向基体中扩散，此区域富集的 N 原子有利于形成 AlN 析出物。此外，高温退火过程中 75%H_2+ 25%N_2 的退火气氛也有利于形成 AlN 析出物，因此基体中会逐渐形成 AlN 金属化合物，形成过程如图 5-38 所示。从晶体学方面分析，低碳钢中 AlN 析出行为研究表明，先析出的 AlN 为亚稳态立方结构（NaCl 型），只有充分长大后才转变为稳定的六方结构（ZnS 型）[37]；而 NbN 和 VN 均为 NaCl 型结构，这为 AlN 在（Nb, V)N 基体上形核提供了可能性。同时，低碳钢中 Nb(C,N) 和 AlN 析出物存在半共格关系[38]：$[112]_{Nb(C,N)}$ // $[11\bar{2}]_{AlN}$，$(\bar{3}11)_{Nb(C,N)}$ // $(\bar{2}\,\bar{2}1)_{AlN}$。这种半共格位向关系可以降低 AlN 析出时所引入的界面能，从而促进其形核过程。因此，在二

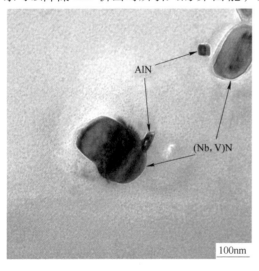
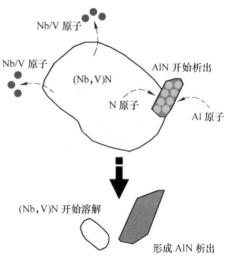

图 5-38　高温退火过程中 AlN 及其析出示意图

次再结晶发展的关键阶段，AlN 逐渐析出且尺寸较为细小，能够提供持续的抑制力，阻碍基体晶粒的粗化。

根据以上抑制剂析出和熟化行为，进一步计算二次再结晶过程中抑制力变化。基于第二相粒子钉扎理论，Zener 建立了第二相粒子钉扎力与第二相粒子大小、体积分数的关系，得到 Zener 公式[39]：

$$Z = \frac{3f\sigma}{4r} \tag{5-6}$$

式中　σ——析出物与基体之间的界面能；

　　　f，r——析出相体积分数和平均半径。

由式（5-6）可知，钉扎力与第二相粒子体积分数成正比，与第二相粒子尺寸成反比。也就是说，在析出物尺寸一定的情况下，增加析出物体积分数可提高抑制力；在析出物体积一定的情况下，降低析出物尺寸可提高抑制力。为方便对比，可采用 Zener 因子 A 表示抑制力的大小，公式为：

$$A = \frac{3f}{4r} \tag{5-7}$$

考虑到取向硅钢有效抑制剂尺寸问题，本实验中将尺寸小于100nm 第二相粒子作为有效抑制剂。根据图 5-37 中高温退火试样 TEM 观察结果统计得到析出物尺寸统计如图 5-39（a）所示，进而计算得到高温退火过程中 Zener 因子 A 变化规律。结果表明，二次再结晶开始之前，析出物尺寸增大较慢；随着温度的提高，尺寸明显提高。由于部分析出物回溶和粗化，析出物分布密度整体呈现下降趋势。根据体视学原理，将 TEM 结果统计得到的面积分数粗略当做体积分数，计算得到的 Zener 因子 A 如图 5-39（b）所示，由图 5-39（b）可知，在1045℃

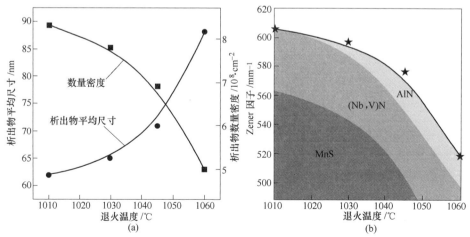

图 5-39　高温退火过程中析出物尺寸统计及 Zener 因子计算结果

（a）析出物尺寸统计结果；（b）计算得到的 Zener 因子

之前，Zener 因子达到 580mm^{-1}，仍保持较高水平，且与 1010℃ 相比并没有明显下降。这说明在二次再结晶之前抑制剂能够提供持续的钉扎力，而随着温度的继续升高，Zener 因子明显降低，此时抑制能力快速释放。

上述结果说明，在发生完善二次再结晶之前，极薄取向硅钢中抑制剂展现了稳定的强抑制力。其中，在二次再结晶开始之前，主要由 MnS 和（Nb,V）N 析出物提供抑制力。随着温度的升高，MnS 和（Nb,V）N 逐渐失效，AlN 在（Nb, V）N 质点上形核析出，提供持续的抑制力，此时主要由（Nb,V）N 和 AlN 析出物提供抑制力。在二次再结晶的末期，主要由 AlN 提供抑制力。这种在高温退火阶段由不同抑制剂协同提供持续抑制力的形式，可理解为"接力型"抑制剂行为。与常规抑制剂不同，该抑制剂行为能有效避免因表面效应而导致的抑制剂过早失效，为二次再结晶提供了较强的抑制力，这是本实验中实现抑制剂诱发极薄取向硅钢发生完善二次再结晶的关键。

5.3.4　高磁感极薄取向硅钢磁性能

图 5-40 示出了极薄取向硅钢的二次再结晶宏观组织。本节重点分析 0.08 ~ 0.15mm 厚极薄取向硅钢。由图 5-40 可知，0.08mm 极薄取向硅钢二次再结晶组织完善，平均晶粒尺寸达到 40mm，超过 Hi-B 钢二次晶粒尺寸。进一步通过 EBSD 技术表征二次晶粒取向偏差角可知，二次再结晶晶粒为 Goss 取向，且偏差角小于 5°，如图 5-40（c）、（d）所示。随着极薄带厚度的增加，二次再结晶晶粒尺寸减小且 Goss 晶粒偏差角有一定程度增加。不同厚度极薄取向硅钢宏观组织的差异与初始组织、抑制剂强度有关。前文已讨论，较大的冷轧压下率有利于形成 {111}<112>织构，且初次再结晶组织更细小均匀，因此二次再结晶过程中 Goss 晶粒选择性长大能力更强。同时本实验中"接力型"抑制剂行为可提供极薄带二次再结晶所需的抑制力，有效避免因抑制剂过早失效而导致的组织粗化。

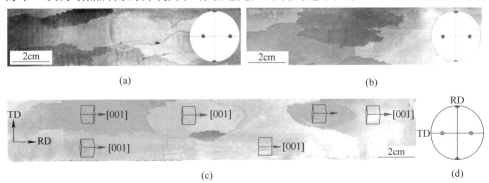

(a)　　　　　　　　　　　　(b)

(c)　　　　　　　　　　　　(d)

图 5-40　不同厚度极薄取向硅钢二次再结晶宏观组织

（a）0.15mm；（b）0.10mm；（c）0.08mm；（d）0.08mm 退火板的 {100} 极图

当取向硅钢较厚时，基体中析出物能够提供超过二次再结晶所需的抑制力，进而阻碍 Goss 晶粒异常长大。这种抑制力与二次再结晶不匹配的问题会导致二次再结晶不完善或者偏差角较大的 Goss 晶粒发生异常长大。

表 5-2 示出了极薄取向硅钢的磁性能。本实验采用样品尺寸为 300mm × 30mm，尽量降低单片测试的误差。由表 5-2 可知，0.08~0.15mm 极薄取向硅钢原型钢均展现了良好的磁性能，且厚度越薄，磁感越高，铁损越低。0.15mm 极薄取向硅钢 B_8 为 1.92T；0.08mm 极薄取向硅钢 B_8 高达 1.97T，与饱和磁感比值（B_8/B_s）达到 0.97。极薄取向硅钢原型钢的磁感值超过 Hi-B 钢要求，说明取向度较高的 Goss 晶粒发生了明显异常长大。本实验中第二阶段冷轧压下率达到 85.5%，与 Hi-B 钢制备工艺对冷轧压下率要求类似，有利于形成准确 Goss 织构。同时，初次再结晶组织细小均匀，而且在高温退火过程中"接力型"抑制剂行为可有效阻碍基体晶粒正常长大，这为 Goss 晶粒的择优长大提供了条件，最终形成了取向度较高且统一的 Goss 织构。

表 5-2 极薄取向硅钢的磁性能

板厚/mm	磁感应强度/T		B_8/B_s	铁损值/W·kg^{-1}			
	$B_{8/50}$	$B_{10/50}$		$P_{1.0/50}$	$P_{1.7/50}$	$P_{1.0/400}$	$P_{1.0/1000}$
0.15	1.92	1.94	0.946	0.48	1.15	7.2	27.9
0.10	1.95	1.96	0.961	0.42	0.92	6.0	22.3
0.08	1.97	1.98	0.970	0.38	0.85	5.6	20.7

低铁损特性是极薄取向硅钢的优势，本实验中 0.08mm 退火板对应的铁损值 $P_{1.0/50}$、$P_{1.7/50}$、$P_{1.0/400}$ 和 $P_{1.0/1000}$ 分别降低至 0.38W/kg、0.85W/kg、5.6W/kg、20.7W/kg。相比于常规厚度取向硅钢，该铁损值有明显降低，表现出了极大的磁性能优势。电工钢的铁损（P_t）包括磁滞损耗（P_h）、涡流损耗（P_e）和反常损耗（P_a）三部分。由于影响这三种不同铁损值的因素不同且较为复杂，最终取向硅钢铁损值是一个综合结果，因此有必要将总铁损值（P_t）分离为磁滞损耗（P_h）、涡流损耗（P_e）和反常损耗（P_a）三部分，并进一步分析其影响因素。基于表 5-2 实验结果，计算的铁损值分离结果如图 5-41 所示。由图 5-41 可知，低频（50Hz）时，P_h 占主要部分，为 60% 左右，P_a 为 30% 左右，而 P_e 比例约为 10%。随着磁场频率的提高，P_a 和 P_e 所占比例提高，而 P_h 所占比例下降；1000Hz 条件下，P_h 所占比例仅为 20% 左右。对比不同厚度取向硅钢可知，P_h 变化不大，而 P_a 和 P_e 所占比例较大，这也进一步说明材料厚度主要影响涡流损耗和反常损耗，其中对涡流损耗的影响更为明显。高频（1000Hz）时，涡流损耗随厚度减小而明显降低，这说明极薄取向硅钢在高频条件下更能展现低损耗优势。

根据以上不同铁损值变化规律可知，在低频磁化条件下，磁滞损耗和反常损

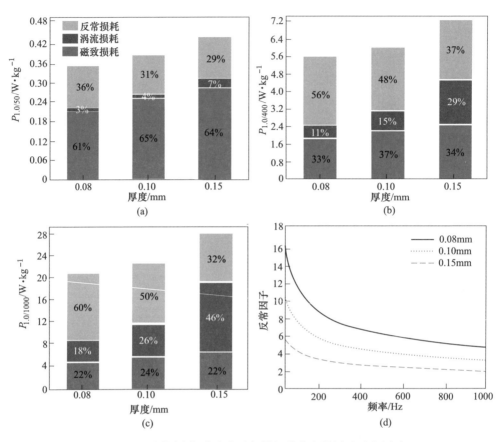

图 5-41　不同厚度极薄取向硅钢铁损值分离结果及反常因子
（a）$P_{1.0/50}$ 铁损值；（b）$P_{1.0/400}$ 铁损值；（c）$P_{1.0/1000}$ 铁损值；（d）反常因子

耗占主要部分，因而降低总铁损值主要依靠降低磁滞损耗和反常损耗。此时阻碍畴壁移动的因素均会影响总体铁损值，在夹杂物、内应力、钢板厚度等因素一定的情况下，提高 Goss 晶粒取向度是有效降低铁损的方法。而在高频磁化条件下，涡流损耗和反常损耗占主要部分。涡流损耗和反常损耗之间的关系可由反常因子 η 描述，其中反常因子 η 与板厚 t、磁畴宽度的关系可以近似表达为[40]：

$$\eta = \frac{P_e + P_a}{P_e} = 1.63 \times \frac{\delta}{t} \tag{5-8}$$

式中，δ 为磁畴宽度。

反常因子 η 的计算结果如图 5-41（d）所示。由图 5-41（d）可知，钢板厚度降低，反常因子增大，这与极薄取向硅钢二次晶粒尺寸和板厚有关。取向硅钢二次晶粒尺寸和磁畴尺寸均较大，且主磁畴为沿轧向排列的 180° 磁畴，其尺寸远大于板厚。也就是说薄规格取向硅钢中反常损耗所占比例更高。因此，降低钢板厚度，可明显降低涡流损耗，但是反常损耗仍会保持较高水平；与此同时会增加磁滞损耗，最终导致总铁损降低速率减慢甚至出现反增长趋势。当二次晶粒尺寸一定时，通过降低钢板厚度来降低取向硅钢的铁损值存在一个临界厚度，而 Goss 晶粒尺寸会影响这一临界值。晶粒尺寸与磁畴宽度成正比，根据式（5-8），降低二次晶粒尺寸可有效细化磁畴，从而降低反常因子，这将降低影响铁损的临界钢板厚度。本实验中得到的二次晶粒尺寸均较大，这是极薄取向硅钢原型钢的铁损较高的原因之一，同时也说明减小二次晶粒尺寸是降低铁损值的关键。此外，Goss 晶粒取向度也对铁损有着复杂影响，随着 Goss 取向偏差角的减小，磁滞损耗降低，而反常损耗则会提高[9]，总铁损值随 Goss 取向度并不是线性变化。在偏差角大于 2°时，降低 Goss 偏差角可减小总铁损值。由于高磁感取向硅钢 Goss 取向度控制水平已接近极限，因此通过减小 Goss 偏差角来降低高频铁损值较为困难。

综上所述，高频条件下极薄取向硅钢的铁损主要由涡流损耗和反常损耗决定。减小厚度可有效降低涡流损耗，考虑到反常损耗所占比例增大且磁滞损耗增加，因此存在临界厚度，使得总铁损达到最小。减小二次晶粒尺寸可降低这一临界厚度，从而实现极薄取向硅钢总铁损的进一步降低。因此，利用抑制剂诱发二次再结晶能够获得取向度高的二次 Goss 晶粒，极薄取向硅钢原型钢展现出明显的磁感值优势，减小二次晶粒尺寸是进一步降低总铁损的关键。

随着节能减排的深入推进，电力电子器件向高效率、小体积方向发展，而且适用的工作频率由中低频向中高频方向发展，这就要求取向硅钢在中高频条件下仍兼具高磁感和低铁损。极薄取向硅钢在降低铁损方面的优势已经被广泛认可，特别是高频性能。实验结果表明，利用织构遗传和抑制剂诱发二次再结晶制备极薄取向硅钢的工艺都是可行的，但在产品性能和工艺可行性等方面存在较大差异。本节系统对比两种制备工艺，为极薄取向硅钢的高效制备提供参考。

图 5-42 系统对比了本实验极薄取向硅钢原型钢磁性能与近期公布的文献结果及国内外行业标准。由图可知，与利用织构遗传制备的极薄取向硅钢相比，本实验中利用抑制剂诱发二次再结晶方法制备的极薄取向硅钢具有明显的磁感和铁损优势，而在高频磁化条件下，这种优势减弱。与近年来文献结果[41~44]相比，同样具有明显磁感优势，铁损达到接近水平，如图 5-42 所示。与中国冶金行业标准[45]和日本工业标准[46]相比，本研究中两种方法制备极薄取向硅钢的磁性能均能达到标准要求，其中磁感值优于标准要求。与日本日金开发的 GT 系列极薄取向硅钢[47]相比，本研究中得到的磁感值有优势，但是铁损值不及 GT 系列产品水平。该结果表明，基于薄带连铸流程，利用抑制剂诱发二次再结晶制备极薄取向硅钢在获得高磁感方面具有明显优势，这是利用表面能优势或者织构遗传工艺无法比拟的，同时铁损值可达到相当水平。极薄取向硅钢高频铁损主要由涡流损

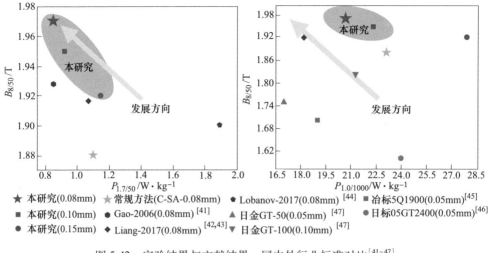

图 5-42　实验结果与文献结果、国内外行业标准对比[41~47]

耗和反常损耗组成，涡流损耗主要由厚度决定，反常损耗主要与磁畴壁宽度有关。相同厚度条件下，利用抑制剂诱发二次再结晶制备得到的极薄取向硅钢由于晶粒粗大，反常损耗较高，总的铁损值偏高。而利用织构遗传或者表面能原理制备的极薄取向硅钢由于 Goss 织构强度较低且偏差角较大，使得磁感值难以进一步提升，同时铁损值没有表现出竞争优势。

　　未来几年高牌号极薄取向硅钢的市场需求预计可达到 20 万 ~ 40 万吨/年的规模，在此市场背景下，技术可行性和成本控制尤为重要。利用织构遗传制备工艺以取向硅钢成品作为原料，且极薄取向硅钢磁性能依赖于原料磁性能，这将导致常规工艺中原料成本较高，且进一步降低成本受限。此外，常规工艺中粗大原始组织变形能力较差，冷轧阶段边裂严重且容易断带，导致成材率明显降低且控制难度增大，这将进一步增加生产成本，从而限制极薄取向硅钢常规制备工艺的大规模推广。利用薄带连铸制备极薄取向硅钢工艺中前工序可省略连铸和热轧工艺，且后工序中常化处理和两阶段冷轧工艺是常规流程通常采用的。与普通厚度取向硅钢相比，该工艺方案原料和生产工序并没有明显增加，同时成材率预计可达 80% 以上。综合考虑原料价格和冷轧成材率等影响生产成本关键因素，薄带连铸制备极薄取向硅钢工艺方案与常规利用取向硅钢成品工艺方案相比，生产成本可降低 50% 以上，展现出明显的技术优势。因此，在常规制备极薄取向硅钢工艺面临成本高、性能无法进一步提升的困境下，薄带连铸工艺为极薄取向硅钢高效制备提供了新途径。

　　此外，本研究得到的极薄取向硅钢原型钢磁感值明显优于铁基非晶材料，同时极薄取向硅钢还具有高叠片系数、优良加工性和较小磁致伸缩等明显优势。若能通过减小二次晶粒尺寸和细化磁畴等措施进一步降低铁损，那么利用薄带连铸技术高效低成本制备的极薄取向硅钢可以与铁基非晶合金形成竞争，这对我国关键电子产品向大容量、高频化、小型化方向发展具有重要的意义。综上所述，除了具备绿色环保和节能减排的优势外，薄带连铸流程亚快速凝固为极薄取向硅钢抑制剂调控带来极大便利，"接力型"抑制剂行为能够提供强抑制力，从而实现极薄取向硅钢中抑制剂诱发二次再结晶。该短流程制备工艺提高了极薄取向硅钢磁感应强度并确保较低的高频铁损，比利用织构遗传机理的常规流程具有明显优势，同时可与铁基非晶合金形成竞争。

5.3.5 薄带连铸制备取向硅钢极薄带优势及控制原理

常规流程限制极薄带制备的关键因素在于：（1）抑制剂在成品退火升温过程中的分解和扩散加剧，表面效应明显，抑制剂易粗化导致抑制力下降，其他取向的晶粒也正常长大，使得 Goss 晶粒很难吞并较大的基体；（2）大压下率轧制变形导致单位面积内包含的 Goss 晶核数目相对减少，二次再结晶不完善，最终磁性能较低；（3）由于热轧工艺限制，传统流程热带厚度无法降到合适厚度，给极薄带加工成形带来极大困难。

基于抑制剂诱发二次再结晶，薄带连铸制备极薄取向硅钢磁性能优势明显，其技术优势及控制原理如下：

（1）薄带连铸亚快速凝固特点使得铸带成分设计可突破常规流程，由于抑制剂固溶度的限制，在凝固过程中处于过饱和固溶状态。利用后续冷轧—热处理工艺，可以柔性控制抑制剂的尺寸、分布和体积分数等要素，在高温退火过程中能提供极薄带二次再结晶过程所需的抑制力。

（2）铸带选择以 MnS、AlN 为主要抑制剂，添加 Nb、V 作为辅助抑制剂形成元素。细小弥散的（Nb,V）N 一方面可细化初次再结晶组织，得到比较理想的初次再结晶组织状态；另一方面，极薄带抑制剂在成品退火升温过程中存在易分解和扩散加剧等问题，会导致抑制力下降，二次再结晶不完善。（Nb,V）N 在高温退火过程中比较稳定，不易粗化，能够有效避免抑制力不足的问题，这也是能够实现抑制剂诱发二次再结晶的根本条件。

（3）与常规热轧板相比铸带凝固组织更为粗大，在冷轧过程中粗大的晶粒容易形成剪切带，而剪切带有利于 Goss 取向形核。初次再结晶组织中存在强度较高的 Goss 织构，为二次再结晶过程提供更多的 Goss 晶核，能在一定程度上解决极薄带 Goss 晶核数量不够的问题。

（4）铸带厚度可控，基于两阶段冷轧工艺，可有效分配两阶段冷轧压下率，确保获得均匀细小、一定数量 Goss 晶粒和强 γ 织构基体组织。这将避免常规流程中单阶段或总压下率过大导致初次再结晶组织中 Goss 织构较弱或基体组织不利等问题。同时，各阶段轧制压下率适中，加工容易且成材率高。

5.4　薄带连铸 Fe-6.5%Si 取向硅钢组织演化机理与磁性能研究

高硅钢一般指硅质量分数在 4.5%~6.5% 的 Si-Fe 合金，其中 Fe-6.5%Si 钢具有高导磁率、低矫顽力和低铁损的特点。高硅钢近年来研究的方向多集中在无取向高硅钢有序相形成规律，室温脆性以及改善措施等方向上[48,49]，主要措施有：（1）利用 B 等元素细化铸态组织、强化晶界提高 Fe-6.5%Si 合金钢塑性；（2）通过调整合金成分，优化热轧—温轧—冷轧流程实现 Fe-6.5%Si 无取向硅钢的轧制，其重点在于提高基体再结晶温度，使变形组织保留到低温变形阶段；（3）薄带快淬的办法获得 0.05mm，甚至更薄的高硅微晶带避免加工[50~52]。但是这些无法实现取向高硅钢的制备。

取向硅钢通过二次再结晶获得单一 Goss 织构，沿轧制方向具有高磁感和低铁损的优良磁性能，主要用于各种变压器的铁芯。常规取向硅钢 Si 质量分数为 3.8%~3.4%，其理论饱和磁感 $B_s \approx 2.03T$。Hi-B（高磁感）取向硅钢 B_8 在 1.90~1.96T 之间。与无取向硅钢相比，取向高硅钢具有更高的最大磁导率、更高的电阻率和更低的中高频铁损值，能够显著降低电器元件的质量和体积，提高电器效率。特别是取向 Fe-6.5%Si 钢（饱和磁感强度 B_s=1.80T）磁致伸缩为 0，能够显著降低中高频变压器的噪音，具有极高的应用价值[49,53~55]。但是，当 Si 质量分数提高到 6.5% 时，晶粒长大趋势极为强烈，而且延伸率急剧下降，因此提高 Fe-6.5%Si 钢室温塑性、抑制基体初次晶粒长大是制备取向高硅钢的主要难点[52]。

目前，通过控制成分和轧制过程可以实现无取向 Fe-6.5%Si 钢的轧制变形，但是温轧会恶化成品织构降低磁感，且大量合金加入使得最终再结晶晶粒细小而提高铁损。对于取向高硅钢而言，二次再结晶过程需要细小均匀的初次再结晶和发达 γ 织构。因此通过调整铸轧工艺与合金成分实现固溶大量抑制剂元素，细化铸态组织，从而获得良好的成形性能，再通过单阶段轧制得到 Fe-6.5%Si 钢冷轧薄带，为二次再结晶提供条件。

5.4.1　取向高硅钢成分与抑制剂设计

取向硅钢抑制剂方案设计是 Goss 晶粒二次再结晶准确和完善的关键，利用薄带连铸亚快速凝固条件下对抑制剂元素"固溶-析出"行为进行控制尤为重要。本节实验钢成分见表 5-3。高硅钢室温塑性极差，为了获得良好的低温性能，需要将铸带晶粒细化。较高的 Mn/S 质量比使得固溶度积升高，使 MnS 高温析出，强烈阻碍铸带凝固组织晶粒长大，这将在后面进一步讨论。针对低碳取向高硅钢再结晶驱动力强的特点，引入 NbN 作为辅助抑制剂，同时 Nb 元素作为溶质原子存在的"拖曳"作用也可以稳定低温热轧过程中的再结晶和回复行为，使变形基体保留下来，细化初次再结晶晶粒。

表 5-3 取向高硅钢成分（质量分数） （%）

C	Si	Mn	S	Nb	Als	N	O	Fe
≤0.003	6.49	0.25	0.023	0.057	0.040	0.0120	0.0025	余量
	6.26	0.25	0.006	—	—	0.0045	0.003	

取向高硅钢制备流程如图 5-43 所示，钢水经过预热的中间包进入旋转的钢铸辊快速凝固并成型，浇铸温度约为 1450℃，铸速控制为 50~70m/min。

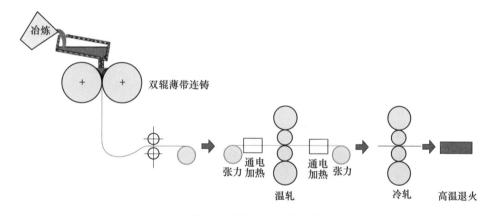

图 5-43 铸轧流程制备取向高硅钢示意图

铸轧得到的铸带厚度为 2.2~3.6mm，轧制力为 5~10kN，铸后二次冷却段在 1000~1200℃范围内快速冷却抑制第二相粒子的析出和粗化，冷却速率 80℃/s，1000℃以下通过空冷进行冷却，冷却速率为 10~30℃/s。

常规高硅钢室温塑性极差，需要通过热轧和温轧进行成形。铸轧高硅钢铸带在亚快速凝固条件下晶粒得到明显细化。铸带经过 1000℃进行常化，然后通过"温轧+冷轧"和温轧进行成形。温轧+冷轧工艺：在 600℃铸带由 2.5mm 轧制到 1.2mm，在 500℃铸带由 1.2mm 轧制到 0.85mm，在 400℃铸带由 0.85mm 轧制到 0.45mm，然后在室温条件下轧制到 0.20mm。温轧工艺：在 600~400℃直接温轧至 0.20mm。两者工艺在 0.45mm 之前完全一致。冷轧板经过 850℃×5min 完成初次再结晶退火，然后叠片进行二次再结晶退火，从 850℃以 10℃/h 速度升温至 1200℃，并保温 3h 完成净化。退火气氛分为三段，800~1130℃采用体积分数为 30%N_2+70%H_2 气氛，1130℃以上提高 H_2 体积分数至 50%，1200℃采用纯 H_2。

5.4.2   薄带连铸 Fe-6.5%Si 取向硅钢组织的凝固与析出行为

第 3 章详细讨论过 Fe-1.3%Si 钢铸带组织和织构受钢水过热度的影响，随着过热度的增加，凝固晶粒尺寸增加，{100} 取向组分提高。但是在相同过热度条件下，凝固之后的冷却过程中晶界迁移行为是最终组织形态的决定因素。如图 5-44（a）所示，在凝固过程中的高温第二相粒子析出使得取向高硅钢铸带组织明显细化，平均晶粒尺寸 35μm。

相同凝固条件下的无取向高硅钢铸带组织明显粗化，平均晶粒尺寸为 68μm，如图 5-44（b）所示，尤其是在铸带中心层部分，晶粒长大比较充分，凝固结束后由于 Fe-6.5%Si 钢导热能力较低，心部冷却速率较低，晶粒长大时间稍长，尺寸较表层粗大。铸带中形成的 Σ3 晶界会在后续热处理过程中起到稳定基体的作用，并且阻止裂纹扩展[56,57]。

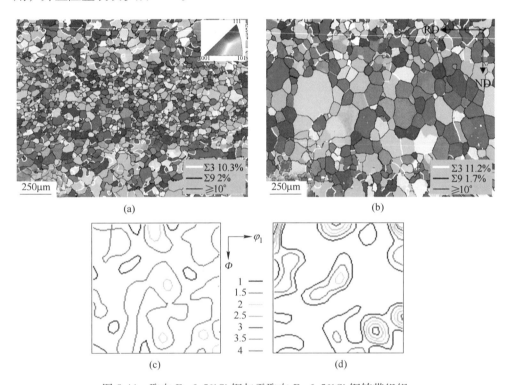

图 5-44   取向 Fe-6.5%Si 钢与无取向 Fe-6.5%Si 钢铸带组织

（a）取向 Fe-6.5%Si 钢铸带取向成像图；（b）无取向 Fe-6.5%Si 钢铸带取向成像图；

（c）取向 Fe-6.5%Si 钢铸带织构；（b）无取向 Fe-6.5%Si 钢铸带织构

一般来说，过热度提高会直接影响凝固固-液界面的温度梯度，增大凝固组织晶粒尺寸的同时使得 {100} 面织构组分增加。但是在本节实验中，取向高硅钢铸带在较低的过热度条件下浇铸，过冷钢液形核量非常大，迅速完成"固-液"相变过程，因此大量形核长大条件下晶粒取向漫散；由于在温度梯度作用下 <001> 方向原子排列最容易，所以存在 {100}<001> 取向强点，如图 5-44（c）所示。虽然无取向高硅钢的晶粒明显粗化，但是其织构依然相对漫散，在 {100}<011> 与 {100}<001> 等取向存在强点，与取向硅钢铸带类似，这是由于在低过热度条件下，钢水过冷度较大，液相中形核率提高，使得晶粒取向漫散分布，在凝固和冷却过程中温度很高，晶粒快速长大，将漫散的晶粒取向保留下来，如图 5-44（d）所示。

　　通过扫描电镜观察取向高硅钢铸带的显微组织可以发现大量粒子钉扎晶界，造成晶界弯曲，阻碍了晶界的迁移行为，细化铸带组织，如图 5-45（a）所示。

　　进一步放大观察铸带组织 A 区域发现，弯曲的晶界不具有较小曲率半径，而是被 MnS 粒子钉扎后移动较慢造成的，两个钉扎点之间的晶界非常平直，如图 5-45（b）、（c）所示。这是由于 Si 质量分数升高促进高温条件下晶界迁移的驱动力，形成大角度晶界快速迁移，但是晶界移动至第二相粒子时受到 Zener 力的作用。单个球形粒子模型对晶界的钉扎力 F_z 计算见式（5-9）[58]。

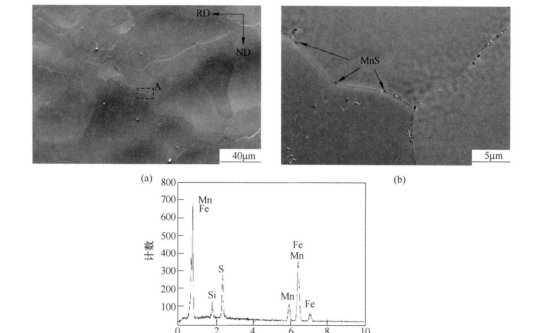

(a)　　　　　　　　　　　　　　　　　　(b)

(c)

图 5-45　铸带组织与析出物能谱
（a）取向高硅钢铸带微观组织形貌；（b）析出物钉扎晶界；（c）析出物能谱

$$F_z = 2\pi r \gamma_b \cos\omega\sin\omega \qquad (5-9)$$

式中　γ_b——晶界能；

　　ω——球形粒子对晶界拖曳力与晶界迁移方向之间的夹角。

在铸带凝固过程中，位错等缺陷是 Mn 和 S 原子扩散的通道，因此位错的出现使得 MnS 在高温阶段有一定程度的粗化，但是析出粒子的数量也会增加，那么抑制力也有一定程度的增加。随着铸带温度的降低，晶界迁移的驱动力也减弱，使得取向高硅钢铸带凝固态的初始组织最大程度上被保留了下来。铸带出辊后空冷冷速较高，随后进行喷水强冷，因此冷却过程中第二相粒子析出时间不足，取向高硅钢铸带中第二相粒子主要是在凝固过程的"固－液"相变时溶质元素固溶度剧烈变化过程中析出，随后抑制铸带晶粒的长大行为。

利用 Thermo-calc 软件计算 Fe-Si 伪二元相图（见图 5-46），可以看出，随着硅质量分数的增加液相线不断降低，MnS 的析出温度线几乎与液相线平行，如图 5-46 所示。这说明平衡态条件下，液相中溶解 MnS 的能力非常强，而固相中溶解 MnS 的量相对有限，所以在"固－液"两相区的终了温度时，MnS 开始析出。

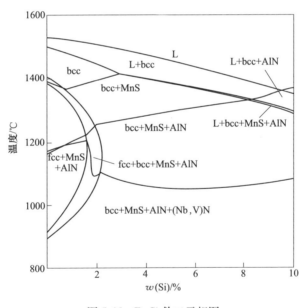

图 5-46　Fe-Si 伪二元相图

由于铸轧条件下钢液进行亚快速凝固，实际凝固温度低于钢水平衡凝固温度，在凝固过程中过饱和固溶的 MnS 有充分析出条件。通过晶界被钉扎的形态也可以间接说明 MnS 粒子的析出温度是在较高的温度区间，这时 MnS 粒子通过析出和粗化达到自身的稳定状态，同时细化铸态组织，这对提高铸带的塑性成形能力有着重要的影响。

通过式（5-10）可以计算 MnS 在 δ-铁素体中的析出与固溶行为，在本实验钢中 Mn 元素为析出过程控制元素，取 Mn 元素在 δ-铁素体中的扩散激活能 2.2×10^5J/mol，高温条件下位错非常容易回复，所以取位错密度为 1×10^{12}/m^2。Mn-S 固溶度积公式为式（5-10），MnS 相变自由能公式为式（5-11），临界形核功 ΔG^* 公式为式（5-12），临界形核直径 d^* 公式为式（5-13），均匀形核沉淀析出 NrT 计算公式为式（5-14），PTT 曲线计算公式为式（5-15），具体公式如下[59,60]：

$$\lg\{[Mn][S]\}_{\delta/\alpha} = 4.286 - \frac{11906}{T} \tag{5-10}$$

式中 T——热力学温度，K。

$$\Delta G_V = -\frac{R\ln10 \times 11906 + RT\ln[4.286 - \lg(\omega_{Mn}\omega_S)]}{V_{MnS}} \tag{5-11}$$

式中 R——摩尔气体常数；

   V_{MnS}——MnS 析出摩尔体积；

$$\Delta G^* = \frac{16\pi}{3} \cdot \frac{\sigma^3}{\Delta G_V^2} \tag{5-12}$$

式中 σ——MnS 析出粒子比界面能，$\sigma = 0.8157 - 0.2921 \times 10^{-3}T$。

$$d^* = -\frac{4\sigma}{\Delta G_V} \tag{5-13}$$

$$\lg\frac{I}{K} = 2\lg d^* - \frac{\Delta G^* + Q}{\ln10kT} \tag{5-14}$$

式中 Q——扩散激活能；

   K——玻尔兹曼常数，取 1.3806505×10^{-23}J/K；

   k——与温度无关的常数。

$$\lg\frac{t_{0.05a}}{t_{0a}} = \frac{2}{3}\left[-1.28994 - 2\lg d^* + \frac{\Delta G^* + 2.5Q}{\ln10kT}\right] \tag{5-15}$$

根据固溶度公式计算可以发现，取向高硅钢中 MnS 的固溶温度非常高，达到合金实际液态温度以上，实际上铸带中没有发现粗大的 MnS 析出，液态合金中 Mn 和 S 的溶解能力较强，也说明伪二元相图计算的准确性，如图 5-47（a）、（b）所示。计算结果表明，在 1080~1250℃非均匀形核条件下 MnS 的析出速率最快，这是凝固时析出的 MnS 粒子尺寸在短时间内粗化的原因，随着快速冷却的进行，相当一部分 Mn、S 元素固溶在基体内，如图 5-47（c）、（d）所示。

在本节中 Al 的质量分数大大降低，但是其析出温度随着 Si 质量分数的升高而提高，在实际观察中 AlN 在铸带中的析出数量极少，第二粒子主要由 MnS 构成。这是由于 AlN 粒子对于析出条件要求较高，需要较长的析出时间、"α→γ"相变促进氮的沉淀析出或者依附 10nm 以下的 MnS 粒子形核析出。尽管通过计算

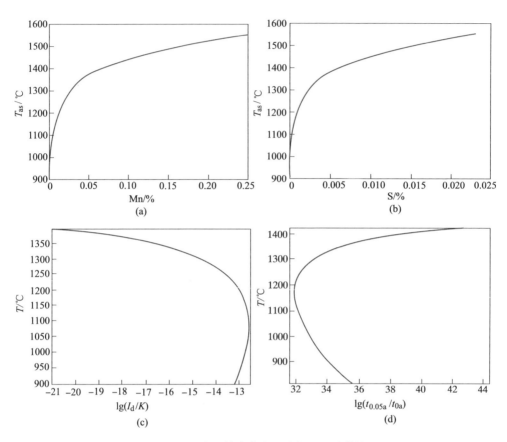

图 5-47   MnS 在 δ 铁素体中固溶与析出计算结果

（a）Mn 固溶曲线；（b）S 固溶曲线；（c）MnS 形核率-温度曲线；（d）MnS 析出量-温度-时间曲线

得到平衡状态下，AlN 的析出温度非常高，但是在铸带的空冷条件下其析出有限。结合 AlN 的析出特点，说明 Al、Si 质量分数对 AlN 析出的影响较为明显；也说明固溶在铸带中的 Al 和 N 能为 AlN 在二次再结晶过程析出并稳定基体组织创造条件，从而获得良好的磁性能。

5.4.3 Fe-6.5%Si 取向硅钢温轧过程中组织和织构演化

高硅钢室温脆性的主要原因是：第一，Si 原子有四个共价键，固溶强化效果明显，导致硬度较高，塑性和韧性降低；第二，在室温条件下 Fe-6.5%Si 钢会形成 B2 和 DO$_3$ 有序相；第三，Si 元素促进晶界迁移，形成平直的大角度晶界，降低晶界强度。bcc 金属塑性变形主要通过位错滑移进行，高硅固溶强化会造成位错滑移相对困难。另外，B2 和 DO$_3$ 的形成会提高位错能量并增加反相畴界能，降低合金变形初期的塑性。所以在本实验中轧制变形开始的阶段，采用温轧工艺降低变形抗力，提高塑性。取向高硅钢的成形过程通过两个工艺条件实现，即温轧+冷轧和温轧，这两个工艺条件对初次再结晶的组织和织构演化有一些影响，并且会明显影响二次再结晶过程。通过金相分析可以看到成形过程中组织的演化过程，如图 5-48 所示。

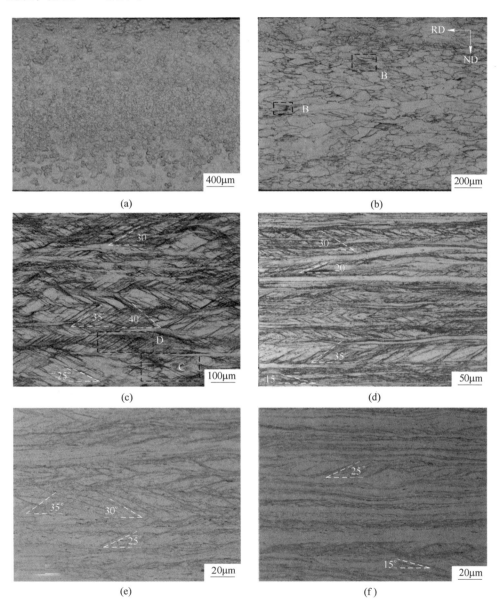

图 5-48 取向高硅钢塑性变形过程中的组织

(a) 铸带；(b) 600℃，1.2mm；(c) 500℃，0.75mm；(d) 400℃，0.45mm；
(e) 冷轧，0.20mm；(f) 温轧，0.20mm

在上一节中提到取向高硅钢铸带组织在过热度较低和第二相粒子钉扎的条件下被明显细化，非常有利于成形性能的提高，在金相组织中可以看到铸带组织细化而且晶界弯曲程度提高，相互缠绕，大大提高晶界的结合力，如图 5-48（a）所示。经过 600℃ 条件下 50% 的压下率后，大部分晶粒已经明显拉长变形，而且内部开始出现晶内剪切组织如图 5-48（b）中的 "B" 区域，这是由于如 {111}<112> 和 {110}<110> 等高 Taylor 因子取向晶粒在温轧过程中晶体转动困难，通过晶内剪切来进行塑性变形，而且取向硅钢中间隙固溶的 N 原子也促进了这一过程[61~63]。相当数量的 Nb 和 V 通过 "溶质拖曳" 和细小第二相析出钉扎作用阻止了部分道次间再加热引起的回复过程，将变形组织保留到下一步较低温度条件下温轧变形，有利于提高基体塑性。在 600℃ 完成第一阶段温轧后，铸带在 500℃ 条件下进行第二阶段温轧，轧至 0.75mm，变形组织如图 5-48（c）所示。由于继承了上一阶段的变形组织，并且变形温度更低，使得与轧向成 25°~40° 的剪切带大量形成，某些剪切带穿过晶界，如 "C" 区域，而且某些位向的交滑移系也得以开动，如 "D" 区域。

在低硅钢的铸带轧制过程中较难观察到晶粒在晶粒内部发展的剪切带，这是由于基体晶粒的转动比较容易，只有少数 Taylor 因子较高的晶粒能够通过晶内剪切进行塑性变形。说明 500℃ 条件下 Fe-6.5%Si 晶粒变形抗力依然较大，晶体转动困难，一些 Taylor 因子较低取向晶粒内部的剪切变形也得以进行，这是出现大量剪切变形的重要原因。另外，在 500℃ 温轧的再加热过程中大量位错堆积的组织被保留下来，与无取向 Fe-6.5%Si 钢的温轧组织区别很大[64~66]，说明了取向高硅钢基体中的第二相粒子析出以及固溶的 Nb、V 对稳定变形基体的作用。这种稳定作用非常重要，因为变形组织中存在剪切带、形变带等微观组织，作为位错堆积的位置，能够在后续冷轧过程中分担晶界上位错积累和增殖的压力，使得冷轧能够顺利实现。

铸带经过 600℃ 和 500℃ 两个阶段的温轧后具备一定的塑性，可以降低温度进行下一阶段变形过程。在 400℃ 条件下变形至 0.45mm，其变形组织如图 5-48（d）所示。经过进一步变形的铸带得到拉长程度更大的温轧组织，在晶粒内部形成大量剪切带和形变带，剪切带与轧向的夹角在 15°~35° 范围内，说明遗传自前一阶段的变形组织在低温温轧条件下开始通过取向转动和进一步剪切变形进行塑性变形。组织中长条状白亮的拉长晶粒为 {100}<011> 及其附近取向的晶粒，这类晶粒变形储能较低。

随后的变形条件有两个，从 0.45mm 直接冷轧至 0.20mm，其组织如图 5-48（e）所示；另一个轧制条件为在 400℃ 条件下温轧至 0.20mm，其组织如图 5-48（f）所示。冷轧试样中观察到较多新形成的剪切组织，剪切带与轧向的夹角在 25°~35° 范围内，大于温轧条件下形成或者说保留下来的剪切组织，后者只有15°~25°。冷轧变形的剪切带组织在 ND 方向上投影的长度明显大于温轧组织，这说明冷轧过程中继续有剪切变形发生。而温轧过程中由于板带厚度较小时需要经过多道次轧制，道次间的升温保温使得大量的变形储能得到回复。另外，温轧试样中长条状白亮的拉长晶粒分数较多，这是由于温轧条件下低储能位向晶粒保留的特点。

温轧过程使得室温硬而脆的高硅钢具备一定的塑性，其轧制过程中的织构演化也具有比较鲜明的特点，而且变形路径的不同也会影响织构的演化。与 EBSD 统计的侧面织构一样，轧面上的织构统计也显示取向高硅钢铸带在 1/8 和 1/2 层具有非常漫散的晶体取向，这是由于低过热度浇铸使得钢液凝固时在铸辊强力冷却能力作用下大量形核并且迅速凝固，值得注意的是依然存在相对明显的 {100} 与 {110} 组分，这也是典型铸轧织构。铸轧条件下表面能的选择作用对铸轧织构影响比较大，Fe-6.5%Si 钢显然也符合这些规律，在铸带 $H/8$ 的 {100} 组分中有 {100}<011> 和 {100}<041> 等强点，而 $H/2$ 中 {110} 组分从 {110}<110>到 {110}<001>都有分布，如图 5-49（a）、（b）所示。

铸带经过 600℃ 和 500℃ 条件下进行超过 70% 的轧制变形后次表层和中心层织构如图 5-49（c）、（d）所示。由于轧件和轧辊之间的剧烈摩擦，$H/8$ 的变形条件非常复杂，可以看到在较为漫散的初始织构条件下，{110} 组分在一定程度上被保留下来，而部分晶粒开始向 {114}<110>~{112}<110>取向进行转动，在中心层平面应变进行得更加充分从而获得更加准确的 α 织构，因为 600~500℃ 条件下轧制变形基体的滑移系开动和晶体转动相对容易，所以在中心层得到 Taylor 因子较高的 {111}<112>织构，在这个条件下更加倾向于通过晶内剪切进行塑性变形，这也是图 5-48（c）中得到部分剪切组织的原因。

400℃ 条件下进行进一步温轧，铁素体轧制变形得到的 α-纤维和 γ-纤维织构特征也更加明显，值得注意的是中心层出现 {110}<110>组分，这是铸带中 {110} 组分经过 60% 以上塑性变形后出现的组分，与随后的退火织构中的 Cube 取向晶粒发展有密切的关系，如图 5-49（e）、（f）所示。为了研究轧制工艺条件对后续组织和织构演化的影响，铸带温轧至 0.45mm 后分为两部分继续变形，冷轧变形至 0.20mm 后的织构如图 5-49（g）、（h）所示。取向高硅钢的冷轧织构具有鲜明的特点，各类取向基本不变，强度增加并不明显，这与基体的强度较高有很大关系，晶体转动极其困难，基体倾向通过前一阶段形成剪切变形继续发展进行塑性变形，因此中心区域的平面应变也相对弱化，$H/8$ 和 $H/2$ 的织构强度差别不大。而 400℃ 条件下继续温轧，试样的织构则延续了前面温轧过程中织构演化的特点，$H/2$ 中 {111}<110>的组分明显强于次表层，说明平面应变进行得充分，这与图 5-48（e）、（f）中得到的组织相互印证。

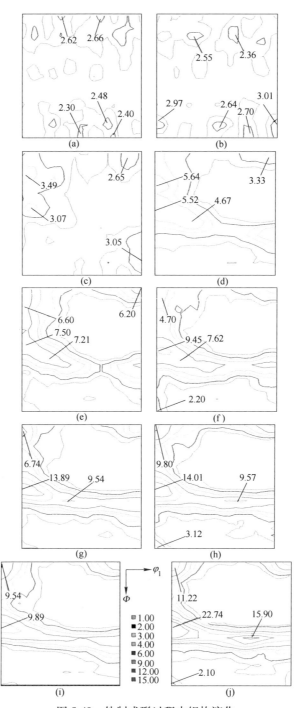

图 5-49　轧制成形过程中织构演化

（a）（b）铸带；（c）（d）500℃，0.75mm；（e）（f）400℃，0.45mm；（g）（h）冷轧，0.20mm；

（i）（j）温轧，0.20mm，$H/8$ 与 $H/2$ 位置 ODF $\varphi_2 = 45°$ 截面图

在整个成形过程中，{100}<011>织构逐渐形成并稳定，而且在全温轧过程中形成的该组分较强，这是因为变形温度升高晶粒转动相对容易，部分漫散取向晶粒转动到 {100}<011>后逐渐稳定并保留下来。

5.4.4 Fe-6.5%Si 取向硅钢变形过程中的有序相

在 Fe-6.5%Si 钢中，部分 Si 与 Fe 形成金属化合物 FeSi 或 Fe₃Si，即 Si 原子局部富集并且规则排列形成有序相 B2 和 DO₃。而 Si 原子的有序排列需要一定的时间和温度条件，大量研究[1,64~68]表明，控制冷却速率可以调整基体有序化，而有序化程度直接影响塑性，所以控制冷却可以得到塑性较高的高硅板带，减少轧制成形过程中裂纹和断裂。铸带从液态凝固成形，从而避开了热轧过程中局部冷却不均造成的边裂，在随后进行的水冷和空冷阶段固溶了大量抑制剂元素，同时也抑制了基体中 Si 原子的长程有序化，使得基体具备一定的塑性。研究学者通过 X 射线衍射强度理论模拟计算[69]了 A2、B2 和 DO₃ 相在 X 射线衍射图上的特征峰值，见表 5-4。另外，通过铸带的 X 射线衍射物相分析和 TEM 选区衍射方法观察成形过程中变形与热处理对有序相发展的影响，如图 5-50~图 5-53 所示。

表 5-4 计算的 Fe-6.5%Si 合金中 A2、B2 和 DO₃ 的 X 射线特征峰值[69]

h k l	100	110	111	200	211	220	311	222	400	332	422
$2\theta/(°)$	15.4	21.9	27.3	31.6	38.4	45.4	53.8	56.4	66.1	78.0	83.9
A2	0	0	0	0	0	100	0	0	12	0	19
B2	0	0	0	17.2	0	100	0	3.86	15.01	0	29.86
DO₃	0	0	6.01	3.11	0	100	2.49	0.7	17.74	0	28.1

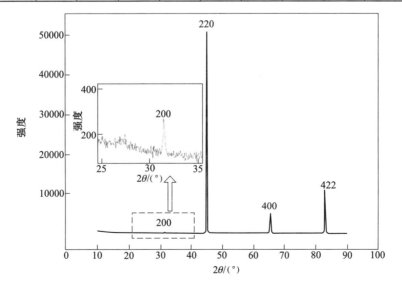

图 5-50 取向高硅钢铸带有序相 X 射线衍射分析

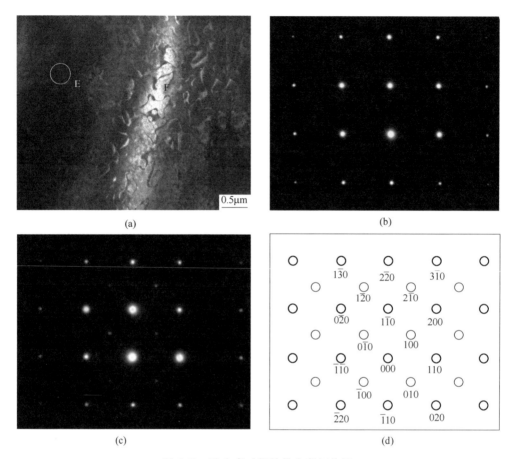

图 5-51　取向高硅钢铸带有序相分析

（a）铸带基体与 B2 有序相暗场成像；（b）铸带中基体［100］轴衍射花样；
（c）铸带中 B2 有序相［100］轴衍射花；（d）［100］晶带轴衍射花样，标定：○A2 ○B2

　　针对铸带进行的 X 射线衍射分析发现存在（220）、（400）和（422）三个强的特征峰，也存在较为微弱的（200）峰，如图 5-50 所示。

　　经过 TEM 暗场像局部观察，［100］晶带轴衍射斑分析和标定，发现基体的相组成中 A2 占绝大部分，如图 5-51（a）中"E"区域的衍射斑为明显 A2 无序基体。另外，暗场像中发现 B2 相反相畴，大小在 100~500nm 之间，如图 5-51（a）中"F"区域。B2 相的衍射斑较弱，说明在铸带中形成 B2 的有序析出也受到明显抑制，基体衍射分析没有发现明显的 DO_3 衍射峰与衍射斑，说明 DO_3 有序相被抑制，这解释了铸带在温轧和冷轧成形过程中具有一定塑性的原因。

　　在 600℃ 条件下会促进高硅钢基体中有序化的进行，由于在这个过程中施加

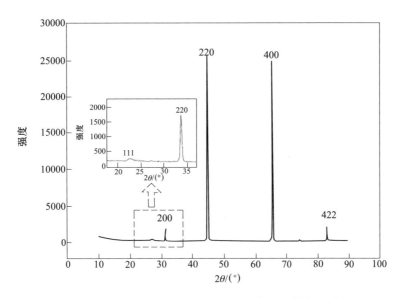

图 5-52 取向高硅钢 0.45mm 温轧带 X 射线衍射物相分析

了轧制变形，使得 DO₃ 有序相变进行得并不充分。如图 5-52 所示，（220）、（400）和（422）三个特征峰依然很强，代表着 DO₃ 的（111）峰非常弱，而 DO₃+B2 的（200）峰值比铸带中有明显的增加。

温轧的进行，局部 B2 的短程有序化可以进行，因为基体在铸轧条件下是过饱和固溶体，有较强地形成金属化合物的趋势，但是在基体中抑制剂的析出，固溶的 Mn、Nb、V、N 等原子的"拖曳"作用下，长程有序化被极大抑制。在接下来的变形过程中冷轧能够顺利实现，与此有很大的关系。

通过 TEM 中心暗场和超点阵衍射观察发现，高硅钢温轧板带有序相受到轧制变形的破坏，B2 与 DO₃ 反相畴的区域边缘积累相当数量的位错，而且有序相尺寸减小，长程有序化很难实现，如图 5-53（a）所示。另外，通过 TEM［011］超点阵衍射分析发现基体中出现三套衍射斑点，代表基体 A2 的衍射斑最强，DO₃ 和 B2 衍射斑较弱，如图 5-53（b）所示。

5.4.5 Fe-6.5%Si 取向硅钢二次再结晶过程

5.4.5.1 成形过程对初次再结晶组织和织构的影响

与 Fe-3%Si 取向电工钢一样，Fe-6.5%Si 取向硅钢的二次再结晶的发生和发展是一个多种因素综合影响的过程，与其中抑制剂的析出量、尺寸和分布，初次晶粒尺寸和均匀性，初次再结晶织构等都有重要的关系。本节将详细讨论温轧+冷轧（warm rolling and cold rolling，WCR）试样和温轧（warm rolling，WR）试

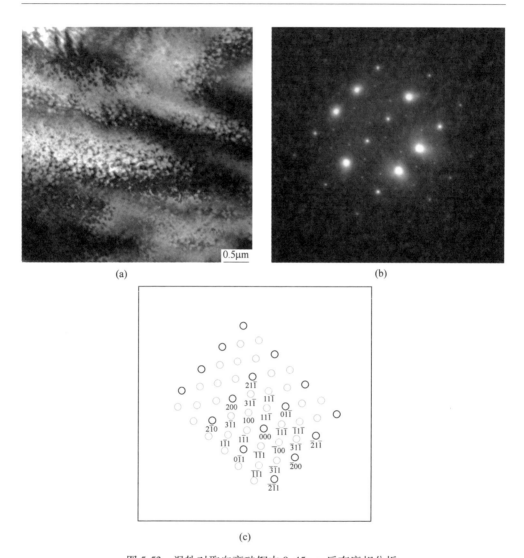

图 5-53　温轧对取向高硅钢中 0.45mm 后有序相分析

（a）板带基体暗场成像图；（b）板带中基体 [110] 轴衍射花样；（c）[110] 晶带轴衍射花样，

标定：●A2 ○B2 ○DO₃

样，在初次再结晶、二次再结晶过程中组织和织构的演化行为。图 5-54 和图 5-55 给出两种变形工艺条件下初次再结晶过程中组织的演化情况。

由图 5-54（a）、（b）可知，再结晶的初始阶段 WCR 中的形核量非常丰富，而且晶粒较为细小，与 WR 试样中的晶粒形成鲜明对比；但是值得注意的是后者形核所用的时间较长，说明冷轧段对变形储能的影响非常明显，再结晶开始的时候高储能显然对形核和长大更有好处。温轧过程中由于试样尺寸变小，高硅钢变

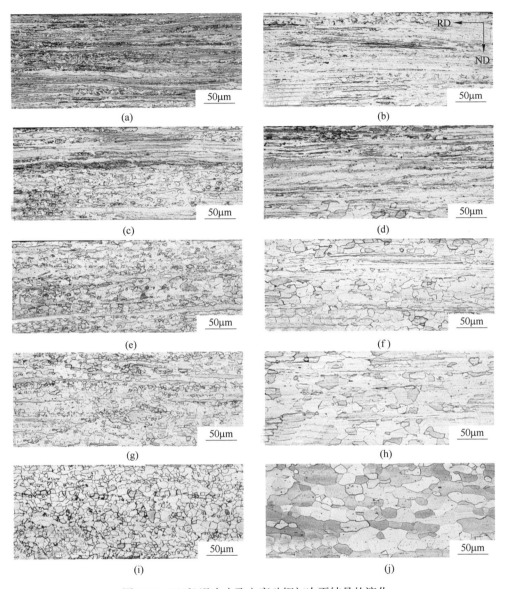

图 5-54　800℃退火中取向高硅钢初次再结晶的演化

（a）WCR×30s；（b）WR×40s；（c）WCR×40s；（d）WR×45s；（e）WCR×45s；

（f）WR×60s；（g）WCR×50s；（h）WR×80s；（i）WCR×65s；（j）WCR×120s

形抗力极大，道次压下量很小，而反复的保温再加热过程将变形储能通过回复的方式释放，导致形核初期能量不足，部分晶粒通过亚晶聚合的方式长大[70]，需要较长的孕育期。由于这种方式基本上属于原位形核长大，再结晶晶粒与基体之间的位相差较小，小角度晶界迁移速率显然低于 WCR 中新晶核与基体之间形成

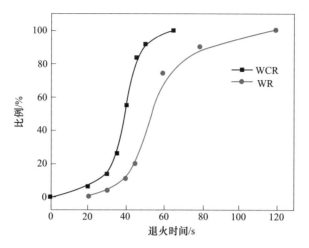

图 5-55　轧制过程对取向高硅钢初次再结晶的影响

的大角度晶界，所以造成再结晶初期发展较慢。通过图 5-55 可以看到，WR 试样再结晶中期进行的速度比开始阶段较快，这是由于再结晶晶粒通过前一阶段的发展开始吞并与之形成大角度晶界的变形基体，晶界迁移率高，再结晶发展速度较快。

到了再结晶末期，WR 试样的再结晶速率下降，这是由于此时未再结晶的组织基本上是低储能的 {100}<011>取向变形晶粒，两种工艺都得到了较为明显的 {100}<011>组分，温轧过程显然对成形有利，位错滑移和晶粒取向转动较为容易发生从而完成塑性变形；但是 WCR 试样由于基体常温下强度极高，导致晶粒取向转动困难，{100}<011>取向晶粒内部也会通过一定的剪切行为完成塑性变形，从而积累一部分变形储能，再结晶的初期有利于进行形核，而 WR 试样中这部分晶粒全部保留到再结晶末期，如图 5-54（e）~（h）所示。

铸轧工艺和常化工艺决定了铸带中抑制剂的状态，两种温轧工艺在厚度达到 0.45mm 之前变形和再热条件是完全一致的，400℃以下变形对第二相粒子析出没有影响，所以二者初次再结晶以及在二次再结晶升温阶段初期第二相粒子状态可以近似认为一致。另外，相比于 Fe-3%Si 钢冷轧退火过程，取向高硅钢再结晶过程也需要较长的时间，这与基体中存在的大量细小弥散析出的抑制剂和固溶的 Nb、V 等元素有直接的关系。

初次再结晶的不同导致晶粒取向有很大区别，如图 5-56 所示，WCR 退火试样中的晶粒极为细小，达到 11.4μm，但是均匀性较差，细小晶粒和粗大晶粒分布较为集中，粗大晶粒呈带状分布。前面通过观察高硅钢冷轧组织可以看到部分晶粒晶内剪切组织非常发达，这是一些较难通过晶体转动进行塑性变形的晶粒，一般 Taylor 因子较高，再结晶开始时由于储能较高，形核快速发生并完成长大过程，局部发生竞争长大，而且彼此位向接近很难发生吞并，形成局部细晶区。而部分低储能的 {100}<011>附近的晶粒再结晶时倾向于进行回复，晶粒较为粗大，如图 5-56（a）所示。

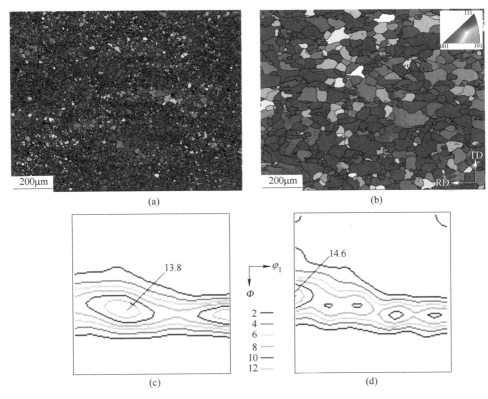

图 5-56 变形方式对初次再结晶晶粒取向的影响

(a)（c）WCR 初次再结晶组织与 ODF $\varphi_2 = 45°$ 截面图；

(b)（d）WR 初次再结晶组织与 ODF $\varphi_2 = 45°$ 截面图

WR 退火试样再结晶较为均匀，但尺寸较大，达到 37.0μm，前面的讨论已经认识到温轧道次间再加热过程对于变形储能的释放作用，表明了温轧对退火过程中的再结晶方式以及再结晶晶粒形态有非常明显的影响，如图 5-56（b）所示。二者的织构也有显著差别，WCR 退火织构主要是极强的 {111}<112>组分，而 WR 退火织构主要是 {111}<110>。其实二者轧制变形织构并没有本质上的区别，造成这种织构差异的原因是再结晶方式的不同。前者在 {111}<110>晶粒内部剪切带上形核长大；而后者形核量不足，通过回复进行原位再结晶，不仅再结晶速度较慢，而且形成的织构类型也有很大的遗传性[71,72]。这种再结晶方式造成的初次再结晶和晶界差异会对二次再结晶过程有非常明显的影响，这将在后面继续讨论。

5.4.5.2　Fe-6.5%Si 取向硅钢中 Goss 二次晶粒的异常长大

在二次再结晶过程中，两种变形工艺条件下的试样初次晶粒平均尺寸如图 5-57所示。升温阶段到 1070℃之前 WCR 与 WR 试样晶粒的长大明显受到抑制，尺寸变化不大，说明抑制剂控制基体的能力是非常强的。AlN 粒子析出行为表明，在铸轧过程和冷轧退火过程中 AlN 的析出较少，而缓慢升温过程中在 MnS 失效之前，AlN 大量析出形成 20～50nm 尺寸范围的抑制剂，从而将初次再结晶稳定到较高的温度，得到位向准确、尺寸较大的 Goss 二次晶粒。在取向高硅钢铸带中 MnS 的固溶量更高，为了进一步提高基体的抑制能力，综合利用 NbN 和 MnS 抑制剂来控制初次再结晶和二次再结晶初期晶粒的稳定性，从图 5-56（a）和图 5-57 可以看到这一方案是非常有效的。

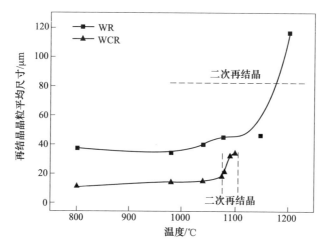

图 5-57　升温过程对基体晶粒的影响

WCR 试样二次再结晶温度在 1075～1079℃ 之间开始长大，在 1100℃ 之前结束，二次再结晶开始之后随着温度升高晶粒长大较为迅速，这一方面是由于温度升高，Si 促进晶界迁移；另一方面，细小晶粒容易被 Goss 晶粒吞并，而较大晶粒能够在一定程度上阻止二次再结晶的进行过程，保留在 Goss 二次晶粒与基体界面上的组织往往是尺寸较大的晶粒，所以统计平均晶粒尺寸会偏大，但是总体上晶粒长大的趋势是确定的。

WR 试样在此温度范围内没有异常长大发生，这是由于晶粒原始尺寸较大。温度在 1150℃ 以上时，晶粒开始加速粗化，因为在此试验钢的抑制剂体系下，MnS 在 1000℃ 左右开始逐步粗化失效，1090℃ 以上 NbN 开始分解，而温度达到 1150℃ 以上 AlN 逐步失去抑制力，所以 WR 试样也有二次再结晶发生。

升温过程中 WCR 试样组织演化如图 5-58 所示。980℃条件下基体相对于初次再结晶而言，晶粒尺寸增加不大，织构组分中 {111}<112>强度明显提高，如图 5-58 （a）、（d）所示。再经过 9.5h 的连续升温后晶粒尺寸增加较为明显，较大的晶粒为 {100}~{114} 取向，平均晶粒尺寸提高主要是由于 {111} 组分晶粒长大造成的，这在 ODF 图中也可以反映出来。{111} 组分相对于初次再结晶退火和 980℃织构 {111}<112>组分强度明显提高，如图 5-58 （b）、（e）所示。

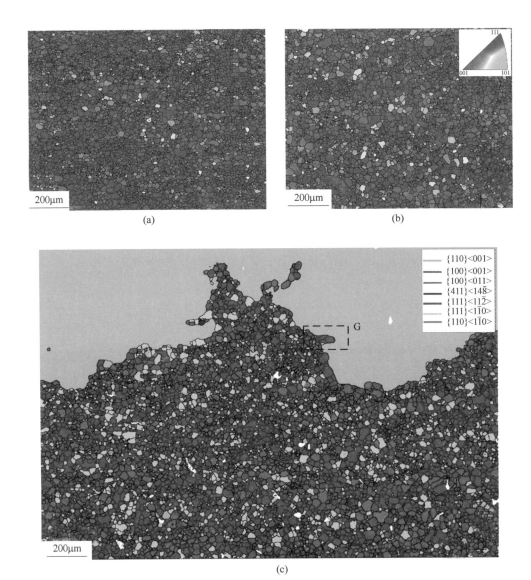

(a)

(b)

(c)

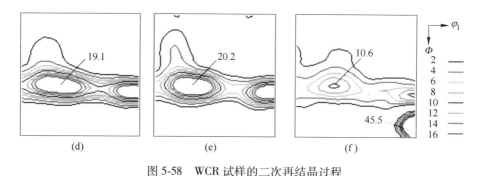

图 5-58　WCR 试样的二次再结晶过程

(a)（d）980℃；(b)（e）1075℃；(c)（f）1079℃ 晶体取向与 ODF $\varphi_2 = 45°$ 截面图

二次再结晶开始之后，Goss 晶粒迅速长大，而且沿着轧向发展速度较快。在本节实验中主要的抑制剂是在二次再结晶升温过程中析出，也就是说在轧向与宽向分布差异不大。而造成这种差异的原因是大晶粒组成"条带"沿轧向分布，因为这类大晶粒往往是低储能的变形晶粒再结晶得到的，晶粒组成"阻力墙"使得 Goss 晶粒异常长大时沿轧向发展速度高于横向，如图 5-58（c）所示，其中区域"G"的情况比较特殊，一般认为 Goss 与 {111}<112>晶粒之间存在 $\Sigma 9$ 晶界，可以快速完成吞并，但是实际情况并非如此。

WR 试样在升温过程中的组织、晶体取向和织构演化如图 5-59 所示。对比初次再结晶和升温过程中的试样可以看到，基体晶粒的长大是比较明显的，而且 {111}<112>附近的 {111}<341>组分量明显增加，织构强度增加。

通过对比图 5-56 和图 5-57 可以看到，初次再结晶中 {111}<110>组分占优势，而 {111}<341>组分处于次要位置，而且随着温度的升高，{111}<341>取向晶粒在长大过程中具有非常明显的优势，在 WCR 试样升温过程中该组分也具有逐步增强的趋势，但是强度低于位向准确的 {111}<112>组分，可见在升温过程中这一类组分也是具有较为明显的正常长大优势的。前面讨论过 WR 试样初次再结晶晶粒的生长在小角度晶界迁移速率不高的情况下晶粒长大速度较慢，升温过程中在晶粒之间形成较为明显的小角度晶界，晶粒生长较慢，如图 5-59（a）~（c）所示。而 {111}<341>组分和基体中较强的 {111}<110>之间存在大角度晶界，比较容易进行晶界迁移。

WR 试样的二次再结晶发生温度在 1150℃以上，1200℃保温时基体晶粒已经达到 110μm 以上，如图 5-59（c）和图 5-58（f）所示。通常认为这种状态下基体已经充分长大，二次再结晶难以进行，但是在升温过程中抑制剂集中失效条件下，{110}<001>取向晶粒凭借低能的优势依然能够异常长大。此时基体中添加的 Nb 和 V 已经完全固溶，这类原子容易聚集在晶界处"拖曳"晶界迁移，在一定程度上抑制基体晶粒的粗化；同时由于基体中接近 {111}<112>的 {111}<341>

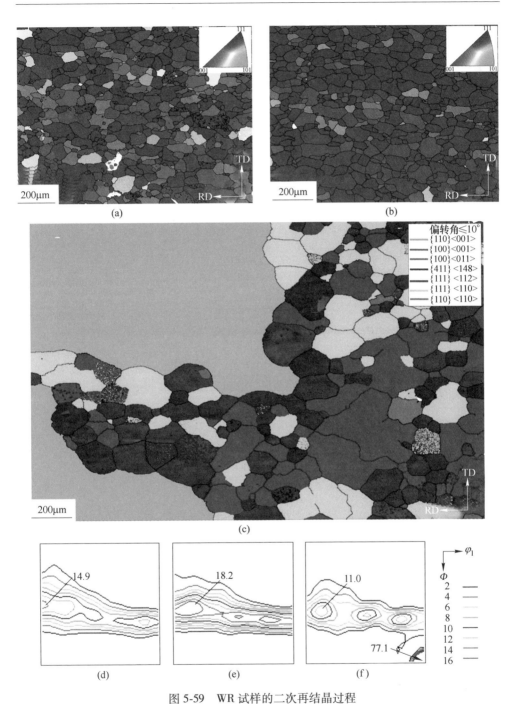

图 5-59　WR 试样的二次再结晶过程

（a）（d）980℃晶体取向与 ODF $\varphi_2 = 45°$ 截面图；（b）（e）1150℃晶体取向与 ODF $\varphi_2 = 45°$ 截面图；

（c）（f）1200℃×3h 晶体取向与 ODF $\varphi_2 = 45°$ 截面图

组分明显增加，提供了异常长大的条件。但是这时基体晶粒的长大抑制力很小，二次再结晶发展已经很困难，需要长时间完成二次再结晶，无法得到完善组织。

5.4.5.3　Fe-6.5%Si 取向硅钢成品二次再结晶组织

WCR 试样在超过 90%压下率的冷轧变形后再进行高温退火，最终获得完善的二次再结晶组织，如图 5-60 所示。

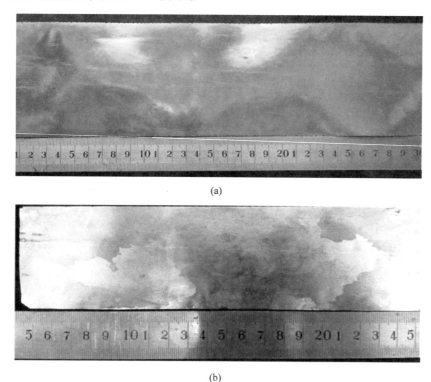

(a)

(b)

图 5-60　Fe-6.5%Si 取向高硅钢的宏观组织
（a）冷轧板；（b）二次再结晶退火板

从图 5-60 中可以看到，取向高硅钢的塑性成形能力较强，经过大压下率的轧制变形后，仅在边部形成 2.5mm 以下的边裂，但是裂纹基本没有向中心扩展，二次晶粒尺寸达到 40mm 以上，而且较为均匀，优于新日铁相同产品的组织[73]。

通过观察两种工艺条件下高硅钢的组织和织构的演化，结合取向硅钢二次再结晶部分内容可以进行以下问题讨论。

A　Goss 二次晶粒的来源

针对 Goss 二次晶粒的来源，一直是学者们关注的焦点。一般认为[9,58]，常规流程热轧板表层和次表层中的 Goss 晶粒在冷轧过程中具有遗传作用，在初次再结晶中形成位向准确的 Goss 织构，并进一步发展成 Goss 二次晶粒。但是在本节中讨论的取向高硅钢铸带中仅有极为少量的 Goss 晶粒存在，偏差角在 10° 以内的 Goss 取向晶粒的面积分数小于 0.8%，而且均匀分布在铸带的厚度方向上，这是与常规流程的明显不同。在本实验中最终得到完善的二次再结晶组织，说明了在稳定的基体钉扎力作用下温轧退火过程中产生的 Goss 晶粒依然可以发展成二次再结晶组织。单阶段温轧和冷轧过程中产生于剪切带上的 Goss 晶核也可以作为"种子"进行异常长大。

B 晶界类型对取向高硅钢晶粒长大的作用

大角度晶界迁移速率较高，是决定晶粒长大的重要因素，而晶内分布的亚晶界作为稳定存在的通道促进晶内第二相粒子粗化失去钉扎作用，从而释放一部分钉扎力[9,58,74]。在本节中通过薄带连铸过程以及温轧前的常化过程促进了抑制剂的析出，0.45mm 厚以后的冷轧和温轧过程基本不会对基体中的抑制剂析出行为产生直接的影响。所以二次再结晶升温过程中两种试样中的第二相粒子状态是一致的。WR 试样再结晶退火过程中通过亚晶回复进行初次再结晶，晶粒较为粗大，亚晶聚合过程中大量的亚晶界保留在基体中，通过 EBSD 观察发现这类亚晶偏差角集中在 1.5° 左右，如图 5-61 所示。在 980℃ 和 1040℃ 的中间态时，二者基体中亚晶界的比例基本不变，此时 WCR 试样晶粒基本稳定，而在这个过程中WR 试样已经开始粗化过程，如图 5-57 所示。

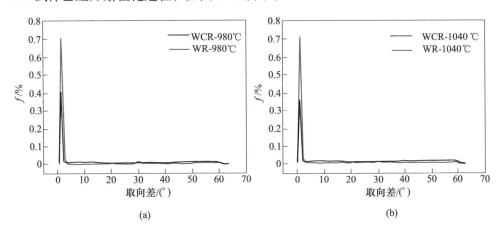

图 5-61　取向高硅钢升温过程对小角晶界的影响
（a）高温退火温度为 980℃；（b）高温退火温度为 1040℃

实际上界面能降低是晶粒长大的主要驱动力，那么相同温度条件下，晶粒越小，长大的驱动力就越大。WR 试样的初次再结晶晶粒尺寸明显较大，但是在亚晶形核长大的作用下，相当一部分变形基体通过回复完成再结晶，会在新晶粒内部留下大量小角度晶界，所以通过图 5-57 可以看到 WR 试样在 980℃以后已经开始小幅度地长大，而 WCR 试样中晶粒的长大则在 1040℃以后才开始，然后经过一定时间的孕育期后，二次再结晶才开始发生。WR 试样在抑制剂元素第一阶段降低抑制力后进入稳定状态，因为粗化的粒子需要钉扎的粗晶基体晶界数量要少，在 1150℃之前是比较稳定的。第二相粒子开始分解回溶，抑制力开始降低，然后 Goss 开始快速异常长大，但是此时抑制剂已经无法控制基体的稳定性，所以发展速度非常慢，到了 1200℃仅仅凭借 {110} 面较低的表面能以及尺寸优势进行异常长大。可见初次再结晶组织的大小、晶界类型等条件都会影响抑制剂的析出和粗化行为，从而造成二次再结晶演化行为的差异。

C 取向高硅钢 Goss 晶粒异常长大机理分析

常规流程 Hi-B 取向硅钢的研究认为，基体中大量的 {111}<112>与 Goss 晶粒构成 Σ9 晶界，这种晶界被认为具有低晶界能和较高的迁移速率[75]，能够促进 Goss 晶粒的异常长大。这类实验都通过观察初次再结晶的 Goss 晶粒周围晶界中 Σ9 的量和最终样品的 Goss 二次再结晶晶粒的完善程度来说明 Σ9 的作用，但是并不能解释在二次再结晶开始和后续发展过程中晶界是如何迁移的，尤其是当 Σ9 晶界迁移至一个晶粒内部时如何越过第二相粒子钉扎。Σ9 晶界属于低能晶界，显然不能促进第二相粒子的分解或者聚集失效，也无法解释二次再结晶过程中分数极低的 Σ9 晶界如何对快速发展的二次再结晶起作用[76]。

固态润湿促进 Goss 晶粒异常长大理论[74,77,78]认为，Goss 晶粒异常长大发生后会以固态润湿方式进入两个相邻的 {111}<112>晶粒之间，迅速完成长大的过程。同时，也认为 Goss 中的亚晶也是抑制剂元素扩散的通道。但是这个理论系列实验的观察对象是正在发展过程中的二次再结晶组织，是 Goss 晶粒异常长大过程中一种快速长大的形式，固态润湿发生在已经开始异常长大的 Goss 形成正曲率半径包围一个基体晶粒时晶界前端的特例情况。

高能晶界理论[48,79]认为，取向差在 20°~45°的高能晶界是抑制剂粒子粗化或者扩散的通道，而且这些晶界具有低的晶界弦长比和晶界突出高度，具有能够完成快速迁移的能力。这类实验往往注重宏观统计，解释在研究 Goss 晶粒异常长大的初始阶段晶界迁移方向时缺乏足够的模型[76]，因此并不能完全解释 Goss 晶粒的异常长大全过程。

对比实验证明，二次再结晶发生的先决条件是第二相粒子的钉扎力在一定程度上降低，及其 Goss 晶粒演化的基本方式。在本章的铸带中 Goss 量极少，弱于 Fe-3%Si 钢铸轧取向硅钢的退火后基体中的 Goss 分数，但取向高硅钢的 Goss 晶粒演化机制与之类似，经过单阶段轧制变形过程后，这类能够产生大量准确 Goss 初次晶粒的位置较少，所以在板面微观取向观察时只有少量单个的 Goss 初次晶粒出现。但是二次再结晶过程升高到 1079℃后才开始，Goss 晶粒长大迅速完善，晶粒尺寸以及取向准确程度说明了其生长机制。

本章中通过观察取向高硅钢二次再结晶样品，确认了高能晶界在二次再结晶发展过程中的作用，如图 5-62 所示。在二次再结晶与基体前沿基本上没有 Σ9 晶界存在，少量 Σ3 晶界存在于将要形成"半孤岛"晶粒的区域，而且基体中大量遗传的 Σ3 显著稳定了基体。而统计高能晶界发现在"Goss-基体"界面上，大部分为高能晶界，而"孤岛"晶粒周围则是小于 20° 或者大于 45° 的非高能晶界。

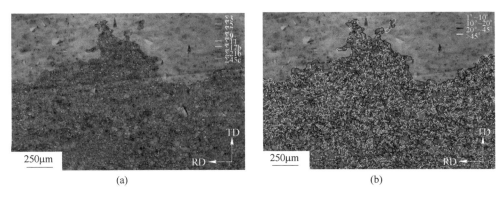

图 5-62　取向高硅钢二次再结晶机理分析
（a）CSL 晶界统计；（b）HE 晶界统计

进一步地统计 Goss 二次晶粒内部、"Goss-基体"界面上晶界与总的晶界发现，大量 1.5° 左右的小角度晶界存在于 Goss 晶粒内部，而高能晶界比例也高于基体中高能晶界分数，如图 5-63 所示。

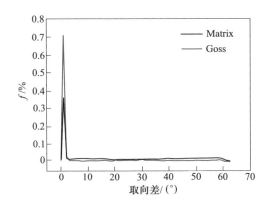

图 5-63　Goss 晶粒与基体晶界类型

综上所述，取向高硅钢的 Goss 晶粒与 Fe-3%Si 取向硅钢中一样，起源于温轧与冷轧过程中的剪切组织，二次再结晶过程中高能晶界和 Goss 二次晶粒内部的亚晶为 Goss 异常长大提供了条件。

5.4.6　Fe-6.5%Si 取向硅钢磁性能

取向高硅钢的磁性能优势在于：（1）高电阻率带来的低铁损，尤其是高频铁损；（2）磁致伸缩几乎为 0，明显降低电器的噪音；（3）磁感值显著高于 Fe-6.5%Si 无取向硅钢。成品 Fe-6.5%Si 取向硅钢具有较强的 Goss 织构，相比于 Fe-6.5%Si 无取向硅钢的漫散织构而言，沿轧向具有较高的磁感值，显著高于 Fe-6.5%Si 无取向硅钢的 1.34T（B_8），应用于高频变压器能够显著节约能耗。表 5-5 对比了本章中 Fe-6.5%Si 高硅钢和普通取向硅钢的磁性能[73]。

表 5-5　Fe-6.5%Si 钢和普通取向硅钢的磁性能比较

材　料	板厚/mm	磁感 B_8/T	铁损/W·kg^{-1}					最大磁导率 μ_m	磁致伸缩系数 λ_s/×10^{-6}
			$P_{1.0/50}$	$P_{1.0/0.4K}$	$P_{0.5/1K}$	$P_{0.2/5K}$	$P_{0.1/10K}$		
Fe-6.5%Si 取向硅钢	0.25（新日铁）	1.61	0.61	7.8	—	—	—	74500	0.1
	0.23（本章）	1.74	0.52	7.5	—	—	—	—	
Fe-6.5%Si 无取向硅钢	0.05	1.25	0.7	6.1	4.6	6.2	5.1	16000	0.1
	0.10	1.25	0.6	6.1	5.2	10.0	8.2	18000	
	0.3	1.3	0.5	10.0	11.0	25.5	24.5	25000	
Fe-3.0%Si 取向硅钢	0.10	1.85	0.7	7.2	7.6	19.5	18	24000	−0.8
	0.35	1.93	0.4	12.2	15.2	49.0	47	94000	
铁基非晶合金	0.025	1.38	0.1	1.5	2.2	4.0	4.0	300000	27

取向高硅钢部分性能测试磁滞回线如图 5-64 所示。本章中 Fe-6.5%Si 取向硅钢的磁感值 B_8 在 1.74T 以上（理论饱和磁感 $B_s = 1.80$T），B_8/B_s 达到 0.961，实现了极高的磁感应强度，说明二次再结晶取向度极高，甚至部分试样达到 $B_8 = 1.79$T，如图 5-64（a）所示。本章集中在高硅钢的成形和 Goss 二次晶粒组织的制备上，所得到测试样品高温净化并不充分，板带表面质量未加控制，而且二次再结晶晶粒尺寸较大，所以铁损高于文献报道值，还存在较大提升空间。

日本 JFE 采用渗硅法生产 Fe-6.5%Si 无取向硅钢，并已成功制成 1kHz 高频变压器，在 $B = 1.0$T 时，噪声比 Fe-3%Si 取向硅钢下降 25dB，铁损下降 40%。

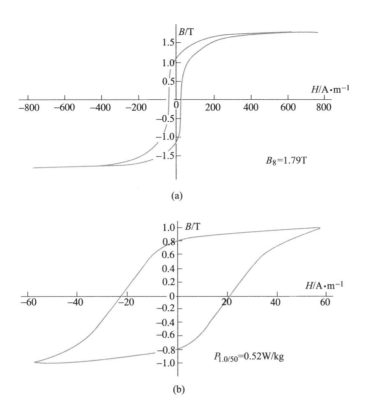

图 5-64　取向高硅钢磁性能测试典型磁滞回线

Fe-6.5%Si 硅钢取代 Fe-3%Si 取向硅钢用于 8kHz 电焊机中，铁芯重量从 7.5kg 减轻到 3kg。此外，目前已有报道称在汽车的升压转换反应堆上使用了 Fe-6.5%Si 电工钢；Fe-6.5%Si 钢也可以在太阳能发电的电抗器上应用。值得注意的是，JNEX-Core 和 JNHF-Core 系列是 Fe-6.5%Si 无取向硅钢，其 B_8 值仅有 1.34T 左右，远低于 Fe-6.5%Si 取向硅钢，所以后者在高频变压器铁芯的应用上无疑具有更加优越的条件。

　　RAL Fe-6.5%Si 取向硅钢与日本 JFE 公司 CVD 法制备的 10JNHF600 磁性能对比如图 5-65 所示。Fe-6.5%Si 取向硅钢的磁化强度明显高于 CVD 产品，铁损值高于 10JNEX900 产品，这是由于前者在表面质量控制、高温净化程度和磁畴过大等方面需要提高，而且渗硅产品厚度为 0.1mm，具有降低铁损的显著作用。这说明取向高硅钢具有进一步提高的空间。Fe-6.5%Si 取向硅钢的磁感值和铁损值已经全面优于 JNHF 的 0.1mm 和 0.2mm 规格产品，这也充分体现了薄带连铸制备高硅钢的优势。

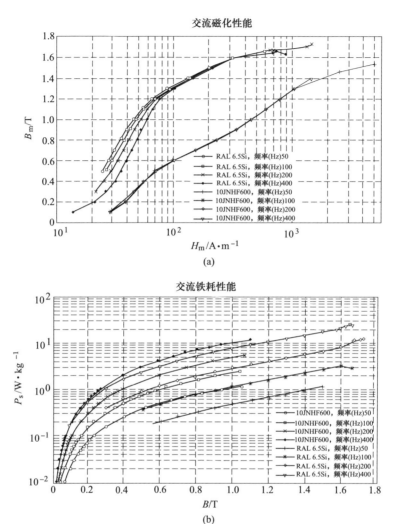

图 5-65 Super-core 10JNHF600 与取向高硅钢磁性能对比

（a）磁感对比；（b）铁损对比

5.5 本章小结

本章系统总结了利用薄带连铸工艺制备强 {100} 织构无取向硅钢、极薄无取向/取向硅钢、高硅钢等特殊用途硅钢技术及相关组织性能原理，得到以下主要结论：

（1）薄带连铸 Fe-1.5%Si 铸带在铁素体区上限温度进行等温氢气退火过程中，中间层粗大 {100} 柱状晶通过亚晶聚合和吞并表层细小晶粒而快速获得尺寸优势，并在表面效应的影响下发生了 {100} 取向晶粒的异常长大。冷轧过程

中，｛100｝取向基粒沿 λ 和 α* 取向线向｛115｝<120>和 α 织构（｛118｝<110>~
｛113｝<110>)转动。冷轧板中剪切带等位置保留部分 Cube 织构且没有形成明显
γ 织构。无取向硅钢成品板中形成了发达的 Cube 织构，轧向和横向磁感值 B_{50} 分
别达到 1.87T、1.86T，对应铁损值 $P_{1.5/50}$ 分别为 4.1W/kg、4.2W/kg；与现有同
级别高磁感无取向硅钢产品相比，磁感值提高 0.11T。

（2）采用单阶段和两阶段冷轧工艺制备薄规格无取向硅钢，并分析了组织、
织构及磁性能特点。单阶段冷轧过程中，晶粒严重破碎并形成纤维组织，变形织
构为较强 γ 织构和较弱 λ 织构。退火板晶粒细小，均匀性较差，再结晶织构为强
γ 织构和较弱的 η 织构，磁性能较低。两阶段冷轧过程中，中间退火有利于粗化
晶粒，提高 Cube 取向强度。最终冷轧组织剪切带密度提高，λ 和 α 织构增强，γ
织构减弱。成品退火组织粗大均匀，为强 λ 织构，0.2mm 退火板磁性能 B_{50} =
1.758T，$P_{15/50}$ = 2.065W/kg，$P_{10/400}$ = 15.173W/kg，$P_{10/1000}$ = 59.48W/kg。提高退
火板组织中 λ 织构比例有利于提高磁感应强度，减小磁各向异性。减薄成品厚度
可以大幅降低涡流损耗，从而降低高频铁损，优化织构有利于降低磁滞损耗。

（3）基于薄带连铸工艺，添加 Nb、V 元素的复合抑制剂设计可提高抑制剂
阻碍晶粒粗化的能力。取向硅钢厚度越薄，初次再结晶晶粒尺寸越小，γ 织构更
强，但 Goss 织构更弱。高温退火过程中，在 950~1050℃ 温度区间，随着温度的
升高，MnS 和（Nb,V)N 先后逐渐失效，AlN 在（Nb,V)N 质点上形核析出，持
续提供稳定抑制力。这种"接力型"抑制剂行为是极薄取向硅钢获得完善二次
再结晶的关键，能够有效避免表面效应导致的抑制剂过早失效。成功制备了 0.08
~0.15mm 厚极薄取向硅钢原型钢，其中 0.08mm 取向硅钢 B_8 高达 1.97T，铁损
值 $P_{1.0/50}$、$P_{1.7/50}$、$P_{1.0/400}$、$P_{1.0/1000}$ 分别降低至 0.38W/kg、0.85W/kg、5.6W/kg、
20.7W/kg。高磁感值是由于准确 Goss 晶粒发生完善二次再结晶；铁损分离结果
表明，高频磁化条件下铁损值主要由涡流损耗和反常损耗组成，且厚度越薄，反
常损耗所占比例越高。

（4）Fe-6.5%Si 钢液在较低过热度条件下进行浇铸可以得到细小均匀的凝固
组织：一方面，低温浇铸形核量较大和特殊晶界双重作用细化稳定铸态组织；另
一方面，凝固过程中析出的 MnS 粒子钉扎晶界，使得铸带平均晶粒尺寸为
35μm。取向高硅钢铸带塑性加工过程中滑移系开动和晶粒转动相对困难，温轧+
冷轧过程中通过形成晶内剪切带的方式进行塑性变形。铸带中存在少量反相畴尺
寸为 100~500nm 的 B2 有序相。经过温轧过程的再加热与强烈变形，基体中开始
出现少量 DO_3 有序相。温轧+冷轧变形工艺时初次再结晶平均晶粒尺寸为
11.4μm，织构中存在发达｛111｝<112>组分。高温退火过程中，Goss 晶粒在
1079~1100℃ 温度区间发生异常长大。利用高能晶界理论解释钢的二次再结晶晶
粒的快速发展过程，铸带遗传而来的 Σ3 也起到了稳定基体初次晶粒的重要作用。

取向高硅钢二次再结晶晶粒具有极高的取向度，磁感值 B_8 在 1.74T 以上，B_8/B_s 达到 0.961。

———————————————

参 考 文 献

[1] Liu H T, Schneider J, Li H L, et al. Fabrication of high permeability non-oriented electrical steels by increasing <001> recrystallization texture using compacted strip casting processes [J]. Journal of Materials Science & Technology, 2015, 374: 577~586.

[2] Sha Y H, Sun C, Zhang F, et al. Strong cube recrystallization texture in silicon steel by twin-roll casting process [J]. Acta Materialia, 2014, 76: 106~117.

[3] Xu Y B, Zhang Y X, Wang Y, et al. Evolution of cube texture in strip-cast non-oriented silicon steels [J]. Scripta Materialia, 2014, 87: 17~20.

[4] 刘海涛. Cr17 铁素体不锈钢的组织、织构及成形性能研究 [D]. 沈阳：东北大学，2009.

[5] Omori T, Kusama T, Kawata S, et al. Abnormal grain growth induced by cyclic heat treatment [J]. Science, 2013, 341 (6153): 1500~1502.

[6] Frost H J, Thompson C V, Walton D T. Simulation of thin film grain structures—Ⅰ. Grain growth stagnation [J]. Acta Metallurgica et Materialia, 1990, 38 (8): 1455~1462.

[7] Rios P R, Jr F S, Sandim H R Z, et al. Nucleation and growth during recrystallization [J]. Materials Research, 2005, 8 (3): 225~238.

[8] Humphreys F J, Hatherly M. Recrystallization and related annealing phenomena [M]. UK: Elsevier Ltd. 2004: 326~328.

[9] 何忠治，赵宇，罗海文. 电工钢 [M]. 北京：冶金工业出版社，2012: 3~52.

[10] Homma H, Nakamura S, Yoshinaga N. On {h, 1, 1} <1/h, 1, 2>, the recrystallisation texture of heavily cold rolled bcc steel [J]. Materials Science Forum, 2004, 467~470: 269~274.

[11] Tsuji N, Tsuzaki K, Maki T. Effect of initial orientation on the recrystallization behavior of solidified columnar crystals in a 19% Cr ferritic stainless steel [J]. ISIJ International, 1993, 33 (7): 783~792.

[12] 刘勇，陈国钦. 材料物理性能 [M]. 北京：北京航空航天大学出版社，2015: 127~132.

[13] Liu H T, Liu Z Y, Sun Y, et al. Formation of {001} <510> recrystallization texture and magnetic property in strip casting non-oriented electrical steel [J]. Materials Letters, 2012, 81: 65~68.

[14] 谢利，杨平. 制备 {100} 织构无取向电工钢方法综述 [J]. 材料热处理学报，2013, 34 (12): 9~17.

[15] 张元祥. 双辊薄带连铸电工钢组织、织构、析出演化与磁性能研究 [D]. 沈阳：东北大学，2017.

［16］ Yang P, Zhang L W, Wang J H, et al. Improvement of texture and magnetic properties by surface effect induced transformation in non-oriented Fe-0. 82Si-1. 37Mn steel sheets ［J］. Steel Research International, 2018, 1800045.

［17］ Sung J K, Lee D N, Wang D H. Efficient generation of cube-on-face crystallographic texture in iron and its alloys ［J］. ISIJ International, 2011, 51 (2)：284~290.

［18］ Tomida T, Uenoya S, Sano N. Fine-grained doubly oriented silicon steel sheets and mechanism of Cube texture development ［J］. Materials Transactions, 2003, 44 (6)：1106~1115.

［19］ Xie L, Yang P, Zhang N, et al. Texture optimization for intermediate Si-containing non-oriented electrical steel ［J］. Journal of Materials Engineering and Performance, 2014, 23：3849~3858.

［20］ Cheng L, Zhang N, Yang P, et al. Retaining ｛100｝ texture from initial columnar grains in electrical steels ［J］. Scripta Materialia, 2012, 67：899~902.

［21］ 宝钢股份. 电工钢产品手册 ［N/OL］. http：//bg. baosteel. com/indexwww. html.

［22］ 首钢. 无取向电工钢产品手册 ［N/OL］. http：//www. sggf. cn/cpmce/index. jhtml.

［23］ 新日铁住金. 电磁钢板 ［N/OL］. http：//www. nssmc. com/en/index. html.

［24］ JFE. JFE 的硅钢片 ［N/OL］. http：//www. jfe-steel. co. jp/en/index. html.

［25］ Arai K I, Ishiyama K. Recent development of new soft magnetic materials ［J］. Journal of Magnetism & Magnetic Materials, 1994, 133 (1)：233~237.

［26］ Paolinelli S C, Cunha M A D. Development of a new generation of high permeability non-oriented silicon steels ［J］. Journal of Magnetism & Magnetic Materials, 2006, 304 (2)：e596~e598.

［27］ Stoyka V, Kovac F, Stupakov O, et al. Texture evolution in Fe-3%Si steel treated under unconventional annealing conditions ［J］. Materials Characterization, 2010, 61 (11)：1066~1073.

［28］ Salinas-Beltrán J, Salinas-Rodríguez A, Gutiérrez-Castañeda E, et al. Effects of processing conditions on the final microstructure and magnetic properties in non-oriented electrical steels ［J］. Journal of Magnetism & Magnetic Materials, 2016, 406：159~165.

［29］ Dorner D, Zaefferer S, Raabe D. Retention of the Goss orientation between microbands during cold rolling of an Fe 3%Si single crystal ［J］. Acta Materialia, 2007, 55 (7)：2519~2530.

［30］ Oda Y, Kohno M, Honda A. Recent development of non-oriented electrical steel sheet for automobile electrical devices ［J］. Journal of Magnetism & Magnetic Materials, 2008, 320：2430~2435.

［31］ Huneus H, Günther K, Kochmann T, et al. Nonoriented magnetic steel with improved texture and permeability ［J］. Journal of Materials Engineering & Performance, 1993, 2 (2)：199~203.

［32］ Barros J, Schneider J, Verbeken K, et al. On the correlation between microstructure and magnetic losses in electrical steel ［J］. Journal of Magnetism & Magnetic Materials, 2008, 320：2490~2493.

［33］ Sidor J J, Verbeken K, Gomes E, et al. Through process texture evolution and magnetic properties of high Si non-oriented electrical steels [J]. Materials Characterization, 2012, 71: 49 ~57.

[34] Qin J, Yang P, Mao W, Ye F. Effect of texture and grain size on the magnetic flux density and core loss of cold-rolled high silicon steel sheets [J]. Journal of Magnetism & Magnetic Materials, 2015, 393: 537~543.

[35] Ratanaphan S, Olmsted D L, Bulatov V V. Grain boundary energies in body-centered cubic metals [J]. Acta Materialia, 2015, 88: 346~354.

[36] 柳方秀. 国产极薄取向硅钢技术有新进展 [N]. 中国冶金报, 2014-9-11.

[37] Sennour M, Esnouf C. Contribution of advanced microscopy techniques to nanoprecipitates characterization: case of AlN precipitation in low-carbon steel [J]. Acta Materialia, 2003, 51: 943~957.

[38] Leap M J, Brown E L. Crystallography of duplex AlN-Nb(C,N) precipitates in 0.2%C steel [J]. Scripta Materialia, 2002, 47: 793~797.

[39] Zener C. Grains, phase, and interfaces: an interpretation of microstructure [J]. Trans AIME, 1948, 175: 15~51.

[40] Pfutzner H, Schonhuber P, Erbil B, et al. Problems of loss separation for crystalline and consolidated amorphous soft magnetic materials [J]. IEEE Transactions on Magnetics, 1991, 27 (3): 3426~3432.

[41] Gao X, Qi K, Qiu C. Magnetic properties of grain oriented ultra-thin silicon steel sheets processed by conventional rolling and cross shear rolling [J]. Materials Science & Engineering A, 2006, 430 (1): 138~141.

[42] 梁瑞洋, 杨平, 毛卫民. 冷轧压下率及初始高斯晶粒取向度对超薄取向硅钢织构演变与磁性能的影响 [J]. 材料工程, 2017, 45 (6): 87~96.

[43] Liang R Y, Yang P, Mao W M. Effect of initial Goss texture sharpness on texture evolution and magnetic properties of ultra-thin grain-oriented electrical steel [J]. Acta Metallurgica Sinica (English Letters), 2017, 30 (9): 895~906.

[44] Lobanov M L, Redikul'tsev A A, Rusakov G M, et al. Effect of the grain orientation in the material used for the preparation of an ultrathin electrical steel on its texture and magnetic properties [J]. The Physics of Metals and Metallography, 2011, 111 (5): 479~586.

[45] 中华人民共和国黑色冶金行业标准. YB/T 5224—2014　中频用电工钢铸带 [S]. 北京: 冶金工业出版社, 2015: 1~3.

[46] Japanese industrial standards. JIS C 2558, Thin magnetic steel strip for use at medium frequencies [S]. Tokyo: Japanese standards association, 2015: 1~3.

[47] 日本电磁工业株式会社. Energy-saving and down-sizing by thin-gauge electrical steel strips [N/OL]. http://www.nikkindenjikogyo.co.jp/english/index.html.

[48] Haiji H, Okada K, Hiratani T, et al. Magnetic properties and workability of 6.5%Si steel sheet [J]. Journal of Magnetism and Magnetic Materials, 1996, 160: 109~114.

[49] Takada Y, Abe M, Masuda S, et al. Commercial scale production of Fe-6.5wt.%Si sheet and its magnetic properties [J]. Journal of Applied Physics, 1988, 64 (10): 5367~5369.

［50］ Cunha M A, Johnson G W. Rapidly solidified Si-Fe alloys［J］. Journal of Materials Science, 1990, 25（5）: 2481~2486.

［51］ Bolfarini C, Silva M C A, Jorge J A M, et al. Magnetic properties of spray-formed Fe-6.5%Si and Fe-6.5%Si-1.0%Al after rolling and heat treatment［J］. Journal of Magnetism and Magnetic Materials, 2008, 320（20）: 653~656.

［52］ Arai K, Tsuya N. High silicon steel thin strips and a method for producing the same: U. S., Patent 4265682［P］. 1981.

［53］ Ros-Yanez T, Houbaert Y, Rodrıguez V G. High-silicon steel produced by hot dipping and diffusion annealing［J］. Journal of Applied Physics, 2002, 91（10）: 7857~7859.

［54］ Jung H, Kim J. Influence of cooling rate on iron loss behavior in 6.5 wt% grain-oriented silicon steel［J］. Journal of Magnetism and Magnetic Materials, 2014, 353: 76~81.

［55］ Jung H, Na M, Soh J Y, et al. Influence of low temperature heat treatment on iron loss behaviors of 6.5wt% grain-oriented silicon steels［J］. ISIJ international, 2012, 52（3）: 530~534.

［56］ Watanabe T, Fujii H, Oikawa H. Grain boundaries in rapidly solidified and annealed Fe-6.5% Si polycrystalline ribbons with high ductility［J］. Acta Metallurgica, 1989, 3（37）: 941 ~952.

［57］ Watanabe T, Arai K I, Yoshimi K. Texture and grain boundary character distribution（GBCD）in rapidly solidified and annealed Fe-6.5mass%Si ribbons［J］. Philosophical Magazine Letters, 1989, 2（59）: 47~52.

［58］ 毛卫民, 杨平. 电工钢的材料学原理［M］. 北京: 高等教育出版社, 2013: 331~336.

［59］ 雍岐龙. 钢铁材料中的第二相［M］. 北京: 冶金工业出版社, 2006: 59~118.

［60］ 董廷亮, 刘锐, 岳尔斌, 等.3%取向硅钢中 MnS 沉淀析出动力学的计算［J］. 钢铁研究学报, 2010, 22（12）: 44~47.

［61］ Paolinelli S D C, Cunha M A D, Andre Barros Cota. The influence of shear bands on final structure and magnetic properties of 3%Si non-oriented silicon steel［J］. Journal of Magnetism & Magnetic Materials, 2008, 320（20）: 641~644.

［62］ Dafe S S F, Paolinelli S C, Cota A B. Influence of thermomechanical processing on shear bands formation and magnetic properties of a 3%Si non-oriented electrical steel［J］. Journal of Magnetism and Magnetic Materials, 2011, 323（24）: 3234~3238.

［63］ Lins J F C, Sandim H R Z, Kestenbach H J, et al. A microstructural investigation of adiabatic shear bands in an interstitial free steel［J］. Materials Science and Engineering: A, 2007, 457: 205~218.

［64］ Li H Z, Liu H T, Liu Z Y, et al. Characterization of microstructure, texture and magnetic properties in twin-roll casting high silicon non-oriented electrical steel［J］. Materials Characterization, 2014, 88: 1~6.

［65］ Li H Z, Liu H T, Liu Y, et al. Effects of warm temper rolling on microstructure, texture and magnetic properties of strip-casting 6.5wt% Si electrical steel［J］. Journal of Magnetism and Magnetic Materials, 2014, 370: 6~12.

［66］ Li H Z, Liu H T, Liu Z Y, et al. Microstructure, texture evolution and magnetic properties of strip-casting non-oriented 6. 5wt%Si electrical steel doped with cerium [J]. Materials Characterization, 2015, 103: 101~106.

[67] Liu H T, Liu Z Y, Qiu Y Q, et al. Microstructure, texture and magnetic properties of strip casting Fe-6. 2wt%Si steel sheet [J]. Journal of Materials Processing Technology, 2012, 212: 1941~1945.

[68] Liu H T, Liu Z Y, Sun Y, et al. Development of l-fiber recrystallization texture and magnetic property in Fe-6. 5wt%Si thin sheet produced by strip casting and warm rolling method [J]. Materials Letters, 2013, 91: 150~153.

[69] 林均品, 叶丰, 陈国良, 等. 6.5wt%Si 高硅钢冷轧薄板制备工艺、结构和性能 [J]. 前沿科学, 2007, 2: 14~27.

[70] Samet-Meziou A, Etter A L, Baudin T, et al. TEM study of recovery and recrystallization mechanisms after 40% cold rolling in an IF-Ti steel [J]. Scripta Materialia, 2005, 53: 1001~1006.

[71] Park J T. Development of annealing texture in non-oriented electrical steel [D]. Canada Montreal: McGill University, 2002.

[72] Park J T, Szpunar J A, Evolution of recrystallization texture in non-oriented electrical steels [J]. Acta Materialia, 2003, 51: 3037~3051.

[73] Honma H, Ushigami Y, Suga Y. Magnetic properties of (110) [001] grain oriented 6.5% silicon steel [J]. Journal of applied physics, 1991, 70 (10): 6259~6261.

[74] Ko K J, Park J T, Kim J K, et al. Morphological evidence that Goss abnormally growing grains grow by triple junction wetting during secondary recrystallization of Fe-3%Si steel [J]. 2008, 59 (7): 764~767.

[75] 张文康, 毛卫民, 王一德, 等. 热板常化后的晶粒尺寸对无取向硅钢织构和磁性能的影响 [J]. 钢铁, 2007, 42 (2): 64~67.

[76] Morawiec A. On abnormal growth of Goss grains in grain-oriented silicon steel [J]. Scripta Materialia, 2011, 64: 466~469.

[77] Park H K, Kim D Y, Hwang N M, et al. Microstructural evidence of abnormal grain growth by solid-state wetting in Fe-3%Si steel [J]. Journal of Applied Physics, 2004, 95 (10): 5515~5521.

[78] Ko K J, Cha P R, Park J T, et al. Abnormal grain growth of Fe-3%Si steel approached by solid-state wetting mechanism [J]. Advanced Materials Research, 2007, 26~28: 65~68.

[79] Rajmohan N, Szpunar J A. An analytical method for characterizing grain boundaries around growing Goss grains during secondary recrystallization [J]. Scripta Materialia, 2001, 44 (10): 2387~2392.

索　引